高等职业教育"双高"院校"十四五"规划新形态一体化特色教材

药物制剂技术

主　编　杜秀园

副主编　刘彦彦　陈　敏

编　者　（按姓氏笔画排序）

田耀平　铜仁职业技术学院

刘彦彦　铜仁职业技术学院

汤永奎　铜仁职业技术学院

杜秀园　铜仁职业技术学院

李赛荣　东莞市普济药业有限公司

杨　颖　铜仁职业技术学院

杨国荣　珠海联邦制药股份有限公司

张玲燕　铜仁职业技术学院

陈　敏　铜仁职业技术学院

胡　超　铜仁职业技术学院

梅　傲　铜仁职业技术学院

谢亚晶　哈尔滨一洲制药有限公司

满林华　铜仁职业技术学院

谭善财　铜仁职业技术学院

华中科技大学出版社

http://press.hust.edu.cn

中国·武汉

内 容 简 介

本书是高等职业教育"双高"院校"十四五"规划新形态一体化特色教材。

本书共分为七个模块,包括认识药物制剂技术、液体制剂生产技术、无菌液体制剂生产技术、口服固体制剂生产技术、其他常用制剂生产技术、药物制剂的新技术与新剂型和药物制剂的稳定性与配伍变化。

本书可供药学、药品生产技术、化学制药技术、生物制药技术、药品质量与安全、药品服务与管理等专业使用。

图书在版编目(CIP)数据

药物制剂技术/杜秀园主编.—武汉:华中科技大学出版社,2023.12
ISBN 978-7-5772-0144-3

Ⅰ.①药…　Ⅱ.①杜…　Ⅲ.①药物-制剂-技术-教材　Ⅳ.①TQ460.6

中国国家版本馆 CIP 数据核字(2023)第 219851 号

药物制剂技术　　　　　　　　　　　　　　　　　　　　　　杜秀园　主编
Yaowu Zhiji Jishu

策划编辑:史燕丽
责任编辑:马梦雪　方寒玉
封面设计:原色设计
责任校对:王亚钦
责任监印:周治超
出版发行:华中科技大学出版社(中国·武汉)　　电话:(027)81321913
　　　　　武汉市东湖新技术开发区华工科技园　　邮编:430223
录　　排:华中科技大学惠友文印中心
印　　刷:武汉科源印刷设计有限公司
开　　本:889mm×1194mm　1/16
印　　张:15.75
字　　数:486千字
版　　次:2023 年 12 月第 1 版第 1 次印刷
定　　价:49.90 元

华中出版

网络增值服务

使用说明

欢迎使用华中科技大学出版社医学资源网 yixue.hustp.com

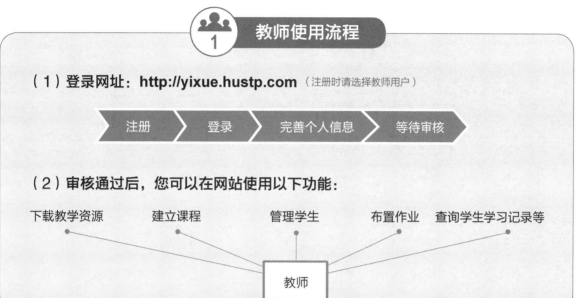

① 教师使用流程

（1）登录网址：**http://yixue.hustp.com** （注册时请选择教师用户）

注册 > 登录 > 完善个人信息 > 等待审核

（2）审核通过后，您可以在网站使用以下功能：

下载教学资源　　建立课程　　管理学生　　布置作业　查询学生学习记录等

教师

② 学员使用流程

（建议学员在PC端完成注册、登录、完善个人信息的操作）

（1）PC 端操作步骤

① 登录网址：http://yixue.hustp.com （注册时请选择普通用户）

注册 > 登录 > 完善个人信息

② 查看课程资源：（如有学习码，请在个人中心-学习码验证中先验证，再进行操作）

选择课程

首页课程 > 课程详情页 > 查看课程资源

（2）手机端扫码操作步骤

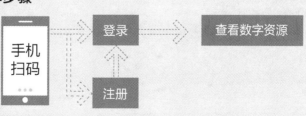

手机扫码　　登录　　查看数字资源　　注册

前言

　　药物制剂技术是药学类相关专业的岗位能力课程,其主要任务是培养学生具备从事口服固体制剂、液体制剂、无菌液体制剂以及其他常用制剂的现场生产(包括设备操作、物料领取、制粒、混合、压片、洗瓶、灌封、灭菌、质检、包装、清场等)、管理(物料、监督、确认、验证等)等相关岗位工作的能力,使学生能够胜任医药企业的药品生产部门、研发部门及营销部门相关岗位的技术工作。

　　为适应新形势下全国高等学校高职高专专业教育改革和发展的需要,坚持以培养高素质技能型人才为核心,按照岗位需求,我们确立了本课程的教学内容,编写了课程标准和本教材。本教材的编写,坚持以服务为宗旨、以就业为导向的原则,以培养药物制剂生产岗位及经营管理岗位工作的高素质技能型人才为指导思想,重视知识与实践之间的有机结合,使教材更多地介绍实际工作环境和主要工作岗位所需知识,并注重加强学生对综合知识的运用能力的培养。

　　与传统高职高专教材相比,本教材在编写体例与内容方面都做了较大改动,目的是突出高职高专教育,强调岗位能力培养的特色,充分体现"以就业为导向、以能力为本位、以学生为主体"的教育理念。本教材共分为七个模块,编写内容紧紧围绕《药品生产质量管理规范》和《中国药典》的技术要求与方法,结合药物制剂生产1+X职业技能等级证书考核标准,并按照药物制剂生产岗位所需的知识、能力和素质要求来设置。模块一认识药物制剂技术,使学生清楚药物制剂技术的研究内容、发展与任务、药物剂型、药品标准与处方、药品生产质量管理规范等基本内容;模块二至模块五分别介绍液体制剂生产技术、无菌液体制剂生产技术、口服固体制剂生产技术和其他常用制剂生产技术;模块六、模块七分别介绍药物制剂的新技术与新剂型、药物制剂的稳定性与配伍变化。

　　本教材在编写过程中得到了企业和同行的大力支持,在此表示诚挚的谢意。本教材在编写过程中参考了很多教材及专著,在此向作者一并致谢!

　　为了适应高职高专教育发展的需要,使教材内容更加贴近工作实际,我们在编写体系与内容时做了一点尝试,进行了一些创新。由于编者水平有限,编写时间仓促,书中难免有不妥之处,敬请广大读者批评指正。

编　　者

目录

模块七　药物制剂的稳定性与配伍变化

认识药物制剂技术

药物制剂技术基础

扫码看课件

导学情景

　　小李去参观医院药房发现同一种药物有很多不同的剂型,例如布洛芬有片剂、胶囊、混悬剂,他不明白为什么需要这么多剂型,以及什么症状需要用片剂、什么症状需要用胶囊、什么症状需要用混悬剂。

学前导语

　　药物与剂型之间存在辩证关系,剂型不仅影响药物的疗效,还对药物毒副作用等有较大的影响,随着制剂工业的发展,将来会有更多的新剂型应用于临床。现在,就让我们一起来学习什么是药物制剂技术。

任务一　药物制剂技术概述

一、药物制剂技术研究的内容

　　药物制剂技术是研究药物制剂的制备理论、生产技术、质量控制与合理应用等内容的综合性应用技术科学。通过本课程的学习,学生可掌握药物剂型的设计及药物制剂的制备、生产的理论知识和技能,掌握药物制剂质量控制的方法并能对药物制剂的质量进行正确的评价。其涉及药品研发、制造、配制和贮存,以及药品特征、纯度和功效的检测。药物制剂是依据药典或药政管理部门批准的质量标准,将原料药按某种剂型制成满足临床需要的药品。任何一种原料药都不能直接用于临床,必须制成一定的剂型才能用于临床,发挥药效。剂型生产必须在《药品生产质量管理规范》指导下,在工艺过程中进行规范化操作。药物制剂剂型很多,不同剂型的工艺路线和生产操作单元不同,相同剂型的不同品种也会因选择的工艺路线不同而使生产操作单元有所不同。药物制剂技术是学生未来从事药物生产方面工作所需学习的核心课程。

二、药物制剂技术的发展与任务

(一)药物制剂技术的发展

　　中国在古代就创造了许多药物剂型,除汤剂外,还有酒剂、丸剂、散剂、浸膏剂等,最初人们是将新鲜的动植物捣碎后作药用,随后为了更好地发挥药效和便于服用,才将药材加工制成一定的剂型。宋代已有大规模的成方制剂生产,并出现了官办药厂及我国最早的国家制剂规范。明代李时珍(1518—1593年)编著的《本草纲目》总结了16世纪以前我国的用药经验,收载了各类药物剂型近40种,药物1897种。

19世纪至20世纪初，制剂工业在药品生产中已发展为一个独立的领域，并研发了不少新型制剂，如片剂（糖衣片、肠溶片、薄膜包衣片）、注射剂、胶囊剂、栓剂等。在制剂生产和药品包装方面，也逐渐从手工操作向半机械化、机械化、半自动化直至全自动化的方向发展。注射剂、片剂、气雾剂、胶囊剂等现代剂型的相继出现，标志着药物制剂技术的发展进入一个新的阶段。

现代药物制剂技术的发展可归纳为四个时代：第一代，传统的片剂、胶囊剂、注射剂等，约在1960年前；第二代，缓释制剂、肠溶制剂等，以控制药物释放速度为目的的第一代药物传递系统（DDS）；第三代，控释制剂与利用单克隆抗体、脂质体、微球等药物载体制备的靶向给药制剂，为第二代DDS；第四代，靶向制剂，即靶向给药系统，为第三代DDS。新制剂在临床中发挥着重要作用，能够改善治疗效果、改变药物作用时间和减少不良反应等，并且使药品的制备过程更加顺利、方便。

（二）药物制剂技术的任务

药物制剂技术的基本任务是研究如何将原料药及辅料制成适宜的剂型，运用于临床以满足医疗卫生事业的需要。其具体任务如下。

1. 开发新剂型和新辅料　随着科学技术的发展和人民生活水平的不断提高，原有的普通剂型，如丸剂、片剂、注射剂、溶液剂、胶囊剂等，很难达到高效、长效、毒副作用低、控释和定向释放等要求，因此积极开发新剂型是药物制剂技术的一项重要任务。优质的剂型需要质量好的辅料，不同的剂型也需要不同的辅料。如片剂所用的辅料与输液剂所用的辅料就大不相同，药物剂型的改进和发展、药品质量的提高、生产工艺设备的革新、新技术的应用以及新剂型的研究等工作都有赖于各种辅料的密切配合。所以，在开发新剂型的同时也应加强对新辅料的研究和开发。

2. 开发中药剂型　中药剂型历史悠久、种类繁多，在继承、整理和发展传统中药剂型的基础上，充分利用现代科学技术的理论、方法和手段，借鉴国际认可的医药标准和规范，研究、开发、管理和生产出以"现代化"和"高技术"为特征的"安全、高效、稳定、可控"的现代中药剂型，将中药剂型推向国际市场，让更多的外国企业认可中国传统剂型。更好地服务于人类的医疗卫生事业是药物制剂的又一重大任务所在。

3. 提升制剂技术　运用新理论、新技术、新设备、新工艺是提高药品质量和生产效率、提高药物制剂生产能力的关键所在。如果没有先进的技术和设备，就难以保证制剂的质量，更难满足临床的需要。只有通过不断的研究新理论、探索新技术、研发新设备，使制剂生产机械化、联动化、自动化，研发新药物剂型，才能使我国的医疗卫生行业居世界领先地位。

三、相关术语

1. 药物与药品　药物是指用于预防、治疗和诊断人的疾病，有目的地调节人的生理功能的物质的统称，一般包括天然药物、化学合成药物及基因工程药物。

药品是指预防、治疗和诊断人的疾病，有目的地调节人的生理功能并规定有适应证或功能主治和用法、用量的物质，包括中药材、中药饮片、中成药、化学原料药及其制剂、抗生素、生化药品、放射性药品、血清疫苗、血液制品和诊断药品等。

2. 剂型与制剂　药物经过加工制成的应用于临床的适宜形式称为药物剂型，简称剂型，如片剂、注射剂、软膏剂等。根据药典或药政管理部门批准的标准，同一种药物可以制成不同的剂型。

根据药典或药政管理部门批准的标准，为适应治疗、诊断或预防的需要而制备的具有不同给药形式的具体品种称为药物制剂，简称制剂。如维C银翘片、甘草片、葡萄糖氯化钠注射液等。

知识链接

3. 药品批准文号　指国家批准药品生产企业生产该药品的文号，由国家药品监督管理部门统一编订，并由各地药品监督管理部门核发。其格式为国药准字＋1位字母＋8位数字。其中化学药品使用字母"H"、中药使用字母"Z"、保健药品使用字母"B"、生物制品使用字母"S"、体外化学诊断试剂使用字母"T"、药用辅料使用字母"F"、进口分包装药品使用字母"J"。

4. 处方药、非处方药、特殊管理药品 处方药就是必须凭执业医师或执业助理医师处方才可调配、购买和使用的药品。

非处方药(OTC)则指不需要凭医师或执业助理医师处方即可自行判断、购买和使用的药品。

麻醉药品、精神药品、医疗用毒性药品、放射性药品等属于特殊管理药品,在管理和使用过程中应严格执行国家有关管理规定。各类药品标志如图 1-1 所示。

知识链接

麻醉药品　　精神药品

毒性药品

放射性药品　　外用药品

乙类非处方药　　甲类非处方药

图 1-1　各类药品标志

扫码看彩图

5. 药品生产批号 药品生产批号是用来表示药品生产日期的一种编号,常以同一原料和辅料、同一批次生产的产品作为一批来划分。批号一般以 6 位数字表示,如 070820 表示为 2007 年 8 月 20 日生产的药品。如果当日生产两批及两批以上该种药品,则在末尾数字后加 1、2 等数字以示区别。

知识链接

6. 假药 我国《药品管理法》规定,有下列情形之一的,为假药:①药品所含成分与国家药品标准规定的成分不符合;②以非药品冒充药品或以他种药品冒充此种药品;③变质的药品;④药品所标明的适应证或者功能主治超出规定范围。

7. 劣药 药品成分的含量不符合国家药品标准的药品。

我国《药品管理法》规定,有下列情形之一的,为劣药:①药品成分的含量不符合国家药品标准;②被污染的药品;③未标明或者更改有效期的药品;④未注明或者更改产品批号的药品;⑤超过有效期的药品;⑥擅自添加防腐剂、辅料的药品;⑦其他不符合药品标准的药品。

任务二　药　物　剂　型

一、剂型的重要性

(一)不同剂型改变药物作用性质

同一药物制成不同剂型、规格时其疗效各异。如 0.3 克/片的阿司匹林肠溶片,有解热、镇痛、抗风湿的作用,而 0.025 克/片的阿司匹林肠溶片则能抑制血小板聚集,降低血小板黏附率,阻止血栓形成;硫酸镁口服剂型用作泻下药,但硫酸镁静脉注射液能抑制大脑中枢神经,有镇静、止痉作用;甘油外用有吸湿、保湿作用,使局部组织软化,直肠给药可用于治疗便秘,与抗坏血酸钠配成复方注射剂静脉给药可降低眼压,加等量生理盐水口服即为脱水剂;酒石酸锑钾制成注射剂用于治疗血吸虫病,但少量口服(复方甘草合剂)则可祛痰。

(二)不同剂型改变药物作用速度

同一药物的剂型不同,其药物作用速度不同。氨茶碱可以制成注射剂、栓剂、片剂、长效制剂等几种不同的剂型。注射剂是速效的,适宜于哮喘发作时应用;栓剂直肠给药,避免了氨茶碱对胃肠道的刺激,减少了心率增快的副作用且药效时间增长;缓释片剂可维持药效达 8～12 h,保持血药浓度平稳,避免峰谷现象,减少服药次数,使哮喘患者免于夜间服药。此外,硝酸甘油药膜在体内起效时间比片剂快 3 倍。

(三)不同剂型改变药物毒副作用

同一药物的剂型不同,其副作用和毒性强度不同。吲哚美辛(消炎痛)开始用于临床时为片剂,其每日剂量为 200～300 mg,消炎、镇痛作用虽然好,但副作用也多,如头痛、失眠、呕吐、耳鸣、胃出血等。若制成栓剂给药,就可以避免药物直接作用于胃肠道黏膜引起的一系列胃肠反应,特别是对于长期使用者更为安全。

(四)有些剂型可产生靶向作用

含微粒结构的静脉注射剂如脂质体、微球、微囊等进入血液循环后,被网状内皮系统的巨噬细胞吞噬,从而使药物浓集于肝脏、脾脏等器官,起到肝脏、脾脏的被动靶向作用。

(五)有些剂型影响疗效

固体剂型,如片剂、颗粒剂、丸剂的制备工艺不同会对药效产生显著的影响,特别是药物的晶型、粒子的大小发生变化时直接影响药物的释放,从而影响药物的疗效。

二、剂型的分类

药物制成不同的剂型后不仅增加了药物的稳定性,便于贮存、运输和携带,而且剂量准确、方便患者使用,部分剂型还可减轻药物不良反应。但无论是哪一种剂型,使用时都要根据疾病类型及用药部位来选择。目前各种新剂型不断涌现,如植入剂、贴剂、脂质体、纳米粒等,使用时应注意选择。

(一)按形态分类

1. 液体剂型 如注射剂、口服液、糖浆剂等。

2. 固体剂型 如片剂、胶囊剂、颗粒剂、丸剂等。

3. 半固体剂型 如软膏剂、糊剂等。

4. 气体剂型 如气雾剂、吸入剂等。

相同形态剂型的制法特点和使用方法也有相似之处。例如,液体剂型制备时多需溶解,固体剂型制备时多需粉碎、混合,以内服给药为主;半固体剂型制备时多需融化或研匀,一般多作外用。在药物吸收速度方面,以气体剂型最快,固体剂型较慢。

(二)按分散系统分类

按分散系统分类便于应用物理化学的原理阐明各类剂型内在的分散特性及制成均匀稳定剂型的一般规律,但不能反映用药部位与方法对剂型的要求,甚至一种剂型由于基质和制法不同而必须分到几个分散系统中去。例如,固体分散剂型(片剂、散剂、胶囊剂、颗粒剂等)、液体分散剂型(溶液剂、凝胶剂、乳剂、混悬剂等)、气体分散剂型(气雾剂、吸入剂等)。

(三)按给药途径分类

1. 经胃肠道给药剂型 如片剂、散剂、液体药剂、浸出制剂等口服给药剂型,以及栓剂、灌肠剂等直肠给药剂型。口服给药剂型中的药物易受胃肠液的破坏而影响疗效;直肠给药剂型较口服给药型吸收好,且药物不受或少受肝脏的代谢而被破坏。

2. 非经胃肠道给药的剂型 注射给药剂型,如注射剂,包括静脉注射、肌内注射、皮下注射、皮内注射、椎管注射和穴位注射等；皮肤给药剂型，如洗剂、搽剂、软膏剂、糊剂等，用药后可起局部作用或经吸收发挥全身作用；黏膜给药剂型，如口含片、滴眼剂、舌下片剂等可起局部作用或经黏膜吸收发挥全身作用；呼吸道给药剂型，如吸入剂、气雾剂等；腔道给药剂型，如栓剂、气雾剂等，用于直肠、尿道、阴道、鼻腔、耳道等，可起局部作用或经吸收后发挥全身作用。

（四）按制法分类

将工序采用同样方法制备的剂型列为一类。例如，用浸出方法制备的列为浸出制剂（如流浸膏剂、酊剂等），用灭菌方法或无菌操作方法制备的列为灭菌制剂或无菌制剂（如安瓿注射剂、大输液、粉针剂、滴眼剂等）。

三、药物制备工艺的重要性

药物制备工艺是将药物加工成各种制剂的手段，任何一个制剂的制备都有其特定的工艺。药物制备工艺是制剂生产的重要因素，相同制剂可以因为选择不同的制备工艺而有不同的疗效和稳定性，如采用挤出滚圆机可集混合、筛分、切割、干燥于一体，一步制得微丸；又如固体分散技术、包合技术、结晶技术可以提高制剂的稳定性和疗效；纳米结晶技术可以提高难溶性药物的溶解度；将药物做成粒径小于 $1\ \mu m$，并添加少量的表面活性剂可提高制剂的稳定性和疗效。

任务三 药品标准与处方

一、药品标准

（一）《中华人民共和国药典》

《中华人民共和国药典》简称《中国药典》，是国家为保证药品质量所制定的质量指标、检验方法、生产工艺等的规定和要求，是国家为保证药品质量可控、确保人民用药安全有效而依法制定的药品法典，属政府出版物，是制药专业必备的工具书，所有药品研制、生产、经营、使用和管理等都必须严格遵守，由国家药典委员会编纂出版，并经国家药品监督管理部门批准颁布实施。1953 年，我国颁布了第一版《中国药典》，随后相继颁布了 1963 年版、1977 年版、1985 年版、1990 年版、1995 年版、2000 年版、2005 年版、2010 年版、2015 年版与 2020 年版共 11 个版本。《中国药典》主要包括凡例、正文、通用技术要求、索引。

凡例是解释如何正确使用《中国药典》进行质量检定的基本原则，并把与正文品种、附录及质量检定有关的共性问题加以规定，避免在全书中重复说明。凡例中的有关规定具有法定约束力，是《中国药典》的重要组成部分，分类项目有总则，通用技术要求，品种正文，名称及编排，项目与要求，检验方法和限度，对照品、对照药材、对照提取物、标准品，计量，精确度，试药、试液、指示剂，动物实验以及说明书、包装、标签。正确理解凡例中的有关规定，是解读药品质量标准内涵的第一步，必须全面掌握。

正文为所收载的具体药物或制剂的质量标准，又称各论，是《中国药典》的主要部分。根据品种与剂型的不同，《中国药典》二部每一品种项下按顺序可分别列出：品名（包括中文名、汉语拼音与英文名），有机药物的结构式，分子式与分子量，来源或有机药物的化学名称，含量或效价规定，处方，制法，性状，鉴别，检查，含量或效价测定，类别，规格，贮藏，制剂标注和杂质信息等。

《中国药典》通用技术要求部分记载了通则（制剂通则、一般鉴别试验、光谱法、色谱法、物理常数测定法、限量检查法、特性检查法、生物检查法、中药其他方法、试剂与标准物质等）和指导原则。其中各种指导原则是为执行药典、考察药品质量所制定的指导性规定，不作为法定标准。

《中国药典》采用"中文索引"和"英文索引"。中文索引按汉语拼音顺序排列，英文索引按英文字母顺序排列。实际工作时可以结合"品名目次"及"索引"方便、快速地查阅有关内容。

2020 年版《中国药典》在保持科学性、先进性、规范性和权威性的基础上，着力解决制约药品质量与安全的突出问题，着力提高药品标准质量控制水平，充分借鉴了国际先进技术和经验，客观反映了中国当前医药工业、临床用药及检验技术的水平,必将在提高药品质量的过程中起到积极而重要的作用,并将进一步扩大和提升《中国药典》在国际上的积极影响。

2020年版《中国药典》进一步扩大药品品种和药用辅料标准的收载,共收载品种5911种。一部中药收载2711种,其中新增117种、修订452种。二部化学药收载2712种,其中新增117种、修订2387种。三部生物制品收载153种,其中新增20种、修订126种;新增生物制品通则2个、总论4个。四部收载通用技术要求361个,其中制剂通则38个(修订35个)、检测方法及其他通则281个(新增35个、修订51个)、指导原则42个(新增12个、修订12个);药用辅料收载335种,其中新增65种、修订212种。

(二)局(部)颁标准

中华人民共和国原卫生部、原国家食品药品监督管理局颁布的药品标准称为局(部)颁标准。局(部)颁标准通常是疗效较好、在国内广泛应用、准备今后过渡到药典的品种的质量控制标准;有些品种虽不准备上升到药典标准,但因国内有多个厂家生产,有必要执行统一的质量标准而被收载;此外,局(部)颁标准中还收载了少数旧版药典已收载而新版药典未采用的药品品种以及新药转正质量标准。《中国药典》和局(部)颁标准统称为国家药品标准。

(三)外国药典

据不完全统计,目前世界上已有近40个国家编制了国家药典,如《日本药局方》(JP)、《美国药典》(USP)、《英国药典》(BP)、《法国药典》(FC)等。有些国家为了医药卫生事业上的共同利益,共同联合编纂药典,如《欧洲药典》(EP)是由法国、英国、意大利、荷兰、瑞士、比利时、卢森堡、德国等共同编纂。世界卫生组织(WHO)为了统一世界各国药品的质量标准和质量控制的方法,编纂了《国际药典》(PhInt),作为各国修订药典时的参考标准,但对各国无直接的法律约束力。

知识链接

(四)药品质量标准内容

药品质量标准主要由以下内容或项目组成。

1. 名称 2010年版《中国药典》二部正文品种的药品名称包括中文名称、英文名称和化学名称。药品中文名称按照《中国药品通用名称》推荐的名称及其命名原则命名,《中国药典》收载的药品中文名称均为法定名称。英文名称除另有规定外,均采用国际非专利药品名称(international non-proprietary names for pharmaceutical substance,INN)。化学名称根据中国化学会编撰的《有机化学命名原则》命名。

2. 性状 药品质量的重要表征之一。性状项下记载药品的外观、臭、味、一般稳定性、溶解度以及物理常数等。臭、味、稳定性、溶解度等属于一般性描述,一般不作为必须检测项目,性状项下的其他内容是有严格约束力的法定内容,对药品的鉴别起重要作用。

3. 鉴别 指利用药物分子结构所表现的特殊化学性质或光谱、色谱特征,来判断药品的真伪。鉴别项下一般收载化学鉴别法、光谱鉴别法、色谱鉴别法以及生物鉴别法等。

4. 检查 检查项下包括药品的有效性、均一性、安全性与纯度四个方面的内容。有效性要求检查与药品疗效有关但在鉴别、纯度检查及含量测定中不能控制的项目,如颗粒细度、晶型、制酸力以及平均分子量等;均一性要求检查药厂生产出来的同一批号药品的质量是否均匀一致,如含量均匀度、溶出度以及重量差异等;安全性要求检查药品中存在某些痕量、对生物体产生特殊生理作用并严重影响用药安全的杂质,如异常毒性、热原、降压物质以及是否无菌等;纯度要求检查药品中的杂质,如酸度、溶液的澄清度与颜色、无机阴离子、有机杂质、干燥失重或水分、炽灼残渣、重金属以及砷盐等。

5. 含量测定 指对药品中有效成分的含量进行测定,一般采用化学、仪器或生物测定方法。药品含量测定是评价药品质量、保证药品疗效的重要指标。

6. 类别 指药品的主要用途或作用分类。如克拉霉素的类别为"大环内酯类抗生素",叶酸的类别为"维生素类药",地高辛的类别为"强心药"等。

7.规格 指以每片、每包或每支等为单位的制剂内有效成分的含量。如对乙酰氨基酚片的规格为"0.1 g、0.3 g、0.5 g",表示每片含对乙酰氨基酚分别为 0.1 g、0.3 g、0.5 g。复方制剂不标示规格或仅标示主要成分的规格。

8.贮藏 药品贮藏项下的规定是对药品贮藏与保管的基本要求,也是药品能否有效用于临床的重要因素之一。药品是否需要低温贮藏,湿度、光照等贮藏条件对药品有无影响等,一般是通过稳定性试验来确定的。根据药品稳定性不同,可分别选择遮光、密闭、密封、熔封或严封、阴凉处、凉暗处、冷处以及常温等贮藏条件,以确保药品在有效期内的稳定和用药安全、有效。

9.制剂 指应用制药工艺,配以辅料将药品的活性成分制成适宜于人体使用的各种剂型,如片剂、胶囊、注射剂以及颗粒剂等。制剂分为单方制剂和复方制剂,单方制剂的主要成分是一种;复方制剂则是两种或两种以上成分以不同配比组成。原料药应在制剂项下列出相应的剂型,如盐酸雷尼替丁制剂项下列出"盐酸雷尼替丁片、盐酸雷尼替丁泡腾颗粒、盐酸雷尼替丁注射液、盐酸雷尼替丁胶囊"。

二、处方

处方指医疗和生产部门用于药剂调制的一种重要书面文件。

(一)制剂处方

制剂处方主要指药典、局(部)颁标准收载的处方,具有法律的约束力,在药品生产企业制造药品或医师书写处方时,均需遵照其规定。

(二)医师处方

医师处方是医师为某一患者医疗或预防需要而写给药房(药店)的书面文件,具有法律上、技术上和经济上的意义。

(三)协定处方

协定处方一般是指根据某一地区或某一医院日常医疗用药的需要,由医院药剂科与医师协商共同制订的处方。其适用于大量配制和储备药品,便于控制药品的品种和质量,减少患者取药等候的时间。

(四)生产处方

生产处方是指大量生产制剂时所列制剂的质量规格、成分名称、数量、制备和质量控制方法等的规程性文件。

任务四 药品生产质量管理规范

《药品生产质量管理规范》(good manufacturing practice,GMP)是药品生产和质量管理的基本准则,是一套系统的、科学的管理制度,是适用于制药等行业的强制性标准。药品生产是一个十分复杂的过程,从原料进厂到成品制造、出厂,要涉及许多生产环节和管理过程。任何一个环节的疏忽,都有可能导致药品质量不符合国家规定的要求,也就是说,有可能生产出劣质的药品。因此,在药品生产过程中,必须进行全过程的管理控制,以此来保证药品质量,实施GMP可以最大限度地降低药品生产过程中污染、交叉污染以及混淆、差错等风险。GMP的主要内容:要有合适的厂房设施,良好的技术装备和仓储、运输条件,有经过训练、具有一定素质的工作人员,选用合格的原辅料,在符合要求的卫生环境中,采用验证过的生产方法,实行可靠的质量监控,生产出优质产品。

我国于20世纪80年代初在制药企业中推行GMP。1982年,中国医药工业公司参照一些先进国家的GMP制定了《药品生产质量管理规范》(试行稿),并开始在一些制药企业试行。1995年,经国家技术监督局批准,成立了中国药品认证委员会,并开始接受企业的GMP认证申请和开展认证工作。

1999年,国家药品监督管理局于6月18日颁布了《药品生产质量管理规范(1998年修订)》。我国现行的GMP是2010年修订版,于2011年3月1日起实施,分14章313条。

同步练习

扫码看答案

一、单项选择题

1.现行《中国药典》使用的版本为( )。

A.1985年版 B.2020年版 C.1995年版 D.2010年版

2.我国药典最早于( )年颁布。

A.1955年 B.1965年 C.1963年 D.1953年

3.下列有关《中国药典》叙述错误的是( )。

A.药典是一个国家记载药品规格、标准的法典

B.药典由国家组织的药典委员会编写,并由政府颁布实施

C.药典不具有法律约束力

D.每部均由凡例、正文和索引组成

4.《药品生产质量管理规范》是指( )。

A.GMP B.GSP C.GLP D.GAP

5.药物制成的适合于临床应用的形式是( )。

A.剂型 B.制剂 C.药品 D.成药

6.国家标准收载的处方是( )。

A.处方药 B.非处方药 C.医师处方 D.法定处方

7.下列有关《中国药典》收载的药物及其制剂的描述不正确的是( )。

A.疗效确切 B.副作用小 C.质量稳定 D.新特药品

二、多项选择题

1.处方包括( )。

A.医师处方 B.协定处方 C.法定处方 D.秘方 E.验方

2.药物剂型的分类方式有( )。

A.按形态分类 B.按给药途径分类 C.按中西药命名分类

D.按分散系统分类 E.按药物颜色分类

3.药品批准文号中"字母"可以为( )。

A.Z B.H C.S D.K E.J

三、简答题

1.药品质量标准主要由哪些内容或项目组成?

2.请简述剂型的重要性。

液体制剂生产技术

制药用水

扫码看课件

导学情景

　　一位药品生产技术专业的大二学生,暑假期间到一家制药厂去见习,他注意到在不同的车间以及不同的剂型所用的水的来源是不一样的,如有的药品漂洗用的是饮用水,口服液用的是纯化水,不同种类的水有什么区别呢?

学前导语

　　制药用水主要是指制剂配制、使用时的溶剂、稀释剂及药品包装容器、制药器具的洗涤清洁用水。在药品生产过程中,不同的液体制剂对水的种类和质量的要求也不一样。本项目主要是学习不同种类制药用水的特点、用途和制备过程,了解其质量要求。

一、概述

　　水是药品生产中用量最大、使用最广的一种辅料,用于生产过程和药物制剂的制备。制药用水主要是指制剂配制、使用时的溶剂、稀释剂及药品包装容器、制药器具的洗涤清洁用水。

二、制药用水的种类

　　《中国药典》收载的制药用水,根据使用的范围不同分为饮用水、纯化水、注射用水及灭菌注射用水。一般应根据各生产工序或使用目的与要求选用适宜的制药用水。药品生产企业应确保制药用水的质量符合预期用途的要求。

　　(1)饮用水为天然水经净化处理所得的水,饮用水可作为药材净制时的漂洗、制药用具的粗洗用水,也可作为药材的提取溶剂。

　　(2)纯化水为饮用水经蒸馏法、离子交换法、反渗透法或者其他适宜的方法制备的制药用水,不含任何附加剂,其质量应符合纯化水项下的规定。

　　纯化水可作为配制普通制剂用的溶剂或者试验用水,也可作为中药注射剂、滴眼剂等灭菌制剂或者其他非灭菌制剂所用药材的提取溶剂;口服、外用制剂的配制溶剂或者稀释剂;非灭菌制剂用器具的清洗,纯化水不得用于注射剂的配制和稀释。纯化水有多种制备方法,应严格监测各生产环节,防止微生物污染。

　　(3)注射用水为纯化水经蒸馏制得的水,应当符合细菌内毒素试验的要求。注射用水可作为配制注射剂的溶剂或稀释剂,配制滴眼剂的溶剂,也可用于直接接触药品的设备、容器及用具的最后清洗和无菌原料药的精制。

　　为保证注射用水的质量,应减少原水中的细菌内毒素,监控蒸馏法制备注射用水的各生产环节,并防止微生物的污染;应定期清洗与消毒注射用水系统;注射用水的贮存方式和静态贮存期限应经过验证,以确保水质符合质量要求,如可以 80 ℃以上保温或 70 ℃以上保温循环或于 4 ℃以下的条件存放。

（4）灭菌注射用水为注射用水按照注射剂生产工艺制备所得的水,不含任何附加剂,主要用作注射用无菌粉末的溶剂或注射用浓溶液的稀释剂。

三、制药用水的质量要求

水的电导率与水的纯度密切相关,水的纯度越高,电导率越小,反之亦然。在制水工艺中通常采用在线检测纯化水电导率的大小来反映水中各种离子的浓度。如制药行业的纯化水的电导率通常应小于 $5.1~\mu S/cm$ （25 ℃）。

（1）饮用水应符合中华人民共和国国家标准《生活饮用水卫生标准》（GB 5749—2022）。

（2）纯化水应符合《中国药典》所收载的纯化水标准。检查的项目有酸碱度、硝酸盐、亚硝酸盐、氨、电导率、总有机碳、不挥发物、重金属、微生物限度等,所有项目的检查结果应符合规定。

（3）注射用水应符合《中国药典》所收载的注射用水标准。注射用水的质量要求除一般纯化水的检查项目的结果均应符合规定外,还必须通过细菌内毒素试验。pH 应为 5.0～7.0,氨应符合规定（0.00002％）,每 1 mL 中含细菌内毒素量应小于 0.25 EU。细菌、霉菌和酵母菌总数每 100 mL 不得超过 10 cfu。

（4）灭菌注射用水的质量应符合《中国药典》所收载的灭菌注射用水标准。灭菌注射用水除了按照注射用水项下的方法检查应符合规定外,还应符合注射剂项下有关的各项规定。

四、制药用水的制备

（一）饮用水

一般采用自来水公司供应的符合国家饮用水标准的水。若当地无符合国家饮用水标准的自来水,可采用水质较好的井水、河水为原水,采用沉淀、过滤等预处理手段,自行制备符合国家饮用水标准的水。需定期检测饮用水的水质,避免因饮用水水质波动而影响药品的质量。

知识链接

（二）纯化水

纯化水是饮用水经蒸馏法、电渗析法、反渗透法或离子交换法等,或上述几种制备技术综合应用,制得的制药用水。

（1）蒸馏法:饮用水经加热汽化为水蒸气,再经冷凝即得蒸馏水。

（2）电渗析法:利用具有选择透过性和良好导电性的离子交换膜制备纯化水。原水在直流电场的作用下,其中的离子定向迁移,离子交换膜选择性地允许不同电荷的离子透过进行分离而获得的纯水。在原水含盐量高时可用本法除去较多的盐分。电渗析原理见图 2-1。

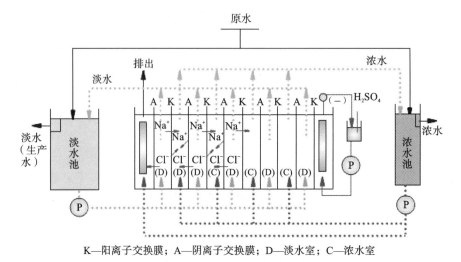

K—阳离子交换膜；A—阴离子交换膜；D—淡水室；C—浓水室

图 2-1 电渗析原理示意图

（3）反渗透法：反渗透是渗透的逆过程，是指借助一定的推力（如压力差、温度差等）迫使溶液中的溶剂组分通过反渗透膜，从而阻留某一溶剂组分的过程。对有机物等杂质的排出是靠机械的过筛作用。

（4）离子交换法：利用阳、阴离子交换树脂分别同水中的各种阳离子和阴离子进行交换得到纯化水。常用于处理水的离子交换树脂有两种，一种是强酸性阳离子交换树脂，另一种是强碱性阴离子交换树脂。当水流过两种离子交换树脂时，阳离子和阴离子交换树脂分别将水中的杂质阳离子和阴离子交换为 H^+ 和 OH^-，从而达到净化水的目的。

使用一段时间后，离子交换树脂的交换能力下降，可以分别用 5％～10％ 的 HCl 和 NaOH 溶液处理阳离子和阴离子交换树脂，使其恢复离子交换能力，即离子交换树脂的再生。再生后的离子交换树脂可以重复使用。

（三）注射用水

知识链接

《中国药典》（2020 年版）规定：注射用水为纯化水经蒸馏所得的水。蒸馏设备有多效蒸馏水机和气压式蒸馏水器。

多效蒸馏水机主要由蒸发器、预热器、冷凝器、电气自动控制部分组成，依据各效蒸发器之间工作压力不同，上一效产生的纯蒸汽可以作为下一效的加热蒸汽（第一效加热蒸汽为锅炉蒸汽）。如此经过多效的换热蒸发，原料水被充分汽化，各效产生的纯蒸汽则在换热过程中被冷却为蒸馏水，从而达到节约加热蒸汽和冷却水的目的。

气压式蒸馏水器（vapor compression still）主要由自动进水器、热交换器、加热室、蒸发室、冷凝器及蒸汽压缩机等组成，通过输入部分外界能量（机械能、电能）而将低温热能转化为高温热能的原理来生产蒸馏水（图 2-2）。气压式蒸馏水器具有多效蒸馏水机的优点，利用离心泵将蒸汽加压，以提高蒸汽的利用率，且无须冷却水，但使用过程中电能消耗较大。故本法适合于供应蒸汽压力较低、工业用水比较短缺的厂家使用，虽然最开始一次性投资较多，但蒸馏水生产成本较低，故经济效益较好。国内气压式蒸馏水器已有生产，使用方便，效果较好。

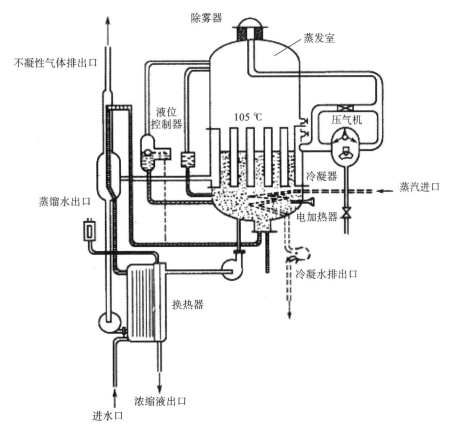

图 2-2　气压式蒸馏水器示意图

知识链接

为了保证注射用水的质量,注射用水的贮存要求:①注射用水的贮存应能防止微生物的滋生和污染;②贮存罐的通气口应安装不脱落纤维的疏水性除菌滤器;③GMP规定的贮存条件为70 ℃以上保温循环;④一般药品生产用注射用水贮存时间不超过12 h;⑤生物制品生产用注射用水贮存时间一般不超过6 h,但若制备后4 h内灭菌则72 h内可使用。

（四）灭菌注射用水

灭菌注射用水为注射用水按照注射剂的生产工艺制备所得。其生产技术参照注射剂的生产技术。纯化水、注射用水的制备流程简图如图2-3所示。

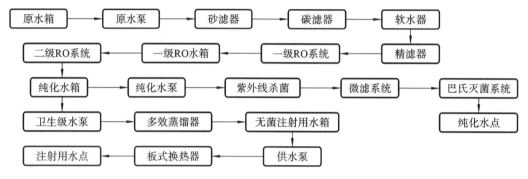

图 2-3 纯化水、注射用水的制备流程简图

同步练习

扫码看答案

一、单项选择题

1.树脂柱的最佳组合形式是（　　）。

A.阳→阴→混合床　　　B.阴→阳→混合床　　　C.混合床→阳→阴　　　D.阴→混合床→阳

2.制备注射用水最合理的工艺流程是（　　）。

A.饮用水→电渗析→过滤→离子交换→蒸馏→注射用水

B.饮用水→过滤→离子交换→电渗析→蒸馏→注射用水

C.饮用水→过滤→电渗析→离子交换→蒸馏→注射用水

D.饮用水→离子交换→过滤→电渗析→蒸馏→注射用水

3.下列关于注射用水的叙述错误的是（　　）。

A.是指经过灭菌处理的纯化水　　　　　　B.可采用70 ℃保温循环贮存

C.为纯化水经蒸馏所得的水　　　　　　　D.为无色、无臭、无味的澄明液体

4.注射用水的pH为（　　）。

A.3.0～5.0　　　　　　B.5.0～7.0　　　　　　C.4.0～9.0　　　　　　D.7.0～9.0

5.纯化水不需要检查的项目是（　　）。

A.pH　　　　　　B.细菌内毒素　　　　　　C.氨　　　　　　D.不挥发物

6.电渗析法可以除去水中的（　　）。

A.离子和带电荷微细杂质　　　　　　　　B.热原

C.色素　　　　　　　　　　　　　　　　D.电中性杂质

二、多项选择题

1.纯化水的制备方法有（　　）。

A.离子交换法　　B.蒸馏法　　　C.反渗透法　　　D.回流法　　　E.电渗析法

2.制药用水的种类有（　　）。

A.饮用水　　　　　　　　　B.纯化水　　　　　　　　　C.注射用水

D. 灭菌注射用水　　　　　　E. 自来水

3. 下列关于纯化水与注射用水的比较说法正确的是(　　　)。

A. 两者的制备方法有差异

B. 两者在质量要求上有差异

C. 两者的贮存要求不同

D. 两者的氨含量要求相同

E. 两者的微生物限度要求均为≤100 cfu/mL

4. 纯化水可用于(　　　)。

A. 提取中药有效成分　　　　　B. 输液瓶初洗　　　　　　C. 安瓿终洗

D. 压片机初清洁　　　　　　　E. 配制炉甘石洗剂

三、简答题

制备四种制药用水的水源有何不同？简述它们各自的适用范围。

表面活性剂

扫码看课件

导学情景

　　荷叶上的水珠是椭圆形的,为什么不铺展开呢? 硬币为什么可以浮在水面上? 水龙头的水滴为什么也是椭圆形的呢?

学前导语

　　水滴内部有一种使水由表面向内运动的趋势,有一种使水表面自动收缩至最小面积的力存在,使水滴表面看起来像是绷紧的,水滴变成球形,就像把弹簧拉开些,弹簧反而表现出具有收缩的趋势。这股向内收缩的力,称为表面张力,又称为界面张力。本项目主要学习表面活性剂的特征、常用表面活性剂的特点及应用。

任务一　表面现象与表面活性剂

一、表面现象与表面张力

　　自然界的物质有气、液、固三态(或称三相)。物质的两相之间密切接触的过渡区称为界面。其中包含气相的界面称表面(气-液、气-固),三相之间还包括液-液、液-固、固-固等界面,在相界面上所发生的理化现象(如去污、浸润、铺展、杀菌等)称为界面现象,在气相与其他相之间则称为表面现象。

　　表面张力是研究物质表面现象的重要物理量。表面张力的产生,从简单分子引力观点来看,是由于液体内部分子与液体表面层分子的处境不同。液体内部分子受到的相邻分子的作用力是对称的、可互相抵消,而液体表面层分子受到的相邻分子的作用力是不对称的,其受到垂直于表面向内的吸引力更大,这个力即为表面张力。在一定条件下,任何纯液体都具有一定的表面张力。如 20 ℃时,水的表面张力是 72.75 mN/m,苯的表面张力是 28.88 mN/m。

知识链接

液体的表面张力是在空气中测得的,而界面张力则是两种不相溶的液体(如水和油)之间的张力。两种互溶的液体之间没有界面张力,液体之间相互作用的倾向越大则界面张力越小。

二、表面活性剂的含义和结构特征

知识链接

许多物质同时具备极性亲水基团和非极性亲油基团。亲水基团部分赋予物质水溶性,而亲油基团部分赋予物质油溶性。同时含有这两种基团的物质溶解后,其分子以一定方式定向排列并吸附在液体表面或两种不相混溶液体的界面,能明显降低表面张力(或界面张力),这类物质称为表面活性剂。

表面活性剂分子的结构特征是同时具有亲水基团和亲油基团,且这两种基团分别处于表面活性剂分子的两端,造成分子的不对称性,因此表面活性剂分子是一种既亲水又亲油的分子,具有两亲性(亲水亲油性),故亦称为两亲分子,其结构示意图如图 3-1 所示。表面活性剂的亲油基团通常是长度在 8 个碳原子以上的烃链,或者是含有杂环或芳香族基团的碳链;亲水基团可以是羧酸及其盐、磺酸及其盐、硫酸酯及其可溶性盐,也可以是羟基、酰胺基、醚键、磷酸酯基、羧酸酯基等。如肥皂是脂肪酸类(R—COO—)表面活性剂,其结构中的脂肪酸碳链(R—)为亲油基团,解离的脂肪酸根(COO—)为亲水基团。

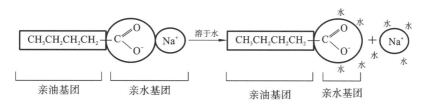

图 3-1 表面活性剂结构示意图

将表面活性剂加入水中,低浓度时可被吸附在溶液的表面,亲水基团朝向水中,亲油基团朝向空气(或疏水相)中,在表面(或界面)上定向排列,从而改变液体的表面(或界面)性质,使表面张力(或界面张力)降低。表面活性剂在溶液表面层的浓度高于溶液中的浓度(图 3-2)。

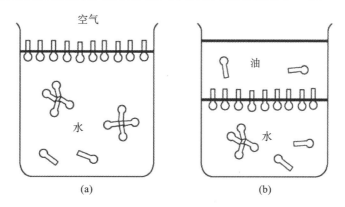

(a) (b)

图 3-2 表面活性剂分子在表(界)面的吸附作用
(a)水-空气表面吸附作用;(b)水-油界面吸附作用

三、常用的表面活性剂

表面活性剂按其解离状态可分为离子型表面活性剂和非离子型表面活性剂两大类,离子型表面活性剂以其所带的电荷不同,又可分为阴离子型表面活性剂、阳离子型表面活性剂和两性离子型表面活性剂。此外,还有近些年发展起来的,既有离子型亲水基团又有非离子型亲水基团的混合型表面活性剂,以及一些特殊的表面活性剂,如高分子表面活性剂、氟表面活性剂、硅表面活性剂等。

(一)阴离子型表面活性剂

阴离子型表面活性剂的主要特征是其分子的阴离子部分起表面活性作用,即带负电荷,如肥皂、长链烃基的硫酸盐等。

1. 肥皂类 高级脂肪酸的盐,通式为 $(RCOO—)_n M^{n+}$。其脂肪酸烃链 R 一般在 $C_{11} \sim C_{17}$ 之间,以硬脂酸、油酸、月桂酸等较常见。根据阳离子 M^{n+} 的不同,可分为碱金属皂(一价皂)、碱土金属皂(二价皂)和有机胺皂(三乙醇胺皂)等。此类表面活性剂都具有良好的乳化能力,但易被酸破坏;碱金属皂还可被钙盐、镁盐等破坏,电解质可使之盐析,有一定的刺激性,一般只用于外用制剂。

2. 硫酸化物 硫酸化油和高级脂肪醇硫酸酯类,通式为 $R \cdot O \cdot SO_3^- M^+$,其中高级脂肪醇烃链 R 在 $C_{12} \sim C_{18}$ 之间。硫酸化油的代表是硫酸化蓖麻油,也称为土耳其红油,为黄色或橘黄色黏稠液体,有微臭,可与水混合,无刺激性;可作为去污剂和润湿剂使用,可代替肥皂洗涤皮肤,亦可作载体使挥发油或水不溶性杀菌剂混于水中。高级脂肪醇硫酸酯类中常见的是十二烷基硫酸钠(月桂醇硫酸钠)、十六烷基硫酸钠(鲸蜡醇硫酸钠)、十八烷基硫酸钠(硬脂醇硫酸钠)等。此类表面活性剂乳化性较强,且较肥皂类稳定,主要用作外用软膏的乳化剂。

3. 磺酸化物 脂肪族磺酸化物、烷基芳基磺酸化物和烷基萘磺酸化物等,通式为 $R \cdot SO_3^- M^+$。脂肪族磺酸化物如二辛基琥珀酸磺酸钠(商品名阿洛索-OT)、二己基琥珀酸磺酸钠(商品名阿洛索-18),烷基芳基磺酸化物如十二烷基苯磺酸钠,目前广泛应用于洗涤剂。

(二)阳离子型表面活性剂

阳离子型表面活性剂起表面活性作用的是阳离子部分,带正电荷,又称阳性皂,其分子结构的主要部分是一个五价的氮原子,因此又称为季铵类化合物,通式为 $R_1 R_2 N^+ R_3 R_4$。其水溶性大,在酸性和碱性溶液中均较稳定。因其有很强的杀菌作用,主要用于皮肤、黏膜、手术器械的消毒,某些品种还可用作眼用溶液的抑菌剂。常用的有苯扎氯铵(洁尔灭)、苯扎溴铵(新洁尔灭)等。

(三)两性离子型表面活性剂

两性离子型表面活性剂分子结构中同时具有正电荷基团和负电荷基团,在不同 pH 溶液中表现出不同的性质。在碱性溶液中呈现阴离子型表面活性剂的性质,具起泡、去污作用;在酸性溶液中呈现阳离子型表面活性剂的性质,具杀菌作用。

(1)磷脂酰胆碱(卵磷脂)是天然的两性离子型表面活性剂,由磷酸型的阴离子部分和季铵盐型的阳离子部分组成,主要来源于大豆和蛋黄,外观呈透明或半透明的黄色或黄褐色油脂状;对热非常敏感,在酸性、碱性和酯酶作用下易水解,不溶于水,对油脂的乳化作用很强,无毒,是注射用乳剂和脂质微粒制备中的主要辅料。

(2)氨基酸型和甜菜碱型两性离子型表面活性剂为合成化合物,阴离子部分主要是羧酸盐,还有硫酸酯、磷酸酯、磺酸盐等,其阳离子部分为胺盐(即为氨基酸型)或季铵盐,由季铵盐构成者即甜菜碱型。常用的一类氨基酸型两性离子型表面活性剂为 TegoMHG,为十二烷基双(氨乙基)-甘氨酸盐酸盐,杀菌力很强,而毒性小于阳离子型表面活性剂。

(四)非离子型表面活性剂

非离子型表面活性剂指在水中不解离的一类表面活性剂。亲水基团一般为甘油、聚乙(烯)二醇和山梨醇等多元醇,亲油基团为长链脂肪酸或长链脂肪醇等。由于其化学性质稳定,不解离,毒性及溶血作用较小,不易受溶液 pH 的影响,且与大多数药物能配伍,所以药剂上应用较广,个别尚可作注射液中的表面活性剂使用。

(1)脂肪酸甘油酯主要有脂肪酸单甘油酯和脂肪酸二甘油酯,如单硬脂酸甘油酯等。其表面活性较弱,亲水亲油平衡值(HLB)为 3~4,主要用作 W/O 型辅助乳化剂。

(2)脂肪酸山梨坦类为脱水山梨醇脂肪酸酯,商品名为司盘(Span),因脱水山梨醇结合的脂肪酸种类和数量的不同而有不同的产品,如 Span 20(月桂山梨坦)、Span 40(棕榈酸山梨坦)、Span 60(硬脂酸山梨坦)、Span 65(三硬脂山梨坦)等。本类表面活性剂的 HLB 为 4.3~8.6,亲油性较强,常用作 W/O 型乳化剂,或 O/W 型辅助乳化剂;多用于搽剂和软膏中,亦可用作注射用乳剂的辅助乳化剂。

（3）聚山梨酯类为聚氧乙烯脱水山梨醇脂肪酸酯,商品名为吐温(Tween),根据脂肪酸种类和数量的不同而有不同的产品,如 Tween 20、Tween 40、Tween 60、Tween 65、Tween 80 等。因分子中增加了亲水性的聚氧乙烯基,其亲水性增强,成为水溶性的表面活性剂,广泛用于增溶和作为 O/W 型乳化剂。

（4）聚氧乙烯-聚氧丙烯共聚物由聚氧乙烯和聚氧丙烯聚合而成。聚氧乙烯基为亲水基团,随着聚氧乙烯的比例增加,亲水性增强;聚氧丙烯基为亲油基团,随着聚氧丙烯的比例增加,亲油性增强。商品名为普朗尼克(Pluronic)。本类表面活性剂随分子量增大,可由液体逐渐变为固体。本类表面活性剂对皮肤无刺激性和过敏性,对黏膜的刺激性极小,毒性也比其他非离子型表面活性剂小,可用作静脉注射用乳剂的 O/W 型乳化剂。

（5）聚氧乙烯脂肪酸酯类为聚乙二醇和长链脂肪酸缩合生成,商品卖泽(Myrij)是其中的一类,常用的有聚氧乙烯(40)硬脂酸脂,乳化能力强,常作 O/W 型乳化剂。

（6）聚氧乙烯脂肪酸醇醚类由聚乙二醇和脂肪醇缩合生成,商品有苄泽(Brij),因聚乙二醇的聚合度和脂肪醇不同有不同的品种,如西土马哥、平平加 O、埃莫尔弗等。本类表面活性剂常作 O/W 型乳化剂,也可作增溶剂。

（7）国产的乳化剂 OP 是壬烷基酚与聚氧乙烯基的醚类产品,为黄棕色膏状物,易溶于水,乳化力很强,多用作 O/W 型乳化剂。

四、表面活性剂的基本特性

（一）表面活性剂胶束

表面活性剂的水溶液在低浓度时,呈单分子分散或被吸附在溶液的表面;当浓度达到一定程度,溶液表面的活性剂基本饱和,再增加活性剂浓度对表面张力的减小帮助不大,转为增加溶液内部活性剂的浓度。由于表面活性剂分子的疏水部分与水的亲和力较小,而疏水部分之间的吸引力又较大,则许多表面活性剂分子的疏水部分相互吸引、缔合在一起,形成了多分子或离子(通常是50~150个)组成的聚合体,这种聚合体称为胶团或胶束(micelle)。表面活性剂在溶液中形成胶束的最低浓度称为临界胶束浓度(critical micelle concentration,CMC)。达到临界胶束浓度时,溶液的表面张力达到最低。其和表面活性剂的结构和组成有关,每一种表面活性剂都有特定的临界胶束浓度,但受溶液的温度、pH 及电解质等外部条件的影响。

在表面活性剂达到临界胶束浓度的水溶液中,胶束有相似的缔合度,呈环形或棒状等形状,一般亲水基团排列在球壳外部形成栅层结构,碳氢链排列在中心形成内核。

（二）亲水亲油平衡值

表面活性剂分子是由亲水基团和亲油基团共同组成的,所以能在水-油界面上定向排列。表面活性剂亲水亲油性质的强弱取决于分子结构中亲水基团和亲油基团的数量。亲水亲油性的强弱以亲水亲油平衡值(hydrophile-lipophile balance value,HLB)表示。HLB 越大,其亲水性越强;HLB 越小,其亲油性越强。不同 HLB 的表面活性剂有不同的用途,增溶剂的 HLB 为15~18,去污剂 HLB 为13~16,O/W 型乳化剂 HLB 为8~16 等,应用范围如图3-3所示。

非离子型表面活性剂 HLB 具有加和性,两种或两种以上表面活性剂混合后的 HLB 计算公式如下:

$$HLB_{AB}=\frac{HLB_A \times W_A + HLB_B \times W_B}{W_A + W_B}$$

例如,用45% Span 60 (HLB=4.7)和55% Tween 60 (HLB=14.9)组成的混合表面活性剂的 HLB 为10.31。一些常用的表面活性剂的 HLB 见表3-1。

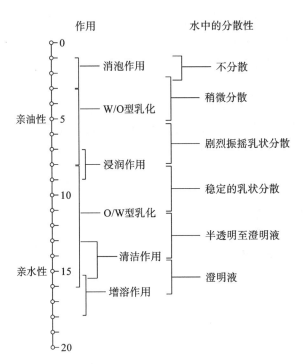

图 3-3　表面活性剂在不同 HLB 的应用范围

表 3-1　常用表面活性剂的 HLB

表面活性剂	HLB	表面活性剂	HLB
Span 85	1.8	西黄蓍胶	13.2
Span 65	2.1	Tween 21	13.3
单硬脂酸甘油酯	3.8	Tween 60	14.9
Span 80	4.3	Tween 80	15.0
Span 60	4.7	乳化剂 OP	15.0
Span 40	6.7	Myrij 49	15.0
阿拉伯胶	8.0	Tween 40	15.6
Span 20	8.6	平平加 O	15.9
Brij 30	9.5	Myrij 51	16.0
Tween 61	9.6	泊洛沙姆 F68	16.0
明胶	9.8	西土马哥	16.4
Tween 81	10.0	Tween 20	16.7
Tween 65	10.5	Myrij 52	16.9
Tween 85	11.0	Brij 35	16.9
Myrij 45	11.1	油酸钠	18.0
烷基芳基磺酸盐	11.7	油酸钾（软皂）	20.0
油酸三乙醇胺	12.0	月桂醇硫酸钠	40.0

（三）Krafft 点和昙点

温度对于离子型表面活性剂形成的胶束的影响不显著，主要是增加表面活性剂的溶解度和增溶质在胶束中的溶解。离子型表面活性剂在溶液中的溶解度随温度升高而增加，超过某一温度时溶解度急剧增大，这一温度称为 Krafft 点。Krafft 点越高的表面活性剂，其临界胶束浓度越小。Krafft

点是离子型表面活性剂的特征值,也是表面活性剂应用温度的下限,或者说只有温度高于 Krafft 点时表面活性剂才能发挥更大的效能。

由于温度会影响表面活性剂的溶解度,某些聚氧乙烯型非离子型表面活性剂的溶解度,开始时随温度升高而增大,当上升到某一温度后,其溶解度急剧下降,使制得的澄明溶液变浑浊,甚至分层,但冷却后又恢复为澄明。这种因温度升高而使含表面活性剂的溶液由澄明变为浑浊的现象称为起昙(又称起浊),出现起昙时的温度称为昙点(又称浊点)。产生这一现象的原因,主要是含聚氧乙烯基的表面活性剂在水中其亲水基团与水形成氢键而成溶解状态,这种氢键很不稳定,当温度升高到某一点时,氢键断裂使表面活性剂的溶解度突然下降,出现浑浊或沉淀。在温度降到昙点以下时则由于氢键重新形成,溶液又变澄明。表面活性剂不同,其昙点也不同,如 Tween20、Tween60 的昙点分别是 95 ℃、76 ℃,盐类或碱性物质的加入能降低昙点。

(四)表面活性剂的毒性

一般而言阳离子型表面活性剂的毒性最大,阴离子型表面活性剂的毒性较大,非离子型表面活性剂的毒性较低,大小顺序:阳离子型>阴离子型>非离子型。静脉给药比口服给药的毒性大。阳离子型表面活性剂不仅毒性大,而且具有较强的溶血作用,故一般只限于外用。非离子型表面活性剂有的也有溶血作用,但作用一般较小。聚山梨酯类表面活性剂的溶血作用通常比其他含聚氧乙烯基的表面活性剂小。聚山梨酯类表面活性剂溶血作用强弱的顺序:Tween 20>Tween 60>Tween 40>Tween 80。

外用时表面活性剂呈现较小的毒性。仍以非离子型表面活性剂对皮肤和黏膜的刺激性最小。季铵盐类化合物浓度高于 1% 就可对皮肤产生损害作用,而阴离子型表面活性剂的十二烷基硫酸钠则在浓度高于 20% 才产生损害作用;非离子型表面活性剂如某些吐温(Tween),以 100% 浓度滴眼也无刺激性,而聚氧乙烯醚类产品浓度高于 5% 时即可产生损害作用。

表面活性剂有时因结构的极小差别,呈现的作用有很大差异,因此对于同系列表面活性剂的毒性不能完全类推,应通过动物实验来确定。

任务二　表面活性剂的应用

一、增溶

物质在水中因加入表面活性剂而溶解度增大的现象称为增溶,具有增溶能力的表面活性剂称为增溶剂。当表面活性剂浓度达到临界胶束浓度(CMC)以上时,表面活性剂分子逐渐转向溶液中,表面活性剂分子的疏水部分相互吸引、缔合在一起形成胶束,被增溶物质以不同方式与胶束结合,使溶解量得以增大。用于增溶的表面活性剂最适宜的 HLB 为 15～18,多数是亲水性较强的表面活性剂,如聚山梨酯类和卖泽类。

增溶仅发生在有胶束形成的溶液中,其主要形式如下:①非极性分子在胶束内部增溶,被增溶物进入胶束内(图 3-4(a));正庚烷、苯、乙苯等简单烃类的增溶属于这种方式,其增溶量随表面活性剂浓度的增高而增大。②在表面活性剂分子间的增溶,被增溶物分子固定于胶束"栅栏"之间,即非极性碳氢链插入胶束内,极性端处于表面活性剂分子(或离子)之间,通过氢键或偶极子相互作用联系起来;当极性有机物分子的烃链较长时,分子插入胶束内的程度增大,甚至极性基团也被拉入胶束内(图 3-4(b));长链醇、胺、脂肪酸和各种极性染料等极性化合物的增溶属于这种方式。③在胶束表面增溶,被增溶物分子吸附于胶束表面区域,或靠近胶束"栅栏"表面区域(图 3-4(c));高分子物质、甘油、蔗糖及某些不溶于烃的染料的增溶属于这种方式;当表面活性剂的浓度大于 CMC 时,这种方式的增溶量为一定值,较上述两种方式的增溶量少。④在聚氧乙烯链间的增溶,具有聚氧乙烯链的非离子型表面活性剂,其增溶方式与上述 3 种有明显不同,被增溶物包藏于胶束外层的聚氧乙烯链内(图 3-4(d));苯、苯酚即属于这种增溶方式,此种方式的增溶量大于前3种。上述4种增溶方式的增溶量顺序:在聚氧乙烯链间的增溶>在表面活性剂分子间的增溶>在胶束内部增溶>在胶束表面增溶。

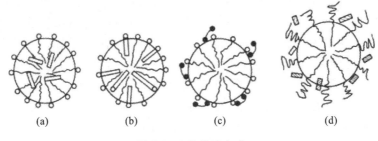

图3-4 4种增溶方式

二、乳化

在两种不相混溶的液体中,由于第3种物质的加入,使其中一种液体以小液滴的形式均匀分散在另一种液体中的过程称为乳化。有乳化作用的物质称为乳化剂。许多表面活性剂可以用作乳化剂。其乳化的机制主要有形成界面膜、降低界面张力以及形成扩散双电子层等。乳化剂的选择往往结合乳剂的类型、乳剂给药途径、HLB的要求等因素综合考虑。一般来说,HLB在8~16的表面活性剂可用作O/W型乳化剂,HLB在3~8的表面活性剂可用作W/O型乳化剂。

三、润湿

润湿是指液体与固体接触时,沿固体表面扩展的现象,促进液体在固体表面铺展或渗透的表面活性剂称为润湿剂。表面活性剂可降低疏水性固体药物和液体之间的界面张力,排出固体表面上吸附的气体,使固体被液体润湿。在混悬液的制备中,用疏水性药物配制混悬液时,必须加入润湿剂,使药物能被水润湿。在制备片剂时,如果黏合剂不能很好地润湿药物,则不能制成适宜的药材,也就不能制备出合格的片剂;或者所制成的片剂不能被胃肠道消化液润湿,片剂不能崩解,药效也不能发挥,因此,也需要加入一些润湿剂。可作为润湿剂的表面活性剂,HLB一般在7~9,并应有合适的溶解度。直链脂肪族表面活性剂以碳原子在8~12最为合适。

四、起泡剂与消泡剂

泡沫是气体分子分散在液体中的分散体系。中药的提取液常因含有皂苷、蛋白质、树胶或其他高分子化合物而在提取罐或浓缩罐中产生大量稳定的泡沫。这些具有表面活性的高分子物质通常有较强的亲水性和较高的HLB,在溶液中可降低液体的界面张力而使泡沫稳定,这些物质即称为起泡剂。在液体中加入HLB为1~3的亲油性较强的表面活性剂时,后者可与泡沫液层的起泡剂争夺液膜面,降低表面黏度,促使液膜液体流失而消泡,这些表面活性剂称为消泡剂。消泡剂在抗生素生产过程中用以消除因发酵产生的泡沫。

五、杀菌剂

大多数阳离子型表面活性剂、两性离子型表面活性剂及少数阴离子型表面活性剂都可用作杀菌剂,如苯扎溴铵、甲酚皂等。

六、去污剂

去污剂也称洗涤剂,是用于去除污垢的表面活性剂。去污作用是表面活性剂润湿、渗透分散、乳化或增溶等各种作用的综合体现。常用于去污的表面活性剂有十二烷基硫酸钠等,HLB为13~18。

→ 同步练习

一、单项选择题

1. 对于表面活性剂溶液,临界胶束浓度越小,达到表面吸附饱和所需浓度(   )。

扫码看答案

A. 越低　　　　　　　　　B. 越高　　　　　　　　　C. 不能定性判断

D. 可以定量判断　　　　　E. 不变

2. 下列不属于阴离子型表面活性剂的是（　　）。

A. 硬脂酸钠　　　　　　　B. 十二烷基硫酸钠　　　　C. 十二烷基磺酸钠

D. 三乙醇胺皂　　　　　　E. 甜菜碱型表面活性剂

3. 下列不属于非离子型表面活性剂的是（　　）。

A. Span　　　　B. Tween　　　　C. 泊洛沙姆　　　　D. 卵磷脂　　　　E. Brij

4. 表面活性剂分子中亲水和亲油基团对油或水的综合亲和力称为（　　）。

A. CMC　　　　　　　　　B. 临界胶团浓度　　　　　C. HLB

D. Krafft 点　　　　　　　E. 昙点

5. 商品名为 Span 80 的物质是（　　）。

A. 脱水山梨醇单硬脂酸酯　　　B. 脱水山梨醇单油酸酯　　　C. 脱水山梨醇单棕榈酸酯

D. 聚氧乙烯脱水山梨醇油酸酯　　E. 聚氧乙烯脱水单硬脂酸酯

6. Span 80(HLB＝4.3)60％与 Tween 80(HLB＝15.0)40％混合，混合物的 HLB 与下列哪个数值最接近？（　　）

A. 4.3　　　　B. 6.5　　　　C. 8.6　　　　D. 10.0　　　　E. 12.6

7. 非离子型表面活性剂在水中（　　）。

A. 水解　　　　B. 不水解　　　　C. 电离　　　　D. 不电离　　　　E. 无变化

二、多项选择题

1. 增加药物水中溶解度的方法有（　　）。

A. 加入表面活性剂　　　　B. 加入助溶剂　　　　C. 加热

D. 搅拌　　　　　　　　　E. 药物成盐

2. 表面活性剂在液体制剂中的作用有（　　）。

A. 增溶　　　　B. 助溶　　　　C. 润湿　　　　D. 乳化　　　　E. 去污

3. 以下属于非离子型表面活性剂的是（　　）。

A. 月桂醇硫酸钠（SDS）　　　B. 新洁尔灭　　　　C. TegoMHG

D. 司盘　　　　　　　　　E. 吐温

液体制剂概述

扫码看课件

导学情景

王五同学在学校实训室配制复方碘溶液的过程中,发现自己做的复方碘溶液溶解速度慢、浓度偏低。通过学习本项目内容,你能帮他找到问题存在的原因吗?

学前导语

液体制剂本身可单独应用,也是其他制剂制备的基础,如注射剂、大容量注射剂,那么液体制剂有哪些种类? 有什么样的特点? 如何制备? 本项目我们将学习液体制剂制备相关理论知识与技能。

任务一 液体制剂的概念、特点与质量要求

一、液体制剂的概念

液体制剂指药物以一定的形式分散于液体介质中所制成可供内服或外用的液体分散体系。液体制剂中药物以分子状态分散,处于稳定状态,如溶液剂、高分子溶液剂;药物以微粒状态分散在介质中,则形成非均匀分散的液体制剂,这种液体制剂处于物理不稳定的状态,如溶胶剂、混悬剂、乳剂。

二、液体制剂的特点

液体药剂的特点:①药物以分子或微粒状态分散在介质中,分散度大,吸收快,能较迅速地发挥药效;②给药途径多,可以内服,也可以外用;③易于分剂量,服用方便,特别适用于婴幼儿和老年患者;④能减少某些药物的刺激性;⑤某些固体药物制成液体制剂后,有利于提高药物的生物利用度。

三、液体制剂的质量要求

(1)均相液体制剂应是澄明溶液,非均相液体制剂的药物粒子应分散均匀,浓度准确。

知识链接

(2)口服的液体制剂外观良好,口感适宜。

(3)外用的液体制剂应无刺激性。

(4)液体制剂应有一定的防腐能力,保存和使用过程不应发生霉变。

(5)包装容器适宜,方便患者携带和使用。

任务二　液体制剂的溶剂和附加剂

液体制剂的溶剂,对于溶液剂和高分子溶液剂来说称为溶剂;对于溶胶剂、混悬剂、乳剂来说药物不是溶解而是分散,因此常称为分散介质。溶剂是液体制剂的重要组成部分,对药物起着溶解和分散作用,因此要根据药物性质、制剂要求和临床用途选择适宜的溶剂。此外制备液体制剂时,常根据需要加入适宜的附加剂。

一、液体制剂的常用溶剂

液体制剂的常用溶剂包括极性溶剂、半极性溶剂、非极性溶剂 3 类,具体内容如下。

(一)极性溶剂

1. 水　水是最常用的溶剂,不具有任何药理与毒理作用,是最为人体所耐受的极性溶剂。水能与乙醇、甘油、丙二醇等以任意比例混合。水能溶解糖、蛋白质等多种极性有机物与无机盐。液体制剂用水以纯化水为宜。

水能使某些药物水解,也容易使微生物增殖,导致药物霉变与腐败。在使用水作溶剂时,要考虑药物的稳定性以及是否产生配伍禁忌。

2. 甘油　甘油为常用溶剂,特别是外用制剂应用较多。甘油为黏稠状液体,味甜,毒性小,与乙醇、丙二醇、水以任意比例混合,可内服、外用,能溶解许多不易溶于水的药物。在外用制剂中,甘油常作黏膜给药的溶剂,对皮肤有保湿、滋润及延长药物局部药效等作用,且对药物的刺激性有缓解作用。含水 10% 的甘油无刺激性;在内服溶液制剂中,甘油含量在 12% 以上,能防止鞣酸的析出并兼有矫味作用;制剂中含 30% 以上甘油具有防腐作用。

3. 二甲基亚砜(DMSO)　二甲基亚砜能与水、乙醇等溶剂以任意比例混合,溶解范围广,具有皮肤给药的促渗作用,对皮肤有刺激性。

(二)半极性溶剂

1. 乙醇　乙醇也是常用的溶剂,可与水、甘油、丙二醇以任意比例混合,具有较广泛的溶解性能。乙醇的毒性小。乙醇含量在 20% 以上即具有防腐作用,但乙醇本身具有药理作用。

2. 丙二醇　丙二醇的性质基本上同甘油相似,药用丙二醇应为 1,2-丙二醇。丙二醇同样可与水、乙醇、甘油以任意比例混合,能溶解诸多有机药物,一定比例的丙二醇与水的混合物可抑制某些药物的水解,增加其稳定性。丙二醇水溶液对药物在皮肤及黏膜上有促渗作用。

3. 聚乙二醇类　低聚合度的聚乙二醇,如 PEG 300～600 为透明的液体。与水可以以任意比例混合,不同浓度聚乙二醇的水溶液能溶解多种水溶性及与水不溶性的药物。聚乙二醇类用于液体制剂,对易水解的药物具有一定的稳定作用,在洗剂中有与甘油类似的保湿作用。

(三)非极性溶剂

1. 脂肪油　脂肪油指麻油、豆油、棉籽油、花生油等植物油,能溶解油溶性药物,多用于外用液体制剂,如洗剂、搽剂等。脂肪油易氧化、酸败。

2. 液状石蜡　液状石蜡为饱和烷烃化合物,化学性质稳定;可分为轻质与重质两种,能与非极性溶剂混合,能溶解生物碱、挥发油及一些非极性药物等;在胃肠道中不分解、不吸收,有润肠通便的作用;可作口服制剂与搽剂的溶剂。

3. 醋酸乙酯　醋酸乙酯是油溶性药物的常用溶剂,在空气中易氧化、变色,故使用时常加入抗氧剂。

二、液体制剂的常用附加剂

在制备各种类型液体制剂时,常需选择各类附加剂,这些附加剂起到增溶、助溶、乳化、助悬、润湿、矫味(嗅)、着色等作用。

1. 增溶剂 增溶是指难溶性药物在表面活性剂的作用下,在溶剂中溶解度增加并形成溶液的过程。具有增溶能力的表面活性剂称为增溶剂,被增溶的物质称为增溶质。常用的增溶剂有聚山梨酯类(吐温)和聚氧乙脂肪酸酯类(卖泽)等。增溶剂的最适 HLB 为 15～18。每添加 1 g 增溶剂能增溶药物的克数称为增溶量。

2. 助溶剂 难溶性药物与加入的第三种物质在溶剂中形成可溶性分子络合物、复盐或缔合物等,以增加该药物在溶剂(主要是水)中的溶解度而不降低其生物活性的现象称为助溶,此处的第三种物质称为助溶剂。助溶剂是低分子化合物,而不是胶体物质或表面活性剂。常用的助溶剂可分为 4 类:①无机化合物,如碘化钾;②有机酸及其钠盐,如苯甲酸钠、水杨酸钠、对氨基苯甲酸钠;③酰胺类化合物,如氨基甲酸乙酯(乌拉坦)、尿素、烟酰胺、乙酰胺等;④一些水溶性高分子,如聚乙烯吡咯烷酮(又称聚维酮)。助溶剂的选择尚无明确的规律可循,一般只能根据药物性质,选用与其能形成可溶性络合物、复盐或缔合物的物质,这些物质可以被吸收或者在液体中能释放出药物,以便药物的吸收。

3. 潜溶剂 为了提高难溶性药物的溶解度,常常使用含两种或多种溶剂的混合溶剂。在混合溶剂中各溶剂达到某一比例时,药物的溶解度出现极大值,这种现象称潜溶,这种混合溶剂称潜溶剂。能与水形成潜溶剂的有乙醇、丙二醇、甘油、聚乙二醇等。甲硝唑在水中的溶解度为 10%(W/V),如果使用水-乙醇混合溶剂,则溶解度提高 5 倍。醋酸去氧皮质酮注射液是以水-丙二醇为溶剂制备的。

4. 防腐剂 液体制剂特别是以水为溶剂的液体制剂易被微生物污染而发霉变质,尤其是含有糖类、氨基酸、蛋白质等营养物质的液体制剂,更易引起微生物的滋长和繁殖。液体制剂一旦染菌长霉,将会严重影响其质量而危害人体健康。因此在制备和贮存液体制剂时,要注意防止污染,添加防腐剂。通常把能抑制微生物生长的物质称为防腐剂,其可分为以下 6 种。

(1)苯甲酸及其盐:苯甲酸、苯甲酸钠未解离的分子抑菌作用强,所以在酸性溶液中抑菌效果好,最适宜的 pH 是 4。苯甲酸的防霉作用较羟苯酯类弱,而防发酵能力较羟苯酯类强。其作防腐剂使用时浓度为 0.03%～0.3%。

(2)对羟基苯甲酸酯类(尼泊金酯类):包括羟苯甲酯、羟苯乙酯、羟苯丙酯、羟苯丁酯等,是一类很有效的防腐剂,其抑菌作用随烷基碳数增加而增加,但溶解度则随之减小。羟苯丁酯抗菌力最强,溶解度最小。本类防腐剂混合使用有协同作用,防腐效果更好,通常是羟苯乙酯和羟苯丙酯或羟苯乙酯和羟苯丁酯合用。酸性药液中效果好。常用浓度为 0.01%～0.25%。

(3)山梨酸及其盐:包括山梨酸、山梨酸钾、山梨酸钙,防腐作用是依靠其未解离的分子,在 pH 值为 4 的水溶液中效果好。抑菌浓度为细菌 0.02%～0.04%,酵母菌、真菌 0.8%～1.2%。

(4)季铵盐类:常用的有苯扎溴铵、苯扎氯铵和度米芬等,为阳离子型表面活性剂,供外用。作防腐剂时使用浓度为 0.02%～0.2%。

(5)醋酸氯己定(醋酸洗必泰):为广谱杀菌剂,常用浓度为 0.02%～0.05%。

(6)其他防腐剂:乙醇、甘油、桉叶油、桂皮油、薄荷油等均有一定的防腐作用,如浓度为 20%的乙醇或 30%的甘油、0.5%的薄荷油、0.01%的桂皮油、0.01%的桉叶油。

5. 矫味剂 许多药物具有不良臭味,特别是口感差的口服制剂,患者服用后常常引起恶心和呕吐,尤其是患儿往往拒绝服药。选用适宜的矫味剂能在一定程度上掩盖与矫正药物的不良臭味,消除或减少患者对服药的厌恶,使患者愉快服药,达到应有的治疗效果。液体制剂中常用的矫味剂有甜味剂、芳香剂、胶浆剂及泡腾剂等。

(1)甜味剂:甜味剂能掩盖药物的咸味、涩味和苦味,包括天然甜味剂和合成甜味剂两大类。

天然甜味剂中以蔗糖和单糖浆应用最广泛,具有芳香味的果汁糖浆如橙皮糖浆和桂皮糖浆等不但能矫味,也能矫臭。甘油、山梨醇、甘露醇等也可作甜味剂。天然甜味剂甜菊苷为微黄白色粉末,无臭,有清凉甜味,甜度比蔗糖大约 300 倍,在水中溶解度(25 ℃)为 1:10,pH 4～10 时加热也不被水解,常用浓度为 0.025%～0.05%;其甜味持久且不易被吸收,但甜中带苦,故常与蔗糖和糖精钠合用。

合成甜味剂:①糖精钠,甜度为蔗糖的 200～700 倍,易溶于水,但其水溶液不稳定,长期放置甜度会降低;常用浓度为 0.03%,常与单糖浆、蔗糖和甜菊苷合用,常作咸味的矫味剂。②阿斯巴甜(阿司帕坦),也称蛋白糖,为二肽类甜味剂,甜度比蔗糖高 150～200 倍,不致龋齿,可以有效地降低热量,适用于糖尿病、肥胖症患者。

(2)芳香剂:在制剂中有时需要添加少量香料和香精以改善制剂的气味和口感,这些香料和香精称为芳香剂。香料分天然香料和人造香料两大类。天然香料有从植物中提取的芳香性挥发油如柠檬挥发油、薄荷挥发油等,以及它们的制剂如薄荷水等;人造香料也称调和香料,是由人工香料添加一定量的溶剂调和而成的混合香料,如苹果香精、香蕉香精等。

(3)胶浆剂:胶浆剂具有黏稠缓和的性质,可以干扰味蕾的味觉而起矫味作用,如阿拉伯胶、羧甲基纤维素钠、琼脂、明胶、甲基纤维素等的胶浆。如在胶浆剂中加入适量糖精钠或甜菊苷等甜味剂,可增加其矫味作用。

(4)泡腾剂:有机酸与碳酸氢钠一起遇水后可产生大量 CO_2,依靠 CO_2 麻痹味蕾起矫味作用,对盐类的苦味、涩味、咸味均有所改善。

6. 着色剂 有些制剂本身无色,但为了心理治疗的需要或某些目的,有时需加入制剂中进行调色的物质称着色剂。着色剂能改善制剂的外观颜色,可用来识别制剂的浓度、区分制剂的应用方法和减少患者对服药的厌恶感。尤其是选用的颜色与矫味剂能够配合协调,则更易为患者所接受。

(1)天然色素:常用的有植物性色素和矿物性色素,可作食品和内服制剂的着色剂。植物性色素:红色的有苏木、甜菜红、胭脂虫红等,黄色的有姜黄、胡萝卜素等,蓝色的有松叶兰、乌饭树叶,绿色的有叶绿酸铜钠盐,棕色的有焦糖等。矿物性色素如氧化铁(棕红色)。

(2)合成色素:合成色素的特点是色泽鲜艳,价格低廉,但大多毒性比较大,用量不宜过多。我国批准的内服合成色素有苋菜红、柠檬黄、胭脂红、靛蓝和日落黄,通常配成浓度为 1% 的贮备液使用,用量不得超过万分之一。外用合成色素有伊红、品红、亚甲蓝、苏丹黄 G 等。

7. 其他附加剂 ①抗氧剂:焦亚硫酸钠、亚硫酸氢钠等。②pH 调节剂:硼酸缓冲液、磷酸盐缓冲液等。③金属络合剂:依地酸二钠等。

任务三 液体制剂的分类

液体制剂也是其他剂型(如注射剂、软胶囊、软膏剂、栓剂、气雾剂等)的基础剂型,这些剂型普遍使用液体制剂的基本原理,因此液体制剂在药物制剂上的应用具有普遍意义。

一、按分散系统分类

1. 均相(单相)液体制剂 药物以分子或离子形式分散在液体分散介质中(真溶液),外观上是澄清溶液,属于热力学稳定体系。

2. 非均相(多相)液体制剂 药物以微粒或微滴形式分散于液体分散介质中形成的不稳定的多相分散体系,为热力学不稳定体系。根据分散相的粒径不同,常将液体制剂分为低分子溶液剂、胶体溶液(高分子溶液剂、溶胶剂)、乳剂和混悬剂(表 4-1)。

表 4-1 液体制剂的分类与特征

液体类型	粒径	特征
低分子溶液剂	<1 nm	以小分子或离子状态分散,均相澄明溶液,体系稳定
高分子溶液剂	1～100 nm	为高分子化合物,以分子状态分散,均相溶液,体系稳定
溶胶剂	1～100 nm	以胶粒状态分散,形成多相体系,有聚结不稳定性
乳剂	>100 nm	以小液滴状态分散,形成多相体系,有聚结和重力不稳定性
混悬剂	>500 nm	以固体微粒状态分散,形成多相体系,有聚结和重力不稳定性

二、按给药途径与应用方法分类

液体制剂有很多给药途径,由于制剂种类和用法不同,液体制剂的给药途径可分为以下两大类。

1. 内服液体制剂 合剂、芳香水剂、糖浆剂、部分溶液剂、滴剂等。

2. 外用液体制剂 ①皮肤用液体制剂,如洗剂、搽剂等;②五官科用液体制剂,如洗耳剂、滴耳剂、滴鼻剂、含漱剂、滴牙剂、涂剂等;③直肠、阴道、尿道用液体制剂,如灌肠剂、灌洗剂等。

▶ 同步练习

扫码看答案

选择题

1. 不属于液体制剂的是(　　)。

A. 合剂　　　　　B. 搽剂　　　　　C. 灌肠剂　　　　　D. 醑剂　　　　　E. 注射液

2. 单糖浆为蔗糖的水溶液,含蔗糖量为(　　)。

A. 85%(g/mL)或 64.7%(g/g)　　　　　B. 86%(g/mL)

C. 85%(g/mL)或 65.7%(g/g)　　　　　D. 86%(g/mL)

3. 关于液体药剂的叙述错误的是(　　)。

A. 溶液分散相粒径一般小于 1 nm

B. 胶体溶液型药剂分散相粒径一般在 1~100 nm

C. 混悬型药剂分散相粒径一般在 100 μm 以上

D. 乳浊液分散相粒径在 1 nm 至 25 μm

4. 苯甲酸钠在咖啡因溶液中的作用是(　　)。

A. 延缓水解　　　B. 防止氧化　　　C. 增溶作用　　　D. 助溶作用　　　E. 防腐作用

5. 苯巴比妥在 90%乙醇中溶解度最大,90%乙醇是苯巴比妥的(　　)。

A. 防腐剂　　　　B. 助溶剂　　　　C. 增溶剂　　　　D. 抗氧剂　　　　E. 潜溶剂

6. 溶液剂的附加剂不包括(　　)。

A. 助溶剂　　　　B. 增溶剂　　　　C. 抗氧剂　　　　D. 润湿剂　　　　E. 甜味剂

7. 下列制剂中属于均相液体制剂的是(　　)。

A. 乳剂　　　　　　　　B. 混悬剂　　　　　　　　C. 高分子溶液剂

D. 溶胶剂　　　　　　　E. 注射剂

8. 溶液剂是由低分子药物以(　　)状态分散在分散介质中形成的液体药剂。

A. 原子　　　　　B. 离子　　　　　C. 分子　　　　　D. 分子或离子　　　E. 微粒

9. 下列属于半极性溶剂的是(　　)。

A. 甘油　　　　　B. 脂肪油　　　　C. 水　　　　　　D. 丙二醇　　　　E. 液状石蜡

10. 下列属于尼泊金类防腐剂的是(　　)。

A. 山梨酸　　　　B. 苯甲酸盐　　　C. 羟苯乙酯　　　D. 三氯叔丁醇　　E. 苯酚

11. 苯甲酸及其盐类作为防腐剂时常用量一般为(　　)。

A. 0.03%~0.3%　　　　　B. 0.1%~0.3%　　　　　C. 1%~3%

D. 0.029%~0.05%　　　　E. 0.01%

12. 处方:碘 3 g,碘化钾 10 g,蒸馏水适量,制成复方碘溶液 100 mL,碘化钾的作用是(　　)。

A. 助溶作用　　　B. 脱色作用　　　C. 增溶作用　　　D. 补钾作用　　　E. 抗氧化作用

13. 下列有关液体制剂特点的表述,正确的是(　　)。

A. 不能用于皮肤、黏膜和人体腔道

B. 药物分散度大,吸收快,药效发挥迅速

C. 液体制剂药物分散度大,不易引起化学降解

D. 液体制剂给药途径广泛,易于分剂量,但不适用于婴幼儿和老年人

E. 某些固体制剂制成液体制剂后,生物利用度降低

液体制剂的生产

导学情景

有人说药物溶解在水中,较透明的称为真溶液,较浑浊的称为假溶液。你认同这种观点吗?

学前导语

常见的液体制剂有真溶液型液体制剂、高分子溶液剂、溶胶剂、混悬剂和乳剂等,各种类型的液体制剂在生产中有何异同,本项目我们将学习液体制剂生产的相关理论知识与技能。

任务一 真溶液型液体制剂

扫码看课件

一、概述

真溶液型液体制剂指药物以分子或离子状态均匀分散于溶剂中形成的澄明液体制剂,如溶液剂、糖浆剂、芳香水剂、甘油剂、酊剂等。溶液剂可以口服,也可外用。真溶液型液体制剂中药物分散度大,吸收快,作用迅速,物理稳定性较胶体溶液、混悬液、乳浊液好。真溶液型液体制剂的溶质(solute)一般为不挥发性的化学药物,溶剂多为水,也有用乙醇或油为溶剂。溶液剂中可根据需要加入抗氧剂、矫味剂、着色剂等附加剂。

二、常用真溶液型液体制剂的制备

(一)溶液剂的制备

1. 概念与特点 溶液剂指不挥发性药物的澄清溶液(氨溶液等除外),供内服或外用。溶剂多为水,也可为乙醇或油,如硝酸甘油溶液用乙醇作溶剂,维生素 D_2 溶液用油作溶剂。《中国药典》(2020年版)四部"口服溶液剂"制剂通则规定:口服溶液剂指原料药溶解于适宜溶剂中制成的供口服的澄清液体制剂。

溶液剂应澄清,不得浑浊,有沉淀、异物等。根据需要溶液剂中可加入防腐剂、助溶剂、抗氧剂、矫味剂及着色剂等附加剂。药物制成溶液剂后量取容易,服用方便,特别适宜于小剂量药物或毒性较大的药物。药物制成溶液剂后具有分散度大、吸收快、药效迅速等特点。有些药物制成溶液剂后贮存、使用都较安全,如过氧化氢溶液、氨溶液等。

2. 制备方法 溶液剂一般有 3 种制法:溶解法、稀释法和化学反应法。

1)溶解法 此法适用于较稳定的化学药物,多数溶液剂都采用这种方法。溶解法制备过程:药物的称量→溶解→过滤→质量检查→包装。

具体方法:取处方总量 3/4 的溶剂,加入称好的药物,搅拌使其溶解。处方中如有附加剂或溶解度较小的药物,应先将其溶解于溶剂中,再加入其他药物。难溶性药物可加适当的助溶剂使其溶解。制备的溶液应过滤,并通过滤器添加溶剂至全量。过滤后的药液应进行质量检查。制得的药液应及时分装、密封、贴标签及进行外包装。

实例分析1:葡萄糖酸钙口服溶液。

【处方】

葡萄糖酸钙	70 g
乳酸	2 g
氢氧化钙	0.5 g
蔗糖	200 g
乳酸钙	20 g
香精	适量
纯化水	适量
制成	1000 mL

【制法】称取葡萄糖酸钙70 g溶于500 mL纯化水中,加热、搅拌、溶解后,再依次加入处方量的乳酸、氢氧化钙、乳酸钙、蔗糖,搅拌溶解,加水蜜桃香精适量,再加纯化水至全量,加活性炭1 g,冷却至(40±2)℃,先用滤纸过滤,再用0.8 μm微孔滤膜过滤,灌装,100 ℃热压灭菌30 min即得。

【注释】①本品为矿物质类非处方药品,用于预防和治疗钙缺乏症,如骨质疏松、手足抽搐症、骨发育不全、佝偻病以及儿童、妊娠和哺乳期妇女、绝经期妇女、老年人钙的补充。②本品为按常规制备处方药品,存放一段时间易产生少量葡萄糖酸钙结晶,本处方在原有的稳定剂乳酸、氢氧化钙基础上增加乳酸钙作为助溶剂,起到增加主药葡萄糖酸钙浓度的目的,处方中加蔗糖及香精起到矫味的作用。

实例分析2:复方碘口服溶液(鲁氏碘液)。

【处方】

碘	50 g
碘化钾	100 g
纯化水	适量
制成	1000 mL

【制法】取碘化钾加适量纯化水溶解,加入碘搅拌、溶解,再加适量纯化水至全量,混匀即得。

【作用与用途】调节甲状腺功能,主要用于甲状腺功能亢进的辅助治疗,外用作黏膜消毒药。

【用法与用量】口服:一次0.1~0.5 mL,一日0.3~0.8 mL。极量:一次1 mL,一日3 mL。本品具有刺激性,口服时宜用5~10倍的水稀释后服用。对碘过敏者禁用。

【注释】①因碘难溶于水(水中的溶解度为1:2950),又具挥发性,故加碘化钾作助溶剂,与碘生成易溶性的络合物而溶于水中,并能使溶液稳定。②为加速碘的溶解,宜先将碘化钾(1:0.7)加适量纯化水(1:1)配成近饱和溶液,再加碘溶解。③本品宜用玻璃塞磨口瓶盛装,不得直接与软木塞、橡胶塞接触;为避免被腐蚀,可加一层玻璃纸衬垫。

2)稀释法(dilution method) 指先将药物制成高浓度溶液或将易溶性药物制成储备液,再用溶剂稀释至需要浓度,如工业生产的浓过氧化氢溶液含过氧化氢(H_2O_2)26.0%~28.0%(g/g),而临床常用浓度为2.5%~3.5%(g/mL);浓氨溶液含氨(NH_3)25%~35%(g/g),而医疗上的常用浓度为9.5%~10.5%(g/mL)。一般均需用稀释法调至所需浓度后方可使用。

应注意的问题:将药物先粉碎,在溶解过程中应采用搅拌、加热等措施,以利于药物的溶解;易氧化的药物宜将溶剂加热,放冷后加入药物进行溶解,同时应加适量抗氧剂;易挥发性药物应在最后加入。本法适用于高浓度溶液或易溶性药物的浓储备液等原料。

实例分析3:稀释甲醛溶液。

【处方】

甲醛溶液36%(g/g)	103 mL
纯化水	适量
制成	1000 mL

【制法】取甲醛溶液加纯化水使成 1000 mL,置密闭容器内摇匀即可。

【注释】本品主要用作消毒、防腐、保存标本。

3)化学反应法　指将两种或两种以上的药物通过化学反应制成新的药液的方法,待化学反应完成后,过滤,自滤器上添加溶剂至全量即得。适用于原料药缺乏或质量不符合要求的情况,如复方硼砂溶液等。

(二)芳香水剂的制备

芳香水剂指芳香挥发性药物(多为挥发油)的饱和或近饱和水溶液。用水和乙醇的混合液作溶剂,制备的含较多挥发油的溶液称为浓芳香水剂。芳香性植物药材用蒸馏法制成含芳香性成分的澄明溶液,在中药中常称为药露或露剂。芳香水剂的制法根据原料不同而不同,纯净的挥发油和化学药物多用溶解法和稀释法,含挥发成分的药材多用蒸馏法。也可制成浓芳香水剂,临用时加以稀释。芳香水剂不宜大量配制和久贮。

实例分析:浓薄荷水。

【处方】薄荷油　　　　　　　20 mL

95％乙醇　　　　　　　600 mL

纯化水　　　　　　　　适量

滑石粉　　　　　　　　50 g

———————————————————

制成　　　　　　　　　1000 mL

【制法】先将薄荷油溶于 95％乙醇,少量、分次加入纯化水至足量(每次加后用力摇匀),再加滑石粉 50 g,振摇,放置数小时,并经常振摇,过滤,自滤器上添加适量纯化水至全量,即得。

【注释】①本品为薄荷水的 40 倍浓溶液,薄荷油在水中的溶解度为 0.05％(mL/mL),在 95％乙醇中为 25％。②滑石粉为分散剂,与挥发油混匀后,使油粒吸附在颗粒周围,加水振摇时,易使挥发油均匀分布于水中,以增加其溶解速度;同时滑石粉还具有吸附剂的作用,过量的挥发油在过滤时可因吸附在滑石粉表面而被除去,起到助滤作用;所用滑石粉不宜太细,否则能通过滤器而使溶液浑浊。③本品供作矫味、祛风、防腐及制薄荷水用。

(三)甘油剂、醑剂的制备

1. 甘油剂　指药物溶于甘油中制成的专供外用的溶液剂。甘油具有黏稠性、防腐性和吸湿性,对皮肤、黏膜有滋润作用,能使药物滞留在患处而起延长药物局部疗效的作用,并能缓和某些药物的刺激性。常用于口腔科、耳鼻喉科疾患。甘油吸湿性较大,应密闭保存。

甘油剂的制备可用溶解法,如碘甘油;化学反应法,如硼酸甘油。

实例分析:碘甘油。

【处方】碘　　　　　　　　　1.0 g

碘化钾　　　　　　　　1.0 g

纯化水　　　　　　　　1.0 mL

甘油　　　　　　　　　适量

———————————————————

制成　　　　　　　　　100 mL

【制备】取碘化钾加纯化水溶解后,加碘,搅拌使之溶解,再加甘油制成 100 mL 溶液,搅匀即得。碘甘油可用于口腔黏膜感染、牙龈炎、牙周炎、冠周炎等。

【注释】①甘油作为碘的溶剂可缓和碘对黏膜的刺激性,甘油易附着于皮肤或黏膜上,使药物滞留患处,而起延长疗效的作用;②本品不宜用水稀释,必要时用甘油稀释,以免增加碘的刺激性;③碘在甘油中溶解度约 1％(g/g),加碘化钾助溶,可增加碘的稳定性;④配制时,要控制水量,以免增加碘对黏膜的刺激性。

2. 醑剂　指挥发性药物制成的浓乙醇溶液,可供内服或外用。凡用于制备芳香水剂的药物一般都可以制成醑剂。由于挥发性药物在乙醇中的溶解度一般均比在水中大,所以醑剂中药物的浓度比芳香水剂大,浓度为 5%～20%。醑剂中乙醇浓度一般为 60%～90%。醑剂应贮存于密闭容器中,但不宜长期贮存。醑剂可用溶解法和蒸馏法制备。

实例分析:樟脑醑。

【处方】樟脑　　　　　　　　　100 g

95% 乙醇　　　　　　　　约 800 mL

共制　　　　　　　　　　1000 mL

【制法】取樟脑加乙醇(约 800 mL)溶解后,过滤,自滤器上添加乙醇至 1000 mL,搅匀,即得。

【作用与用途】局部刺激药。适用于神经痛、关节痛、肌肉痛及未破冻疮等。

【用法与用量】外用,局部涂搽。

【注释】①本品为无色澄明液体,有特异芳香,味苦而辛,有清凉感。含醇量为 80%～87%。②本品遇水易析出结晶,所用器材及包装材料均应干燥。

低分子溶液剂在制备的过程中常遇到一些问题,必须认真对待,否则会影响溶液剂的质量。有些易溶性药物溶解缓慢,可在溶解过程中适当采取粉碎、搅拌、加热等措施;易氧化的药物溶解时应将溶剂加热放冷后再溶解药物,同时加入适量抗氧剂,以减少药物氧化造成的损失;易挥发性药物应在最后加入,以免在制备过程中损失。

任务二　高分子溶液剂

高分子溶液剂指高分子化合物或聚合物以分子状态溶解于溶剂中制成的均匀分散的液体制剂。如蛋白质、酶类、纤维素类溶液与淀粉浆、聚乙烯吡咯烷酮溶液等,属于热力学稳定体系。以水为溶剂制备的高分子溶液剂称为亲水性高分子溶液剂,又称亲水胶体溶液或胶浆剂。亲水性高分子溶液剂在制剂中应用较多,常用作黏合剂、助悬剂、乳化剂等。以非水溶剂制备的高分子溶液剂称为非水性高分子溶液剂。

一、高分子溶液剂的性质

1. 带电性　很多高分子化合物在溶液中带有电荷,这是高分子结构中某些基团解离的结果,有的高分子化合物带正电荷,有的高分子化合物带负电荷。带正电荷的高分子化合物水溶液有琼脂、血红蛋白、碱性染料、明胶等。带负电荷的有淀粉、阿拉伯胶、西黄蓍胶、鞣酸、树脂、海藻酸钠等。蛋白质分子溶液随 pH 不同,可带正电荷或负电荷。当溶液的 pH 大于等电点时,蛋白质带负电荷;pH 小于等电点时,蛋白质带正电荷。pH 等于等电点时,高分子化合物不带电,此时溶液的黏度、渗透压、溶解度等都变得最小。由于高分子化合物在溶液中带有电荷而具有电泳现象,通过电泳法可测定高分子化合物所带电荷的种类。

2. 稳定性　高分子溶液剂的稳定性主要取决于高分子化合物的水化作用和电荷。高分子化合物结构中有大量的亲水基团,能与水形成牢固的水化膜,水化膜能阻止高分子化合物分子间的相互聚结,这是高分子溶液剂稳定的主要原因。水化膜越厚,稳定性越强。此外,一些高分子化合物带有电荷,由于同性相斥,阻止聚集,可增加其稳定性。但对高分子溶液剂来说,电荷对其稳定性仅起次要作用。

凡能破坏高分子化合物水化膜及中和电荷的因素,均能使高分子溶液剂不稳定,出现高分子化合物聚结、沉淀。影响高分子溶液剂稳定性的因素主要有以下 4 个方面。

(1)盐析作用:向高分子溶液剂中加入大量电解质,由于电解质具有比高分子化合物更强的水化作用,结合了大量水分子的电解质破坏了高分子化合物的水化膜,使高分子化合物聚结而沉淀,这一过程称为盐析。起盐析作用的主要是电解质的阴离子。盐析法可用于制备生化制剂、中药制剂,并用于微囊的制备。

(2)脱水作用:向高分子溶液剂中加入大量脱水剂如乙醇、丙酮等,能破坏高分子化合物的水化膜而使高分子化合物聚结、沉淀。利用这一性质,通过控制所加入脱水剂的浓度,可分离出不同分子量的高分子化合物,如羧甲基淀粉钠、右旋糖酐等的制备。

（3）凝聚作用:带相反电荷的两种高分子溶液剂混合时,由于电荷中和而产生聚结、沉淀。如复凝聚法制备微囊就是利用在等电点以下时明胶带正电荷,而阿拉伯胶带负电荷,两者作用生成溶解度小的复合物,复合物沉降形成囊膜。胃蛋白酶在等电点以下带正电荷,用润湿的带负电荷的滤纸过滤时,由于电荷中和使胃蛋白酶沉淀于滤纸上,而使制品的效价降低。

（4）絮凝作用:高分子溶液剂由于受到其他因素(如光、热、pH、射线、絮凝剂等)的影响,自发地聚结而沉淀的现象称为絮凝或陈化现象。

3. 渗透压 高分子溶液剂与低分子溶液剂和疏水胶体溶液一样,具有一定渗透压,但由于高分子溶液剂的溶解度和浓度较大,所以其渗透压也较大。

4. 胶凝性 一些高分子溶液剂如明胶、琼脂等的水溶液,在温热条件下呈黏稠流动的液体,温度降低时形成了不流动的半固体,称为凝胶,形成凝胶的过程称为胶凝。

二、高分子溶液剂的制备

制备高分子溶液剂时,首先要经过溶胀过程。溶胀是指水分溶入高分子化合物间的空隙中,与高分子化合物中的极性基团发生水化作用而使体积膨大,其结果是使高分子化合物空隙间充满了水分子,这一过程称为有限溶胀。由于高分子化合物间隙中存在水分,从而降低了高分子化合物分子间的作用力(范德华力)。溶胀过程继续进行,最后使高分子化合物完全分解在水中而形成高分子溶液,此过程称为无限溶胀。无限溶胀过程很慢,往往需加热或搅拌才能完成。

各种高分子化合物在水中溶胀过程和速度不尽相同,故制法也不完全一样。如胃蛋白酶、汞溴红、蛋白银等的有限溶胀与无限溶胀过程均较快,制备时将其撒在水面上,待其自然膨胀后轻轻搅拌即得高分子溶液剂;如果将其撒于水面后立即搅拌则会形成团块,这时在团块周围形成水化层,使溶胀过程变得相当缓慢,给制备过程带来困难。明胶、琼脂溶胀速度慢,需将其切成小块,在水中浸泡3~4 h,这是有限溶胀过程,再加热、无限溶胀成高分子溶液剂。甲基纤维素的溶解过程比较特殊,其在冷水中的溶解度比在热水中大(因加热破坏其与水分子间形成的氢键),其制备过程在冷水中完成。

实例分析1:羧甲基纤维素钠胶浆。

【处方】羧甲基纤维素钠　　　0.5 g
　　　　琼脂　　　　　　　　　0.5 g
　　　　糖精钠　　　　　　　　0.005 g
　　　　纯化水　　　　　　　　适量
　　　　───────────────
　　　　制成　　　　　　　　　100 mL

【制法】取羧甲基纤维素钠分次加入热纯化水(约40 mL)中轻轻搅拌使其溶解,另取剪碎的琼脂及糖精钠加入纯化水(约40 mL)中煮沸数分钟,使琼脂溶解;两液合并,趁热过滤,再通过滤器加入纯化水制成100 mL溶液,搅匀即得。

【注释】①本品pH 3~11时稳定,氯化钠等盐类可降低其黏度。②配制时,羧甲基纤维素钠如先用少量乙醇润湿,再按上述方法溶解,更为高效。③本品用作助悬剂、矫味剂,供外用时则不加糖精钠。

实例分析2:胃蛋白酶合剂。

【处方】胃蛋白酶(1∶1200)　　20 g
　　　　稀盐酸　　　　　　　　20 mL
　　　　单糖浆　　　　　　　　100 mL
　　　　橙皮酊　　　　　　　　20 mL
　　　　羟苯乙酯溶液(5%)　　10 mL
　　　　纯化水　　　　　　　　适量
　　　　───────────────
　　　　制成　　　　　　　　　1000 mL

【制法】取约 800 mL 纯化水加稀盐酸、单糖浆搅匀,缓缓加入橙皮酊、5%羟苯乙酯溶液,随加随搅拌,将含糖胃蛋白酶分次撒在液面上,待其自然膨胀溶解,再加纯化水至 1000 mL,轻轻混匀,即得。

【作用与用途】助消化药。消化蛋白质,用于缺乏胃蛋白酶或病后消化功能减退引起的消化不良症。

【用法与用量】饭前口服,一次 10 mL,一日 3 次。

【注释】①影响胃蛋白酶活性的主要因素是 pH,胃蛋白酶在 pH 1.5~2.5 时活性最大,故处方中加稀盐酸调节 pH。但胃蛋白酶不得与稀盐酸直接混合,因含盐酸量超过 0.5% 时,胃蛋白酶的活性被破坏。故须加纯化水稀释后配制。②溶解胃蛋白酶时,应将其撒在液面上,静置使其充分吸水膨胀,再缓缓摇匀即得,不得用热水配制,亦不能剧烈搅拌,以免影响其活力。③本品不宜过滤。如必须过滤时,滤材需先用相同浓度的稀盐酸润湿,以饱和滤材表面电荷,消除其对胃蛋白酶活性的影响。④胃蛋白酶与碘、胰酶、鞣酸、碱及重金属盐均有配伍禁忌,使用时应加以注意。

任务三 溶 胶 剂

一、概述

(一)概念

溶胶剂指固体药物微细粒子(1~100 nm)分散在水中形成的非均相液体体系,又称为疏水性胶体溶液,胶粒是多分子聚集体,有极大的分散度。溶胶剂属于热力学不稳定体系,外观与溶液剂相似,透明无沉淀。

将药物制成溶胶分散体系,可改善药物的吸收,使药效增大或异常,对药物的刺激性也会产生影响。如粉末状的硫不被肠道吸收,但制成胶体则极易吸收,可产生毒性反应甚至中毒死亡。具有特殊刺激性的银盐制成具有杀菌作用的胶体蛋白银、氧化银、碘化银,则药物刺激性降低。由于药物的分散度极大,药效出现显著变化。该制剂目前应用较少,但溶胶微粒的特殊性质对于纳米制剂的发展具有十分重要的意义。

(二)溶胶剂性质

1. 可滤过性 溶胶剂的胶粒(分散相)大小为 1~100 nm,能透过滤纸、棉花,而不能透过半透膜。这一特性与溶液不同,与粗分散相也不同。因此,可用透析法或电渗析法除去胶体溶液中的盐类杂质。

2. 粒子具有布朗运动 溶胶的质点小,分散度大,在分散介质中存在不规则的运动,这种运动称为布朗运动。布朗运动是由于胶粒受分散介质水分子的不规则撞击而产生的。胶粒越小,布朗运动越强烈,其动力学稳定性就越好。

3. 光学效应 由于胶粒对光线的散射作用,当一束强光通过溶胶剂时,从侧面可见到圆锥形光束,称为丁达尔效应。这种光学性质在高分子溶液剂中表现不明显,因而可用于与溶胶剂的鉴别中。

溶胶剂的颜色与胶粒对光线的吸收和散射有关,不同溶胶剂对不同波长的光线有特定的吸收作用,使溶胶剂产生不同的颜色。如碘化银溶胶剂呈黄色,蛋白银溶胶剂呈棕色,氧化金溶胶剂则呈深红色。

4. 胶粒带电 溶胶剂中的固体微粒可由于自身解离或吸附溶液中的某种离子而带有电荷。带电荷的固体微粒由于电性的作用,必然吸引带相反电荷的离子,这种离子称为反离子。部分反离子密布于固体微粒表面,并随之运动,形成所谓的胶粒。胶粒上的吸附离子与反离子构成吸附层。另一部分反离子散布于胶粒的周围,离胶粒愈近,反离子愈密集,形成了与吸附层电荷相反的扩散层。带相反电荷的吸附层与扩散层构成了胶粒的双电层结构。双电层之间的电位差称为 ζ-电位。由于胶粒可带正电荷或带负电荷,在电场作用下可产生电泳现象。ζ-电位愈高,电泳速度就愈快。

5.稳定性 胶粒表面所带相反电荷的排斥作用、胶粒双电层中离子的水化作用以及胶粒具有的布朗运动,增加了溶胶剂的稳定性。

溶胶剂的稳定性受很多因素的影响:①电解质的作用,加入电解质中和胶粒的电荷,使ζ-电位降低,同时也因电荷的减弱而使水化层变薄,使溶胶剂产生凝聚而沉淀。②溶胶剂的相互作用,将带相反电荷的溶胶剂混合,也会产生沉淀;但只有当两种溶胶剂的用量刚好使电荷相反的胶粒所带的电荷量相等时,才会完全沉淀;否则可能只会产生部分沉淀,甚至不会沉淀。③保护胶的作用,向溶胶剂加入亲水性高分子溶液使溶胶剂具有亲水胶体的性质而增加稳定性;如制备氧化银胶体时,加入血浆蛋白作为保护胶而制成稳定的蛋白银溶液。

二、溶胶剂的制备

1.分散法 把药物的粗大粒子分散达到溶胶粒子的分散范围。

(1)机械分散法:常采用胶体磨进行制备。分散药物、分散介质以及稳定剂从投入口处加入胶体磨中,胶体磨以 10000 r/min 的转速高速旋转将药物粉碎成胶体粒子大小。可以制成质量很好的溶胶剂。

(2)胶溶法:使新生的粗分散粒子重新分散的方法。

(3)超声分散法:用 20000 Hz 以上超声波所产生的能量使粗分散粒子分散成溶胶剂的方法。

2.凝聚法

1)物理凝聚法 改变分散介质的性质使溶解的药物凝聚成溶胶。如将硫黄溶于乙醇中制成饱和溶液,过滤,滤液细流在搅拌下流入水中。由于硫黄在水中的溶解度小,可迅速析出形成胶粒而分散于水中。

2)化学凝聚法 借助于氧化、还原、水解、复分解等化学反应制备溶胶的方法。如硫代硫酸钠溶液与稀盐酸作用,生成新生态的硫分散于水中,形成溶胶。

实例分析:纳米银溶胶。

【制法】将装有 0.001 mol/L、500 mL 硝酸银溶液的烧杯放于磁力加热搅拌器上,在剧烈的搅拌中加热至沸腾,同时量取 1% 柠檬酸钠溶液 13 mL,并在硝酸银溶液加热至沸腾时迅速放入其中,在剧烈搅拌下加热 20 min,然后在室温下自然冷却,即制得红棕色纳米银溶胶,如图 5-1 所示。

【注释】用液相化学还原法制备纳米银溶胶,试验以硝酸银为原料,柠檬酸钠为还原剂,在剧烈搅拌下加热 0.001 mol/L 硝酸银溶液至沸腾并快速加入 1% 的柠檬酸钠溶液,20 min 即可制得纳米银溶胶。若反应温度为 50 ℃,反应时间则为 60 min。

图 5-1 纳米银产品图片

→ 同步练习

扫码看答案

一、单项选择题

1.醑剂中乙醇浓度一般为( )。

A. 5%～10%　　B. 20%～30%　　C. 30%～40%　　D. 40%～50%　　E. 60%～90%

2. 制备 5% 碘的水溶液,通常可采用以下哪种方法?(　　　)

A. 制成酯类　　　　　　　　B. 制成盐类　　　　　　　　C. 加助溶剂

D. 采用复合溶剂　　　　　　E. 加增溶剂

3. 药用糖浆的浓度是(　　　)。

A. 20%　　　　B. 45%　　　　C. 65%　　　　D. 85%　　　　E. 95%

4. 关于糖浆剂的说法错误的是(　　　)。

A. 可作矫味剂、助悬剂、片剂包糖衣材料

B. 蔗糖浓度高时渗透压大,微生物的繁殖受到抑制

C. 糖浆剂为高分子溶液

D. 冷溶法适用于对热不稳定或挥发性药物制备糖浆剂,制备的糖浆剂颜色较浅

E. 热溶法制备有溶解快、滤速快、可以杀死微生物等优点

5. 由低分子药物分散在分散介质中形成的液体制剂,分散微粒小于 1 nm 的是(　　　)。

A. 高分子溶液剂　　　　　　B. 乳剂　　　　　　　　　　C. 低分子溶液剂

D. 溶胶剂　　　　　　　　　E. 混悬剂

6. 液体制剂常用的防腐剂是(　　　)。

A. 司盘 40　　B. 吐温　　C. 尼泊金类　　D. 二甲基亚砜　　E. 脂肪酸

7. 渗透压的大小与高分子溶液剂的(　　　)有关。

A. 黏度　　　　B. 电荷　　　　C. 浓度　　　　D. 溶解度　　　　E. 质量

8. 下列关于溶胶剂的叙述不正确的为(　　　)。

A. 属于热力学稳定系统

B. 溶胶剂系指固体药物微细粒子分散在水中形成的非均匀液体分散体系

C. 又称疏水胶体溶液

D. 将药物分散成溶胶状态,它们的药效会出现显著的变化

E. 溶胶剂中分散的微细粒子直径为 1～100 nm

二、多项选择题

1. 下列有关胶体溶液分散相的叙述,正确的为(　　　)。

A. 分散相是固体　　　　　　B. 分散相是液体

C. 分散相可能是高分子化合物　　D. 一般分散相粒径为 1～100 nm

E. 分散相可能是多分子的聚集体

2. 糖浆可作为(　　　)。

A. 矫味剂　　　　　　　　　B. 黏合剂　　　　　　　　　C. 助悬剂

D. 片剂包糖衣材料　　　　　E. 防腐剂

任务四　混　悬　剂

扫码看课件

一、概述

(一)混悬剂的概念

混悬剂指难溶性固体药物以微粒状态分散在液体分散介质中形成的非均相液体制剂,也包括用难溶性固体药物与适宜的辅料制成的口服干混悬剂。有保护和覆盖创面作用,能延长药物的作用时间。混悬剂固体微粒的粒径一般为 0.5～10 μm,但凝聚体的粒子可大到 50 μm 或更大。混悬剂的分散介质多为水,也可用植物油。

混悬剂广泛应用于口服、外用和肌内注射等制剂中。在药物制剂制备过程中一般遇到下列情况可考虑制成混悬剂。

(1)不溶性药物需制成液体剂型应用。

(2)药物的用量超过了溶解度而不能以溶液剂的形式应用。

(3)两种溶液混合时,药物的溶解度降低或产生难溶性化合物。

(4)为了产生长效作用或提高药物在水溶液中的稳定性等。

(5)溶解度小或在给定体积的溶剂中不能完全溶解的难溶性药物。

(6)在水中易水解或具有异味难服用的药物考虑制成难溶性盐或酯等形式应用。

(7)为产生长效作用或使难溶性药物在胃肠道表面高度分散。

但为了安全起见,毒药或剂量小的药物不应制成混悬剂。

混悬剂属于粗分散体系。在重力作用下,几乎所有混悬剂在放置时都要发生沉淀、分层,因此,理想的混悬剂应满足以下条件:①混悬微粒均匀,沉降速率慢,在较长时间内保持均匀分散;②微粒沉降后不结块,稍加振摇又能均匀分散;③便于分取剂量;④黏稠度适宜,便于倾倒且不沾瓶壁。

(二)混悬剂的质量要求

混悬剂属粗分散体系,应符合以下质量要求:①药物颗粒应均匀细腻,大小适宜;②微粒沉降缓慢,沉降后不结块,振摇时能迅速分散均匀;③有一定的黏稠度,不黏器壁,外用者易涂布;④标签上应注明"用前摇匀"。

二、混悬剂的稳定性

混悬剂的药物微粒(简称混悬微粒)与分散介质间存在着固-液界面,混悬微粒具有较高的表面自由能,属非均相不稳定粗分散体系。混悬剂的稳定性与很多因素相关,主要有混悬微粒的沉降、混悬微粒的润湿、混悬微粒的带电与水化及混悬微粒的絮凝与反絮凝等。

(一)混悬微粒的沉降

混悬微粒因重力作用,静置时会自然沉降,其沉降速度服从斯托克斯(Stokes)定律:

$$F=[2r^2(\rho_1-\rho_2)g]/9\eta$$

式中:F 为混悬微粒的沉降速度,r 为混悬微粒半径,ρ_1 和 ρ_2 分别为混悬微粒与分散介质的密度,g 为重力加速度,η 为分散介质的黏度。

由 Stokes 定律可知,混悬微粒的沉降速度与混悬微粒半径的平方、混悬微粒与分散介质的密度差成正比,而与分散介质的黏度成反比。因此,减缓混悬微粒沉降,增加混悬剂稳定性的方法如下:①减小混悬微粒半径,将药物粉碎得愈细沉降愈慢;②加入高分子物质,增大分散介质的黏度,从而减小混悬微粒与分散介质之间的密度差。其中,最有效的方法是减小混悬微粒半径。

(二)混悬微粒的润湿

固体药物能否被水润湿,与混悬剂制备的难易和混悬剂的稳定性相关。亲水性药物易被水润湿,易分散于水中,可制成较稳定的混悬剂。疏水性药物难以被水润湿,较难分散,如不另加处理,制成的混悬剂稳定性较差。

(三)混悬微粒的带电与水化

混悬微粒与胶粒相似,由于微粒表面分子(或基团)解离或吸附分散介质中的离子而带电荷。带相同电荷的微粒,可相互排斥防止聚结。微粒表面的电荷与介质中的相反离子之间构成双电层,产生 ζ-电位。并且水分子可在微粒周围定向排列形成水化膜,称为水化作用。这种水化作用随双电层的厚薄而改变。水化作用也能阻碍微粒聚结使混悬剂稳定。影响混悬微粒的电荷与水化作用的物质有电解质和脱水剂等。

(四)混悬微粒的絮凝与反絮凝

向混悬剂中加入适量电解质,使 ζ-电位适当降低,减少微粒间的排斥力,当 ζ-电位降低到一定程度时,混悬微粒可形成疏松的絮状聚集体而沉降,这个过程称为絮凝,所加的电解质称为絮凝剂。絮凝状态下,混悬微粒沉降速度虽快,但沉降体积大,沉降物不结块,振摇可迅速恢复均匀状态。

向絮凝状态的混悬剂中加入电解质,使絮凝状态转变为非絮凝状态的过程称为反絮凝。所加的电解质称为反絮凝剂。反絮凝剂可改善混悬剂的流动性,使之易于倾倒。

(五)混悬微粒的生长与晶型的转变

混悬微粒大小往往不一致,混悬微粒的粒径不同,沉降速度和溶解度不同,从而影响混悬剂的稳定性。小粒子的溶解度大于大粒子的溶解度,小粒子逐渐溶解、变得越来越小,数目也不断减少,而大粒子不断生长、变得越来越大,数目则不断增加,沉降速度加快,致使混悬剂的稳定性降低。因此制备混悬剂时要尽量使混悬微粒大小均匀。

许多药物为同质多晶型,即有稳定型和亚稳定型等晶型。稳定型的溶解度小,稳定性好;亚稳定型的溶解度较大,药物溶解和吸收较快。在一定条件下,亚稳定型可以逐渐转变为稳定型,由此改变了混悬剂的稳定性和混悬剂的生物利用度。

(六)分散相的浓度和温度

一般来说,分散相浓度升高,易使混悬微粒碰撞结合而沉淀,使混悬剂的稳定性降低。温度变化可改变药物的溶解度和溶解速度,还可影响分散介质的黏度,混悬微粒的沉降速度、絮凝速度、沉降体积比,从而改变混悬剂的稳定性;冷冻也可破坏混悬剂的网状结构,使混悬剂的稳定性降低。

三、混悬剂的稳定剂

为了增加混悬剂的稳定性,在制备时常需加入一些稳定剂。混悬剂常用的稳定剂有润湿剂、助悬剂、絮凝剂与反絮凝剂。

(一)润湿剂

润湿剂能降低混悬微粒与分散介质间的界面张力,使疏水性药物被水润湿,提高其分散效果。润湿剂一般为表面活性剂,常用的有聚山梨酯类、肥皂类等。此外,甘油、乙醇等也有一定的润湿作用。

(二)助悬剂

助悬剂的主要作用是增加分散介质的黏度,降低混悬微粒的沉降速度;能被吸附在混悬微粒表面形成保护膜,增加混悬微粒的亲水性,防止混悬微粒聚集或晶型转型;能使混悬剂具有触变性,防止混悬微粒沉降。常用的助悬剂如下:①天然和合成或半合成的高分子物质,天然的有阿拉伯胶(用量为5%~15%)、西黄蓍胶(用量为0.5%~1%)、琼脂(用量为0.35%~0.5%)以及海藻酸钠等;合成或半合成的有甲基纤维素、羧甲基纤维素钠、聚乙烯吡咯烷酮等,用量一般为0.1%~1%。②低分子物质,如甘油、糖浆等。③触变胶,如2%单硬脂酸铝在植物油中可形成触变胶。

(三)絮凝剂与反絮凝剂

絮凝剂与反絮凝剂均为电解质。常用的有枸橼酸盐、酒石酸盐、磷酸盐及氯化物(如三氯化铝)等。

四、混悬剂的制备

(一)分散法

分散法是将固体药物粉碎成符合混悬微粒要求的分散程度,再混匀于分散介质中的方法。少量制备可用乳钵,大量生产时用胶体磨、乳匀机等机械。

分散法制备混悬剂时,又根据药物的亲水性、硬度等选用不同方法。如氧化锌、炉甘石、磺胺类等亲水性药物,一般先干研至一定程度,再加适量液体研磨至适宜的分散程度,最后加入处方中剩余的液体至全量。处方中的液体可以是水,也可以是其他液体成分。加液体研磨时,液体渗入混悬微粒的裂缝中降低其硬度,使药物粉碎得更细,微粒的粒径可达 $0.1 \sim 0.5 \, \mu m$。加液体量通常为1份药物可加 $0.4 \sim 0.6$ 份液体。

对于质硬或贵重药物,可采用"水飞法",即将药物加适量的水研磨至细,再加入大量的水,搅拌,静置,倾出上层液体,研细的悬浮微粒随上清液被倾倒出去,余下的粗粒再加水研磨。如此反复,直至达到符合混悬微粒要求的分散度为止。将上清液静置,收集其沉淀物,混悬于分散介质中即得。

疏水性药物如硫黄、无味氯霉素等制备混悬剂时,应将其与润湿剂研磨,再加其他液体(或分散介质)研磨,最后加水性液体稀释可得均匀的混悬剂。

实例分析1:炉甘石洗剂。

【处方】
炉甘石	150 g
氧化锌	50 g
甘油	50 mL
羧甲基纤维素钠	2.5 g
纯化水	适量
制成	1000 mL

【制法】取炉甘石、氧化锌粉碎,过筛,加甘油及适量纯化水与药物研成糊状。另取羧甲基纤维素钠加纯化水溶解后,分次加入上述糊状液中,随加随研,再加纯化水至全量,搅匀,即得。

【作用与用途】本品具有保护、收敛、杀菌作用。用于皮肤炎症,如湿疹、亚急性皮炎等。

【注释】炉甘石、氧化锌微粒在水中均带负电荷,有相互排斥作用,可加少量三氯化铝作絮凝剂或加枸橼酸钠作反絮凝剂增加其稳定性;甘油具有润湿、助悬作用;羧甲基纤维素钠有助悬作用;纯化水为分散介质。炉甘石中含少量氧化铁,故本制剂为淡红色。氧化锌有轻质和重质两种,宜选用轻质者。

实例分析2:复方硫黄洗剂。

【处方】
沉降硫	30 g
硫酸锌	30 g
樟脑醋	250 mL
甘油	100 mL
羧甲基纤维素钠	5 g
纯化水	适量
制成	1000 mL

【制法】取羧甲基纤维素钠加适量纯化水制成胶浆,将沉降硫与甘油研细腻后与上述胶浆混合。另取硫酸锌溶于适量纯化水中,过滤,将滤液缓缓加入上述混合液中,再缓缓加入樟脑醋,随加随研,最后加纯化水至全量,搅匀,即得。

【作用与用途】本品具有保护皮肤、抑制皮脂分泌、轻度杀菌与收敛作用。用于皮脂溢出、痤疮等。

【注释】①硫黄是强疏水性物质,其颗粒表面易吸附空气形成气膜而浮于液面,故加甘油为润湿剂,破坏其气膜;羧甲基纤维素钠作助悬剂;樟脑醋中含有乙醇,也有润湿作用,但樟脑不溶于水,应在研磨下以细流加入以防止析出较大颗粒。②硫黄因加工处理方法不同分为精制硫、沉降硫和升华硫。其中以沉降硫颗粒最细,宜选用。

(二)凝聚法

凝聚法是将分子或离子状态的药物借助物理或化学方法在分散介质中聚集成微粒,制成混悬剂的方法。

1. 物理凝聚法 也称微粒结晶法,即将药物制成热饱和溶液,在急速搅拌下加到另一种不同性质的冷溶剂中,使药物快速析出,可以得到粒径在 $10\ \mu m$ 以下(占 $80\% \sim 90\%$)的微粒,再将微粒分散于适宜分散介质中制成混悬剂。制备时两种不同性质的溶液混合时要缓慢细流并急速搅拌,且要加大这两种不同性质的溶液的温度差。

实例分析:醋酸氢化泼尼松微晶。

【制法】将 1 份醋酸氢化泼尼松溶于 3 份 60 ℃左右的二甲基甲酰胺中,保温下迅速抽滤,快速搅拌下将滤液一次性倒入 20 份 10 ℃以下的纯化水中,并继续搅拌 30 min,经过滤、洗涤、120～140 ℃真空干燥,所得结晶粒径在 10 μm 以下者约占 95%,可用于制备混悬剂。

2. 化学凝聚法 利用两种药物之间发生的化学反应生成不溶性混悬微粒而制备混悬剂的方法。为使生成的混悬微粒细小均匀,应将两种药物分别制成稀溶液然后混合,并剧烈搅拌。

实例分析:氢氧化铝凝胶。

【处方】明矾   4000 g

    碳酸钠   1800 g

【制法】取明矾、碳酸钠分别溶于热水中制成浓度为 10%、12% 的水溶液,分别过滤,然后将明矾溶液缓缓加入碳酸钠溶液中,控制反应温度在 50 ℃左右,最后反应液 pH 为 7.0～8.5。反应完毕以布袋过滤,用水洗至无硫酸根离子反应。含量测定后,混悬于蒸馏水中,加薄荷油 0.02%、糖精 0.04%、苯甲酸钠 0.5%。

其化学反应式如下:

$$2KAl(SO_4)_2 + 3Na_2CO_3 + 3H_2O = 3Na_2SO_4 + K_2SO_4 + 2Al(OH)_3 + 3CO_2$$

【注释】①反应物的浓度应严格控制,以免影响药品质量。②反应温度一般不宜超过 70 ℃。③本品具有抗酸、吸附及保护作用,用于治疗胃病、胃肠炎、胃酸过多等。

五、混悬剂的质量评价

混悬剂的质量优劣,应按质量要求进行评价。评价的方法有混悬微粒大小的测定、沉降体积比的测定、重新分散试验和絮凝度的测定。

(一)混悬微粒大小的测定

混悬剂中混悬微粒的大小与混悬剂的质量、稳定性、生物利用度和药效有关。因此测定混悬剂中混悬微粒的大小、分布情况,是对混悬剂进行质量评定的重要指标。可采用显微镜法、库尔特计数法、浊度法、光散射法等进行测定。

1. 显微镜法 用光学显微镜可测定混悬剂中混悬微粒大小和分布情况。用显微照相法拍摄照片,方法简单、可靠,具有较高的保存性,能确切地与混悬剂保存过程中不同时期的混悬微粒进行对比,记录其变化。

2. 库尔特计数法 本法可测定混悬微粒大小及分布情况,具有方便、快速的特点,可测定的粒径范围大。库尔特计数仪可测定的粒径范围为 0.6～150 μm。

(二)沉降体积比的测定

沉降体积比是指混悬剂静置一定时间(3 h)后,沉降物的体积(V)与沉降前混悬剂的体积(V_0)之比。《中国药典》规定口服混悬剂的沉降体积比检查法为:除另有规定外,用具塞量筒量取供试品 50 mL,密塞,用力振摇 1 min,记下混悬物的开始高度 H_0,静置 3 h,记下混悬物的最终高度 H,用下式计算:

$$F = H/H_0$$

F 为沉降体积比,其值为 0～1,F 越大混悬剂越稳定。通过测定混悬剂的沉降体积比,可比较两种混悬剂的稳定性,也可用于评价稳定剂的稳定效果以及比较处方的优劣。《中国药典》规定,口服混悬剂(包括干混悬剂)的沉降体积比应不低于 0.90。

(三)重新分散试验

优良的混悬剂贮存后再振摇,沉降物应能很快重新分散,如此才能保证服用时混悬剂的均匀性和药物剂量的准确性。重新分散试验的方法是将混悬剂置于 100 mL 的具塞量筒内,放置沉降,然后以 20 r/min 的速度转动一定时间,直至量筒中的沉降物重新分散均匀。重新分散所需的转动时间愈少,说明混悬剂的再分散性愈好。

(四)絮凝度的测定

絮凝度是比较混悬剂絮凝程度的重要参数,用于评价絮凝剂的效果,预测混悬剂的稳定性。絮凝度用下式表示:

$$\beta = F/F\infty$$

式中:F 为絮凝混悬剂的沉降体积比,$F\infty$ 为去絮凝混悬剂的沉降体积比,β 表示由絮凝作用引起的沉降体积增加的倍数,即絮凝度。β 愈大,絮凝效果愈好。

→ 同步练习

扫码看答案

一、单项选择题

1.标签上应注明"用前摇匀"的是(　　)。

A.溶液剂　　　　B.糖浆剂　　　　C.溶胶剂　　　　D.混悬剂　　　　E.乳剂

2.不宜制成混悬剂的药物是(　　)。

A.毒药或剂量小的药物　　　　B.难溶性药物

C.需产生长效作用的药物　　　　D.为提高在水溶液中稳定性的药物

E.味道不适、难于吞服的口服药物

3.炉甘石洗剂属于(　　)。

A.溶液剂　　　B.溶胶剂　　　C.混悬剂　　　D.乳剂　　　E.高分子溶液剂

4.减小混悬微粒沉降速度最有效的方法是(　　)。

A.增大分散介质黏度　　　　B.加入絮凝剂　　　　C.加入润湿剂

D.减小微粒半径　　　　E.增大分散介质的密度

5.混悬剂加入少量电解质可作为(　　)。

A.助悬剂　　　　B.润湿剂　　　　C.絮凝剂或反絮凝剂

D.抗氧剂　　　　E.乳化剂

6.在混悬剂中加入聚山梨酯类可作(　　)。

A.乳化剂　　　B.助悬剂　　　C.絮凝剂　　　D.反絮凝剂　　　E.润湿剂

7.混悬剂的物理稳定性因素不包括(　　)。

A.混悬粒子的沉降速度　　　　B.微粒的带电与水化　　　　C.絮凝与反絮凝

D.分层　　　　E.微粒的润湿

8.制备混悬剂时,加入亲水高分子材料,增加体系的黏度,称为(　　)。

A.润湿剂　　　B.絮凝剂　　　C.助悬剂　　　D.增溶剂　　　E.反絮凝剂

9.下列关于絮凝的表述错误的是(　　)。

A.为形成絮凝状态所加入的电解质称为反絮凝剂

B.混悬微粒荷电,电荷的排斥力会阻碍混悬微粒的聚集

C.混悬微粒形成絮状聚集体的过程称为絮凝

D.加入适当电解质,可使 ξ-电位降低

E.絮凝为形成疏松状态的聚集体

二、多项选择题

1.可以增强混悬剂的稳定性的方法有(　　)。

A.加入亲水性高分子物质　　　　B.加入单糖浆　　　　C.加入电解质

D.加入增溶剂　　　　E.使用胶体磨进行分散

2.下列关于混悬剂的说法正确的是(　　)。

A.制备成混悬剂后可产生一定的长效作用

B.毒性或剂量小的药物应制成混悬剂

C.沉降容积比小说明混悬剂稳定

D.干混悬剂有利于解决混悬剂在保存过程中的稳定性问题

E.混悬剂中可加入一些高分子物质抑制结晶生长

任务五 乳 剂

一、概述

乳剂指两种互不相溶的液体混合,其中一种液体以细小液滴状态分散于另一种液体中形成的非均相液体制剂。分散的液滴称为分散相、内相或不连续相;包在外面的液体称为分散介质、外相或连续相。其中一种液体往往是水或水溶液,统称为"水相",用 W 表示;另一种则是与水不相混溶的液体,统称为"油相",用 O 表示。一般分散相的液滴直径在 $0.1\sim10\ \mu m$,但大的可达到 $50\sim100\ \mu m$。

(一)乳剂的基本组成

乳剂由水相(W)、油相(O)和乳化剂组成,三者缺一不可。根据乳化剂的种类、性质及相体积比形成水包油(O/W)型或油包水(W/O)型。也可制备成复合型乳剂(multiple emulsion),如 W/O/W 型或 O/W/O 型。乳剂的鉴别方法见表 5-1。

表 5-1 乳剂的鉴别方法

鉴别方法	O/W 型	W/O 型
颜色	通常为乳白色	与油的颜色近似
稀释法	可被水稀释	可被油稀释
导电法	导电	不导电或几乎不导电
染色法(水性染料/油性染料)	外相被水性染料均匀染色	外相被油性染料均匀染色

(二)乳剂的分类

根据乳滴的大小,乳剂可分为普通乳剂、亚微乳、纳米乳。

(1)普通乳剂:乳滴大小一般为 $1\sim100\ \mu m$,一般为乳白色、不透明的液体。

(2)亚微乳:乳滴大小一般为 $0.1\sim1.0\ \mu m$,常用作非胃肠道给药的载体。如静脉注射用亚微乳乳滴粒径一般控制在 $0.25\sim0.4\ \mu m$。

(3)纳米乳:也称为微乳或毫微乳。纳米乳乳滴粒径大小一般为 $10\sim100$ nm。当乳滴粒径小于 100 nm 时,其粒径小于可见光波长($380\sim780$ nm),纳米乳处于胶体分散系粒径范围内,此时光线通过纳米乳时不产生折射而是透过,用肉眼观察纳米乳为透明液体。

乳剂的乳滴具有很大的分散度,其总表面积大,表面自由能高,属热力学不稳定体系。

(三)乳剂的特点

乳剂中乳滴的分散度大,药物吸收和药效的发挥都很快,生物利用度高;油性药物制成乳剂能保证剂量准确;O/W 型乳剂可掩盖药物不良臭味;外用乳剂能改善药物对皮肤、黏膜的渗透性,减少刺激性;静脉注射乳剂注射后药物分布较快,有靶向性。

二、乳化剂

(一)乳化剂的作用

1.降低液体的界面张力 乳化剂可有效降低油、水两相间的界面张力,有利于形成液滴,减少乳化所需能量,使乳剂易于制备。

2.形成牢固的乳化膜 乳化剂能吸附在油、水界面上,在液滴周围形成牢固的乳化膜,防止液滴合并,使乳剂稳定。

3. 影响乳剂的类型 影响乳剂类型的因素主要是乳化剂的性质和值。一般而言,亲水性强的乳化剂易于形成 O/W 型乳剂,亲油性强的乳化剂易于形成 W/O 型乳剂。

（二）乳化剂的种类

在乳剂的制备过程中,为使乳剂易于形成并保持稳定而加入的物质称乳化剂。乳化剂按其性质不同可分为天然乳化剂、合成乳化剂、固体粉末乳化剂等。

1. 天然乳化剂 天然乳化剂一般为高分子化合物,其主要特点是亲水性较强,有较大的黏度,形成多分子膜,为 O/W 型乳化剂。但天然乳化剂容易霉败,使用时应新鲜配制,注意防腐。常用品种有以下 5 种。

（1）阿拉伯胶:含有阿拉伯酸的钾、钙、镁盐,水中带负电荷,乳化能力弱,黏度较小,常与西黄蓍胶等合用。含阿拉伯胶的乳剂在 pH 2～10 的环境中均较稳定,常用浓度为 10%～20%。本品适用于制备植物油、挥发油的乳剂,可供内服乳剂使用。

（2）西黄蓍胶:乳化能力弱,但其水溶液的黏度大,pH 为 5 时溶液黏度最大,常作辅助乳化剂与阿拉伯胶合并使用,常用浓度为 1%～2%。

（3）卵磷脂:乳化能力强,1 g 卵磷脂的乳化能力相当于 10 g 阿拉伯胶,可乳化脂肪油 80～100 g、挥发油 40～50 g。受稀酸、盐及糖浆等的影响小,使用时应加防腐剂。一般用量的浓度为 1%～3%,其制备的乳剂可供内服、外用及注射用。

（4）明胶:其成分为蛋白质,形成的界面膜可随 pH 的不同而带正电荷或负电荷,在明胶等电点时所得的乳剂最不稳定,用量为油相的 1%～2%。因明胶易腐败,制剂中需加防腐剂。

（5）其他天然乳化剂:杏树胶、胆固醇、白及胶、海藻酸钠、琼脂等均可用作乳化剂。

2. 合成乳化剂 主要指表面活性剂,其种类多,乳化能力强,性质稳定,应用广泛。

（1）阴离子型表面活性剂:如硬脂酸钠、硬脂酸钾、十二烷基硫酸钠、十六烷基硫酸化蓖麻油等。

（2）非离子型表面活性剂:常用的有聚山梨酯类(吐温类,为 O/W 型乳化剂)、脂肪酸山梨坦类(司盘类,为 W/O 型乳化剂)。

3. 固体粉末乳化剂 这类乳化剂可被油、水两相润湿,在两相间形成固体粉末乳化膜,防止分散相液滴合并而起乳化作用,且不受电解质的影响。O/W 型乳化剂有氢氧化镁、氢氧化铝、二氧化硅和皂土等;W/O 型乳化剂有氢氧化钙、氢氧化锌、硬脂酸镁等。

4. 辅助乳化剂（auxiliary emulsifier） 主要指与乳化剂合并使用能增加乳剂稳定性的乳化剂,能提高乳剂的黏度,增强乳化膜的强度,防止乳滴合并。

（1）增加水相黏度的辅助乳化剂:如甲基纤维素、羧甲基纤维素钠、羟丙基甲基纤维素、西黄蓍胶、阿拉伯胶、黄原胶、瓜耳胶等。

（2）增加油相黏度的辅助乳化剂:如鲸蜡醇、蜂蜡、单硬脂酸甘油酯、硬脂酸、硬脂醇等。

（三）乳化剂的选择

乳化剂应根据乳剂的使用目的、药物的性质、处方的组成、欲制备乳剂的类型、乳化方法等综合考虑,适当选择。

1. 根据乳剂的类型选择 在设计乳剂处方时应先确定欲制备乳剂的类型,根据乳剂类型选择乳化剂。乳化剂的 HLB 为这种选择提供了重要的依据。一般来说,O/W 型乳剂应选择 O/W 型乳化剂,W/O 型乳剂应选择 W/O 型乳化剂。

2. 根据乳剂给药途径选择 口服给药的乳剂,应选择无毒的天然乳化剂或亲水性高分子乳化剂等;外用乳剂应选择无局部刺激性的乳化剂,长期使用无毒性;注射用乳剂应选择卵磷脂、泊洛沙姆等无毒、无刺激性的乳化剂。

3. 根据乳化剂性能选择 乳化剂的种类很多,应选择乳化性能强、性质稳定、受外界因素影响小、无毒、无刺激性的乳化剂。

（四）混合乳化剂的选择

乳化剂混合使用有许多优点,可改变 HLB,以改变乳化剂的亲油、亲水性,使其有更好的适应性,

还可增加乳化膜的牢固性。乳化剂混合使用时,必须符合油相对 HLB 的要求,混合乳化剂 HLB 的计算公式为:

$$HLB_{AB} = (HLB_A \cdot W_A + HLB_B \cdot W_B)/(W_A + W_B)$$

式中:HLB_{AB} 为 A、B 乳化剂混合后的 HLB;HLB_A、HLB_B 分别为 A、B 乳化剂的 HLB;W_A、W_B 分别为 A、B 乳化剂的质量。混合乳化剂的 HLB 是各乳化剂 HLB 的加权平均值。

三、乳剂的形成理论

要制成符合要求的稳定乳剂,首先必须提供足够的能量,使分散相能够分散成微小的乳滴,其次是提供使乳剂稳定的必要条件。

(一)降低表面张力

两相液体形成乳剂的过程,也是两相液体间形成新界面的过程。乳滴愈小,新增加的界面面积就愈大。乳剂有很大的降低界面自由能的趋势,促使乳滴变大甚至分层。为保持乳剂的分散状态和稳定性,首先乳剂微粒本身自然会形成球体,因为体积相同时以球体的表面积最小。其次是加入乳化剂以降低两相液体的界面张力,最大限度地降低界面自由能,使乳剂保持一定的分散状态和稳定性。

(二)形成牢固的乳化膜

在体系中加入乳化剂后,在降低界面张力的同时,表面活性剂必然在界面发生吸附,形成一层界面膜,即乳化膜。该膜对分散相液滴具有保护作用,使其在布朗运动中相互碰撞的液滴不易聚结,而液滴的凝结(破坏稳定性)是以界面膜的破裂为前提,因此,界面膜的机械强度是决定乳剂稳定性的主要因素之一。

当乳化剂浓度较低时,界面上吸附的分子较少,乳化膜的强度较差,形成的乳剂不稳定。乳化剂浓度增高至一定程度后,乳化膜则由排列比较紧密的定向吸附的分子组成,这样形成的乳化膜强度高,大大提高了乳剂的稳定性。事实说明,要有足够量的乳化剂才能有良好的乳化效果,而且,直链结构的乳化剂的乳化效果一般优于支链结构。这是因为高强度的乳化膜是乳剂稳定的主要原因之一。如果使用合适的混合乳化剂有可能形成更致密的"界面复合膜",甚至形成带电膜,从而增加乳剂的稳定性。

乳化膜有如下 3 种类型。

1. 单分子乳化膜 表面活性剂类乳化剂形成的膜称为单分子乳化膜,可使乳剂稳定。如果乳化膜有电荷,电荷互相排斥,阻止乳滴合并,会使乳剂更加稳定。

2. 多分子乳化膜 亲水性高分子乳化剂形成的乳化膜称为多分子乳化膜。强亲水性多分子乳化膜不仅阻止乳滴的合并,也可增加分散介的黏度,使乳剂更稳定。如阿拉伯胶作乳化剂就能形成多分子乳化膜。

3. 固体粉末乳化膜 固体粉末对水相和油相有不同的亲和力,在乳化过程中固体粉末被吸附于乳滴表面,排列成固体粉末乳化膜,防止乳滴合并,增加乳剂的稳定性。

(三)乳剂类型的影响因素

决定乳剂类型的因素,首先是乳化剂的性质和乳化剂的 HLB,其次是形成乳化膜的牢固性、相体积比、温度、制备方法等。

1. 乳化剂性质 乳化剂分子中若亲水基团大于亲油基团,可形成 O/W 型乳剂;若亲油基团大于亲水基团可形成 W/O 型乳剂。如天然的或合成的亲水性高分子乳化剂亲水基团特别大,所以形成 O/W 型乳剂。因此乳化剂的亲油、亲水性是决定乳剂类型的主要因素。

2. 相体积比 分散相体积与乳剂总体积的百分比称为相体积比(phase volume ratio)。一般来说,体积较大的液体易成为外相,但由于电屏障的缘故,体积较大的液体也可以成为内相,如 O/W 型乳剂可以具有较大相体积比。但是,W/O 型乳剂不具有电屏障,因此 W/O 型乳剂的相体积比不会很大,如果很大,则容易转型。一般情况下,乳剂相体积比在 40%～60% 较为稳定,小于 25% 容易分层。

四、乳剂的稳定性

乳剂属热力学不稳定的非均相分散体系,乳剂常发生下列变化:分层、絮凝、转相、合并等。

(一)分层

乳剂的分层(delamination)指乳剂放置后出现分散相乳滴上浮或下沉的现象,又称乳析(creaming)。分层主要是由油、水两相密度差造成的。乳滴的粒子愈小,上浮或下沉的速度就愈慢。减小分散相和分散介质之间的密度差,增加分散介质的黏度,都可以减小乳剂分层的速度。乳剂分层也与分散相的相体积比有关,通常分层速度与相体积比成反比,相体积比低于25%时乳剂很快分层,达50%时就能明显减小分层速度。分层的乳剂经振摇后仍能恢复均匀性。

(二)絮凝

乳剂中分散相的乳滴发生可逆的聚集现象称为絮凝(flocculation)。乳剂的ζ-电位降低,乳滴则可产生聚集而絮凝。絮凝状态仍保持乳滴及其乳化膜的完整性。乳剂中的电解质和离子型乳化剂的存在是产生絮凝的主要原因,同时絮凝与乳剂的黏度、相体积比以及流变性质有密切关系。絮凝状态进一步变化也会引起乳滴的合并。

(三)转相

由于某些条件的变化而改变乳剂的类型称为转相,即由O/W型转变为W/O型或由W/O型转变为O/W型。转相主要是由乳化剂的性质改变而引起的,如油酸钠是O/W型乳化剂,遇氯化钙后生成油酸钙,变为W/O型乳化剂,乳剂则由O/W型变为W/O型。向乳剂中加入相反类型的乳化剂也可使乳剂转相,转相时两种乳化剂的量比称为转相临界点。在转相临界点上乳剂不属于任何类型,可随时转相。

(四)合并和破乳

乳剂中的乳滴周围由乳化膜包围,乳化膜破坏则导致乳滴合并变大,称为合并。合并进一步发展使乳剂分为油、水两相称为破乳。为使乳剂稳定,制备乳剂时应尽可能保持乳滴大小的均一性。此外,应增加分散介质的黏度,减少乳滴的接触机会,降低乳滴合并的速度。由乳化剂形成的乳化膜愈牢固,就愈能防止乳滴的合并和破乳。外界因素(如微生物)可使油相或乳化剂变质,引起乳剂破坏。

(五)酸败

受外界因素的影响,油相或乳化剂等发生变质的现象称为酸败。通常在乳剂中需加入适宜的抗氧剂和防腐剂,防止氧化或酸败。

五、乳剂的制备

乳剂的制备方法有胶溶法、新生皂法、机械法和两相交替加入法等。

(一)胶溶法

胶溶法指以阿拉伯胶(简称为胶)为乳化剂,也可用阿拉伯胶与西黄蓍胶的混合物作乳化剂,利用研磨方法制备O/W型乳剂的方法。其工艺流程如图5-2所示。

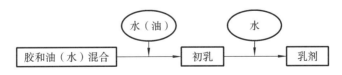

图5-2 胶溶法制备乳剂的工艺流程图

胶溶法可分为干胶法和湿胶法。

1. 干胶法 将水相加到含有乳化剂的油相中,即先将胶粉与油按一定的比例混合,再加入一定量的水,研磨乳化制成初乳,再在研磨或搅拌下逐渐加水至全量。乳钵应干燥、快速、用力、沿同一方向不断研磨。

2.湿胶法 将油相加到含有乳化剂的水相中,即先将胶粉溶于水中制成胶浆作为水相,再将油相分次加到水相中,研磨制成初乳,再在研磨或搅拌下逐渐加水至全量。

在初乳中,油、水、胶有一定的比例。若用植物油,其比例为 4:2:1;若用挥发油,其比例为 2:2:1;若用液状石蜡,其比例为 3:2:1。

实例分析:液状石蜡乳。

【处方】液状石蜡　　　　400 mL

　　　　阿拉伯胶　　　　135 g

　　　　纯化水　　　　　适量

　　　　————————————————

　　　　制成　　　　　　1000 mL

【制法】①干胶法:将阿拉伯胶粉置干燥乳钵中,加入液状石蜡轻搅使胶粉分散均匀,加入纯化水(约为处方总量的 1/4)后研磨至初乳生成,再加纯化水至全量,搅匀,即得。②湿胶法:将约为处方总量 1/4 的纯化水与阿拉伯胶粉在乳钵中制成胶浆,分次加入液状石蜡,研磨至初乳生成,再加纯化水至全量,搅匀,即得。

【注释】①初乳生成的判断依据是稠厚的乳白色乳状液,研磨至初乳生成时会发出噼啪声。②加水量要按比例控制好,干胶法制初乳时,用水量要一次加入,若水量不足则影响初乳生成,并易形成 W/O 型乳剂。

(二)新生皂法

将油、水两相混合时,利用在两相界面上生成的新生皂类作乳化剂制备乳剂。植物油中含有硬脂酸、油酸等有机酸,加入氢氧化钠、氢氧化钙、三乙醇胺等,在高温(70 ℃以上)下生成的新生皂为乳化剂,经搅拌即形成乳剂。生成的一价皂为 O/W 型乳化剂,二价皂为 W/O 型乳化剂。本方法适用于乳膏剂的制备。

实例分析:石灰搽剂。

【处方】氢氧化钙溶液　　50 mL

　　　　花生油　　　　　50 mL

【制法】将花生油和氢氧化钙溶液混合,用力振摇制成乳剂,即得。

【注释】①花生油中的有机酸和氢氧化钙反应生成的钙皂为 W/O 型乳化剂,所以制成的是 W/O 型乳剂。②本品外用于烫伤等。

(三)机械法

机械法是指采用高速搅拌机、胶体磨等乳化器械制备乳剂的方法。一般将油、水、乳化剂同时加入乳化器械中,乳化即可。此法常用于大量制备乳剂。

实例分析:鱼肝油乳。

【处方】鱼肝油　　　　　368 mL

　　　　聚山梨酯 80　　　12.5 g

　　　　西黄蓍胶　　　　9 g

　　　　甘油　　　　　　19 g

　　　　苯甲酸　　　　　1.5 g

　　　　糖精　　　　　　0.3 g

　　　　杏仁油香精　　　2.8 g

　　　　香蕉油香精　　　0.9 g

　　　　纯化水　　　　　适量

　　　　————————————————

　　　　制成　　　　　　1000 mL

【制法】将甘油、纯化水、糖精混匀,与用少量鱼肝油混匀的苯甲酸、西黄蓍胶一起在粗乳机中搅拌

5 min,加入聚山梨酯 80,搅拌 20 min,再缓慢加入鱼肝油,搅拌 80～90 min,加入杏仁油香精、香蕉油香精搅拌 10 min 后粗乳液即成,将粗乳液缓慢均匀地加入胶体磨中研磨,重复研磨 2～3 次,用 2 层纱布过滤,静置脱泡,即得。

【作用与用途】本品用于维生素 A 与维生素 D 缺乏症等的辅助治疗。

【用法与用量】口服,每次 3～6 mL。

【注释】①本处方用聚山梨酯 80 为乳化剂,西黄蓍胶为辅助乳化剂,苯甲酸为防腐剂,糖精为矫味剂,杏仁油香精和香蕉油香精为矫味剂,甘油为稳定剂。鱼肝油和纯化水分别为油相和水相。②本品为 O/W 型乳剂。少量制备时也可用阿拉伯胶为乳化剂,用胶溶法制备。③用机械法制备的本品液滴细小而均匀,稳定性较好。

(四)两相交替加入法

两相交替加入法指将水相和油相分次、少量、交替加入乳化剂中,边加边搅拌或研磨制成乳剂的方法。用天然胶类、固体微粒作乳化剂时可用此法制备乳剂。

(五)复合型乳剂的制备

采用二步乳化法制备,第一步先将水相、油相、乳化剂制成一级乳,第二步用一级乳为分散相与含有乳化剂的水或油乳化制成二级乳。

如制备 O/W/O 型复合型乳剂,先选择亲水性乳化剂制成 O/W 型一级乳剂,再选择亲油性乳化剂分散于油相中,在搅拌下将一级乳加于油相中,充分分散即得 O/W/O 型复合型乳剂。

(六)纳米乳的制备

纳米乳除含有油相、水相和乳化剂外,还含有辅助乳化剂。制备纳米乳主要是用 HLB 在 15～18 的聚山梨酯 60 和聚山梨酯 80 等乳化剂和辅助乳化剂。乳化剂和辅助乳化剂应占乳剂的 12％～25％。制备时取 1 份油相加 5 份乳化剂混合均匀,然后加于水相中。如不能形成透明乳剂,可增加乳化剂的用量;如能很容易形成透明乳剂,可减少乳化剂的用量。

六、乳剂的质量评价

乳剂的种类很多,用途与给药途径不一,下面主要介绍评价乳剂的物理稳定性的方法,可用于评价乳剂的质量。

(一)测定乳滴的粒径大小

乳滴的粒径大小是评价乳剂质量的重要指标,不同用途的乳剂对乳滴的粒径大小要求不同。如静脉用乳状液型注射液中,90％的乳滴粒径应在 1 μm 以下。乳滴粒径大小的测定可采用显微镜测定法、库尔特计数法、激光散射光谱法(可测定粒径为 0.1～2 μm 的粒子)及透射电镜法(可测定粒径为 0.01～20 μm 的粒子)。

(二)分层现象观察

乳剂经长时间放置,可产生油、水分层现象。这一过程的快慢是衡量乳剂稳定性的重要指标。为了在短时间内观察乳剂的分层,可用离心法加速其分层,以 4000 r/min 的速度离心 15 min,如不分层可认为乳剂质量稳定。此法可用于筛选处方或比较不同乳剂的稳定性。另外,将乳剂放在半径为 10 cm 的离心管中,以 3750 r/min 的速度离心 5 h,可相当于放置 1 年因密度不同而产生的分层、絮凝或合并的结果。也可用加速试验法观察乳剂的分层现象。

 同步练习

扫码看答案

一、单项选择题

1.会发生破裂的液体制剂是( )。

A.溶液剂 B.混悬液 C.乳剂 D.糖浆剂

2.乳剂分层的原因是（　　）。

A.重力的作用　　　　B.微生物的作用　　　　C.乳化剂的作用　　　　D.增溶剂的作用

3.作为药用乳化剂最合适的 HLB 为（　　）。

A.2～5(W/O 型)　6～10(O/W 型)　　　　B.4～9(W/O 型)　8～10(O/W 型)

C.3～8(W/O 型)　8～16(O/W 型)　　　　D.8(W/O 型)　6～10(O/W 型)

4.乳剂贮存时发生变化但不影响使用的是（　　）。

A.乳析　　　　B.转型　　　　C.破裂　　　　D.酸败

5.下列关于干胶法制备初乳的叙述中,正确的是（　　）。

A.乳钵应先用水润湿　　　　B.分次加入所需的水

C.胶粉应与水研磨成胶浆　　　　D.应沿同一方向研磨至初乳生成

6.可作为 W/O 型乳化剂的是（　　）。

A.一价肥皂　　　　B.聚山梨酯类　　　　C.脂肪酸山梨坦类　　　　D.阿拉伯胶

7.用干胶法制备乳剂时,如果油相为植物油时油、水、胶的比例是（　　）。

A.2∶2∶1　　　　B.3∶2∶1　　　　C.4∶2∶1　　　　D.1∶2∶4

8.乳剂的制备方法中水相加至含乳化剂的油相中的方法（　　）。

A.手工法　　　　B.干胶法　　　　C.湿胶法　　　　D.直接混合法

9.属于天然乳化剂的是（　　）。

A.钠肥皂　　　　B.卵磷脂　　　　C.钙肥皂　　　　D.氢氧化钙

二、多项选择题

1.乳剂常发生下列哪几种变化？（　　）

A.分层　　　　B.絮凝　　　　C.混悬　　　　D.转相　　　　E.合并与破乳

2.乳剂的特点有（　　）。

A.乳剂中的液滴的分散度很大,药物吸收和药效发挥很快,利于提高生物利用度

B.油性药物制成乳剂能保证剂量准确,而且使用方便

C.水包油型乳剂可掩盖药物的不良臭味,并可加入矫味剂

D.外用乳剂能改善对皮肤、黏膜的渗透性,减少刺激性

E.静脉注射乳剂注射后分布较快、药效高、有靶向性

模块三

无菌液体制剂生产技术

项目六

制药卫生

扫码看课件

导学情景

　　2006年6月至7月,浙江、黑龙江和山东等省陆续有部分患者在使用安徽华源生物药业有限公司生产的药品"欣弗"后,出现胸闷、心悸、心慌、寒战、肾区疼痛、过敏性休克、肝肾功能损害等临床症状。之后,国家食品药品监督管理局同安徽省有关部门对安徽华源生物药业有限公司进行现场检查。经查,该公司2006年6月至7月生产的克林霉素磷酸酯葡萄糖注射液(欣弗)未按批准的工艺参数灭菌,降低灭菌温度,缩短灭菌时间,增加灭菌柜装载量,影响了灭菌效果。中国药品生物制品检定所对相关样品进行检验,结果表明,该公司无菌检查和热原检查不符合规定。

学前导语

　　通过"欣弗"事件,我们应该充分认识到灭菌对无菌制剂质量保证的重要性,药品应该严格按照相关标准生产,不得违反生产规定。下面一起来学习药物制剂中常用的灭菌法。

一、常用灭菌法

　　灭菌指用适当的物理或化学手段将物品中活的微生物杀灭或除去的过程。无菌物品是指物品中不含任何活的微生物,但对于任何一批无菌物品而言,绝对无菌既无法保证也无法用试验来证实。一批物品的无菌特性只能通过物品中活微生物的概率来表述,即非无菌概率或无菌保证水平。已灭菌物品达到的非无菌概率可通过试验确定。无菌物品的无菌保证不能依赖于最终产品的无菌检验,而是取决于生产过程中采用经过验证的灭菌工艺、严格的GMP管理和良好的无菌保证体系。

　　灭菌法指用适当的物理或化学手段将物品中活的微生物杀灭或除去的方法,适用于无菌、灭菌制剂、原料、辅料及医疗器械等生产过程中物品的灭菌。灭菌法分为三大类:物理灭菌法、化学灭菌法、无菌操作法。物理灭菌法包括湿热灭菌法、干热灭菌法、过滤除菌法、紫外线灭菌法和辐射灭菌法等;化学灭菌法包括气体灭菌法和液体灭菌法。

(一)物理灭菌法

　　1.湿热灭菌法　湿热灭菌法是将物品置于灭菌设备内利用饱和蒸汽、蒸汽-空气混合物、蒸汽-空气-水混合物、过热水等手段使微生物菌体蛋白质、核酸发生变性而杀灭微生物的方法。由于蒸汽热力高,穿透力强,容易使菌体蛋白质变性或凝固,灭菌能力强,因此湿热灭菌法是最有效、用途最广的灭菌方法。湿热灭菌法包括热压灭菌法、流通蒸汽灭菌法、煮沸灭菌法和低温间歇灭菌法。

知识链接

　　1)热压灭菌法　指用高压饱和蒸汽加热杀灭微生物的方法。该法具有很强的灭菌效果,灭菌可靠,能杀灭所有细菌繁殖体和芽孢,适用于耐高温和耐高压蒸汽的所有药物制剂,以及玻璃容器、金属容器、瓷器、橡胶塞、滤膜过滤器等用具。

53

（1）灭菌条件：热压灭菌法所需的温度、时间、与温度相当的压力如下：115 ℃(68 kPa)/30 min；121 ℃(98 kPa)/20 min；126 ℃(137 kPa)/15 min。

（2）灭菌设备：热压灭菌法的灭菌器种类很多，但基本结构大同小异。热压灭菌器密闭耐压，有排气口、安全阀、压力表和温度计等部件。常用的设备有手提式热压灭菌器、卧式热压灭菌器、水浴式热压灭菌器、回转水浴式灭菌器。采用热压灭菌法时，被灭菌的物品应有适当的装载方式，以保证灭菌的有效性和均一性。图 6-1 所示是一种常用的卧式热压灭菌柜。该设备全部采用合金制成，具有耐高压性能，带有夹套的灭菌柜内备有带轨道的格车、指示夹套内压力的夹套气压表、指示灭菌柜内压力的气压表和两压力表中间的温度表，灭菌柜底部外层安装有排气阀，以便开始通入加热蒸汽时排尽柜内的空气。

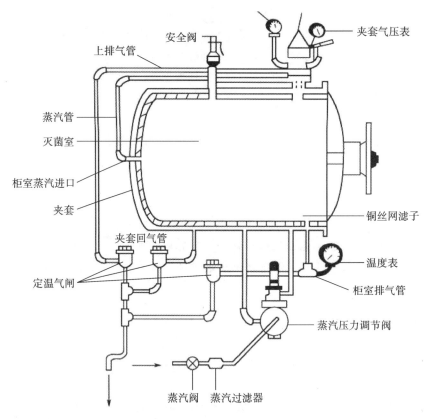

图 6-1　卧式热压灭菌柜示意图

（3）热压灭菌器使用时应注意的问题：①必须使用饱和蒸汽；②必须排尽灭菌柜内空气；③灭菌时间应在全部药液温度达到所要求的温度时开始计时；④灭菌完毕后必须先停止加热，逐渐减压至压力表指针指向 0 后，放出柜内蒸汽，使柜内压力与大气压相等，稍稍打开灭菌柜，10～15 min 后全部打开。

为确保灭菌效果，可使用留点温度计和熔变温度指示剂。熔变温度指示剂是指某些熔点正好是灭菌所需的温度的化学药品，如升华硫(115 ℃)、苯甲酸(122 ℃)等。将化学药品封装于安瓿中，与灭菌药品一起放入灭菌器内各个部位灭菌，灭菌后观察熔变温度指示剂是否熔化。目前，可将非致病性、有抵抗力、不产生热原的耐热芽孢作为生物指示剂，如嗜热脂肪芽孢杆菌(*Bacillus stearothermophilus*)可用于灭菌设备及方法的考察。国内现已采用自动记录灭菌温度和时间的装置。

2）流通蒸汽灭菌法　指在常压下，在不密闭的容器内，采用 100 ℃流通蒸汽加热杀灭微生物的方法。灭菌时间为 30～60 min。该法适用于 1～2 mL 的安瓿剂、口服液或不耐热的制剂。本法不能保证杀灭所有的芽孢。

3）煮沸灭菌法　指将待灭菌物品置沸水中加热灭菌的方法。煮沸时间通常为 30～60 min。该法灭菌效果差，常用于注射器、注射针头等器皿的灭菌。采用煮沸灭菌法的制剂必要时可加入适量的抑菌剂,以提高灭菌效果,在使用该法时应注意地理海拔高度的影响。

4)低温间歇灭菌法 指将待灭菌的物品先在 60～80 ℃加热 60 min 以杀死细菌繁殖体,然后在室温下放置 24 h,让待灭菌物品中的芽孢发育成繁殖体,再次加热灭菌、放置,反复多次,直至杀灭所有芽孢。该法适用于必须采用加热灭菌而又不耐较高温度的物料和制剂。

影响湿热灭菌法的主要因素:①微生物的种类与数量;②蒸汽性质;③药品性质和灭菌时间;④其他,如介质 pH 对微生物的生长和活力具有较大影响。

蒸汽有饱和蒸汽、湿饱和蒸汽和过热蒸汽。饱和蒸汽热含量较高,热穿透力较大,灭菌效率高;湿饱和蒸汽因含有水分,热含量较低,热穿透力较差,灭菌效率较低;过热蒸汽温度高于饱和蒸汽,但热穿透力差,灭菌效率低,且易引起药品的不稳定性。因此,热压灭菌法应采用饱和蒸汽。

2. 干热灭菌法 干热灭菌法是将物品置于干热灭菌柜、隧道灭菌器等设备中,利用干热空气达到杀灭微生物或消除热原物质的方法。干热空气热含量低,热穿透力弱,物料受热不均匀,所以干热灭菌法需要较高的温度和较长的时间才能达到灭菌的目的。一般认为细菌繁殖体在 100 ℃以上干热灭菌 1 h 可被杀死,而耐热细菌的芽孢在 120 ℃以下长时间加热也不会死亡,但在 140 ℃左右灭菌效率急剧增加。

干热灭菌法适用于耐高温但不宜用湿热灭菌法灭菌的玻璃器具、金属材质容器、纤维制品、固体粉末及不允许湿气穿透的油脂类物品(如油性软膏基质、注射用油、液状石蜡等),不适用于橡胶、塑料及大部分药品的灭菌。

(1)灭菌设备:干热灭菌法一般使用烘箱,有空气自然对流和空气强制对流两种类型,后者装有鼓风机有利于热空气的对流,减少烘箱内各部位的温度差,缩短灭菌物品全部达到所需灭菌温度的时间。目前,热层流式干热灭菌机和辐射式干热灭菌机已广泛应用于针剂安瓿的灭菌。灭菌设备内的空气应当循环并保持正压。进入干热灭菌设备的空气应当经过高效过滤器过滤,高效过滤器应定期进行检漏测试以确认其完整性。

(2)灭菌条件:干热灭菌法的条件通常为 160～170 ℃,2 h;170～180 ℃,1 h 以上;250 ℃,45 min;其中 250 ℃,45 min 干热灭菌可除去灭菌产品的包装容器及生产用具中的热原物质。

3. 过滤除菌法 过滤除菌法是采用物理截留去除气体或液体中微生物的方法,是一种机械除菌的方法。利用细菌不能通过致密具孔滤材的原理除去气体或液体中的微生物。适合对热不稳定的药液、气体、水等的除菌。

细菌繁殖体很少有小于 1 μm 者,芽孢大小一般为 0.5 μm 或更小,所以,对于用作过筛的过滤器,其孔径必须小到足以阻止细胞和芽孢通过滤孔,大约为 0.2 μm(可更小或具相同过滤效力)。

常用的除菌过滤器一般选用孔径 0.22 μm 的滤膜和 G6 垂熔玻璃漏斗。选择过滤器材质时,应充分考察其与待过滤物品的兼容性。过滤器不得因与待过滤物品发生反应、释放物质或发生吸附作用而对过滤物品质量产生不利影响,不得有纤维脱落,禁用含石棉的过滤器。为保证过滤除菌效果,可使用两个除菌级的过滤器串联过滤,主过滤器前增加的除菌级过滤器即为冗余过滤器,并且必须保证这两个过滤器之间的无菌性。新置的过滤器应先用水洗净,并火菌,在 8 h 以内使用。

在每一次过滤除菌后应立即进行过滤器的完整性试验,即起泡点试验、扩散流/前进流试验或水侵入法测试,确认滤膜在除菌过滤过程中的有效性和完整性。过滤除菌前是否进行完整性测试可根据风险评估确定。灭菌前进行完整性测试应考虑滤芯在灭菌过程中被损坏的风险;灭菌后进行完整性测试应采取措施保证过滤器下游的无菌性。

过滤除菌前,产品的生物负载应控制在规定的限度内。过滤器使用前必须经过灭菌处理(如在线或离线蒸汽灭菌、辐射灭菌等)。在线蒸汽灭菌的设计及操作过程应关注滤芯可耐受的最高压差及温度。

4. 紫外线灭菌法 一般用于灭菌的紫外线波长是 200～300 nm,灭菌力最强的是波长为 254 nm 的紫外线。紫外线进行直线传播,其强度与距离的平方成比例地减弱,并可被不同的表面反射。紫外线穿透作用微弱,但较易穿透清洁空气及纯净的水,其中悬浮物或水中盐类增多时,穿透程度显著下降。所以紫外线广泛用于空气灭菌和表面灭菌。一般在 6～15 m³ 的空间可装置 30 W(或 36～48 W)的紫外线灯一只,灯距离地面以 2.5～3 m 为宜。湿度过大会降低灭菌效果,相对湿度以 45%～60% 为宜。温度以 10～55 ℃ 为宜。紫外线灯管必须保证无尘、无油、无垢,否则辐射强度将显著降低。普通玻璃可吸收紫外线,因此安瓿中药物不能用此法灭菌。

如紫外线照射人体过久,能引起结膜炎及皮肤烧灼等现象。一般需在操作前打开紫外线灯 0.5～1 h,然后进行操作。各种规格的紫外线灯皆规定了有效使用时长,一般为 3000 h。故每次使用时应登记开启时间,并定期进行除菌效果的检查,也可用对 254 nm 紫外线灵敏的照度计测定其辐射强度。

5.辐射灭菌法 辐射灭菌法是将待灭菌物品置于适宜放射源辐射的 γ 射线或适宜的电子加速器发生的射线下以达到杀灭微生物的方法。常用的辐射射线有 ^{60}Co 或 ^{137}Cs 衰变产生的 γ 射线、电子加速器产生的电子束和 X 射线装置产生的 X 射线。

辐射灭菌法的特点是不升高物品温度,穿透力强,灭菌效率高,适用于医疗器械、容器、生产辅助用品、不受辐射破坏的原料药及成品等的灭菌。但设备费用较高,对操作人员存在潜在的危险性,对某些药物可能产生降低药效或产生毒性物质和发热物质等影响。

为保证灭菌过程不影响被灭菌物品的安全性、有效性及稳定性,应确定最大可接受剂量。辐射灭菌控制的参数主要是辐射剂量(指待灭菌物品的吸收剂量),灭菌剂量的建立应确保物品灭菌后的非无菌概率≤10^{-6}。辐射灭菌应尽可能采用低辐射剂量。

6.微波灭菌法 采用 300 MHz～300 GHz 微波与物料直接相互作用,将超高频电磁波转化为热能的过程。由于极性水分子强烈地吸收微波而发热,热是在被加热的物质内产生的,所以加热很均匀,并且升温迅速。由于微波穿透介质较深,所以在一般情况下,可以做到表里一致地均匀加热。微波对细菌膜断面的电位分布影响细胞膜周围电子和离子浓度,从而改变细胞膜的通透性,细菌因此营养不良,不能正常进行新陈代谢,生长发育受阻而死亡。本法适合液体和固体物料的灭菌,且对固体物料有干燥作用。

(二)化学灭菌法

化学灭菌法是指用化学药品直接作用于微生物将其杀灭的方法,包括气体灭菌法(气相灭菌法)、液体灭菌法(液相灭菌法)。

1.气体灭菌法 气体灭菌法是采用气态杀菌剂(如臭氧、环氧乙烷、甲醛、乳酸、丙二醇、过氧乙酸、甘油蒸气等)进行灭菌的方法。40% 甲醛溶液加热熏蒸,一般用量为 20～30 mL/m³,乳酸用量为 2 mL/m³,丙二醇用量为 1 mL/m³。本法特别适合环境消毒以及不耐热的医用器具、设备和设施的消毒。临床供应商常用的低温环氧乙烷灭菌器、过氧化氢等离子体灭菌器、低温蒸汽甲醛灭菌器都用的是这种方法。本法亦可用于粉末注射剂的灭菌,但不适合对物品质量有损害的场合。

日常使用中在用气体灭菌法灭菌前待灭菌物品应进行清洁。灭菌时应最大限度地暴露待灭菌物品表面,确保灭菌效果。灭菌后应将杀菌剂残留部分充分去除或灭活。

2.液体灭菌法 液体灭菌法是将待灭菌物品完全浸泡于灭菌剂中达到杀灭物品表面微生物的方法。该法常作为其他灭菌法的辅助措施,适用于皮肤、医用器具和设备的消毒。常采用的灭菌剂有 75% 乙醇、1% 聚维酮碘溶液、0.1%～0.2% 苯扎溴铵(新洁尔灭)、2% 左右的酚溶液或煤酚皂溶液等。使用灭菌剂的全过程都应采取适当的安全措施。

(三)无菌操作法

无菌操作法是指把整个操作过程控制在无菌条件下进行的一种方法。它不是一个灭菌的过程,只能保持原有的无菌度。按无菌操作法制备的产品,一般不再灭菌,可直接使用。该法适合于一些不耐热药物的注射剂、眼用制剂、皮试液、海绵剂和创伤剂的制备。无菌操作所用的一切器具、材料以及环境,均须用前述适宜的灭菌方法灭菌。

1.无菌操作室的灭菌 无菌操作室的空气灭菌,可应用室内空气杀菌剂如甲醛、丙二醇等蒸气。药厂无菌操作室的灭菌,一般用甲醛溶液直接加热的方法。即每 1 m³ 的空间用甲醛溶液 30 mL,用特制的气体发生器输入。室温应保持在 24～40 ℃,以免室温过低甲醛蒸气聚合而附着于表面,湿度应保持在 60% 以上,密闭熏蒸不少于 8 h,然后开启总出风口排风并通入无菌空气约 2 h,直至室内无臭气为止。现也采用臭氧进行灭菌,臭氧由专门的臭氧发生器产生。主机一般安装于空气净化空调机组中的过滤后端或风道中,以净化空调管道中的循环风作为载体,发生的臭氧利用空气净化通风系统送风或回风管道的循环风带出,从而达到消毒、灭菌效果。

除用上述方法定期进行较彻底的灭菌外,还要对室内的空间、用具(桌、椅等)、地面、墙壁等用外用灭菌剂(如 3% 酚溶液等)喷洒或擦拭。其他用具尽量用热压灭菌法或干热灭菌法灭菌。每天工作前开启紫外线灯 1 h,中途休息时也要开 0.5～1 h。

2.无菌操作 操作人员进入操作室之前应洗净手、脸、腕,换上已灭菌的工作服和专用鞋、帽、口罩等,勿使头发、内衣等露出,剪去指甲,双手按规定方法洗净并消毒。所用容器、器具应用热压灭菌法或干热灭菌法灭菌,如安瓿等玻璃制品应在 250 ℃,30 min 或 150～180 ℃,2～3 h 干热灭菌,橡皮塞用 121 ℃,1 h 热压灭菌。室内操作人员不宜过多,尽量减少人员流动。用无菌操作法制备的注射剂,大多要加入抑菌剂。

二、无菌检查

无菌检查法指用于检查药典要求无菌的药品、生物制品、医疗器械、原料、辅料及其他品种是否无菌的一种方法。若供试品符合无菌检查法的规定,仅表明此供试品在该检验条件下未发现微生物污染。

无菌检查应在无菌条件下进行,试验环境必须达到无菌检查的要求,检验全过程应严格遵守无菌操作,防止微生物污染,防止污染的措施不得影响供试品中微生物的检出。单向流空气区域、工作台面及试验环境应定期按医药工业洁净室(区)悬浮粒子、浮游菌和沉降菌的测试方法进行洁净度确认。隔离系统应定期按相关的要求进行验证,其内部环境的洁净度须符合无菌检查的要求。日常检验需对试验环境进行监测。

药品经无菌操作法处理后,需经无菌检查法检验证实已无活的微生物存在后才能使用。法定的无菌检查法有薄膜过滤法和直接接种法,具体操作方法详见《中国药典》无菌检查法(通则 1101)。薄膜过滤法用于无菌检查的突出优点在于可过滤较大量的检品和可滤除抑菌性物质,过滤后的薄膜即可直接接种于培养基中,或直接用显微镜观察,本法具有灵敏度高、不易产生假阴性结果、减少检测次数、节省培养基及操作简便等优点。无菌检查的全部过程应严格遵守无菌操作,防止微生物的污染,因此无菌检查多在层流洁净工作台中进行。

三、微生物限度检查

微生物限度检查法指检查非规定灭菌制剂及其原料、辅料受微生物污染程度的方法,主要包括微生物计数法和控制菌检查法。

微生物计数法用于检查非无菌制剂及其原料、辅料等是否符合规定的微生物限度标准时,应按《中国药典》的规定进行检验,包括样品的取样量和结果的判断等;除另有规定外,本法不适用于活菌制剂的检查。检查项目包括细菌数、霉菌数及酵母菌数。控制菌检查法指用于在规定的试验条件下,检查供试品中是否存在特定的微生物的方法。

微生物限度检查应在环境洁净度 B 级下的局部洁净度 A 级的单向流空气区域内进行。检验全过程必须严格遵守无菌操作,防止再污染。单向流空气区域、工作台面及试验环境应定期按医药工业洁净室(区)悬浮粒子、浮游菌和沉降菌的测试方法进行洁净度验证。如供试品有抗菌活性,应尽可能去除或中和。供试品检查时,若使用了中和剂或灭活剂,应确认其有效性及对微生物无毒性。供试液制备时如果使用了表面活性剂,应确认其对微生物无毒性以及与所使用中和剂或灭活剂的相容性。

除另有规定外,本检查法中细菌及控制菌培养温度为 30～35 ℃;霉菌、酵母菌培养温度为 23～28 ℃。检验结果以 1 g、1 mL、10 g、10 mL、10 m² 为单位报告,特殊品种可以最小包装单位报告。

> 同步练习

一、单项选择题

1.下列关于使用热压灭菌柜应注意事项说法错误的是(　　)。

A.使用饱和蒸汽　　　B.使用过饱和蒸汽　　　C.排尽柜内空气　　　D.需正确计时

2.紫外线灭菌能力最强的波长是(　　)。

A.300 nm　　　B.200 nm　　　C.254 nm　　　D.250 nm

3.下列不是使用其蒸气灭菌的为(　　)。

A.环氧乙烷　　　B.甲醛　　　C.戊二醛　　　D.苯甲酚

4.使用高压饱和蒸汽灭菌的方法是(　　)。

A.热压灭菌法　　　B.辐射灭菌法　　　C.流通蒸汽灭菌法　　　D.干热空气灭菌法

5.主要用于空气及物体表面灭菌的方法是(　　)。

A.紫外线灭菌法　　　B.辐射灭菌法　　　C.流通蒸汽灭菌法　　　D.干热空气灭菌法

6.杀菌效率最高的蒸汽是(　　)。

A.饱和蒸汽　　　B.过热蒸汽　　　C.湿饱和蒸汽　　　D.流通蒸汽

7.空气净化技术主要是通过控制生产场所中(　　)。

A.空气中尘粒浓度　　　B.保持适宜温度　　　C.空气细菌污染水平　　　D.A、B、C均控制

8.杀灭包括芽孢在内的微生物的方法称(　　)。

A.防腐　　　B.无菌　　　C.消毒　　　D.灭菌

二、多项选择题

1.影响湿热灭菌法的因素有(　　)。

A.灭菌时间　　　B.蒸汽的性质　　　C.细菌的种类　　　D.药物的性质　　　E.细菌的数量

2.下列属于物理灭菌法的有(　　)。

A.紫外线灭菌　　　　　B.辐射灭菌　　　　　C.环氧乙烷灭菌

D.干热空气灭菌　　　　　E.热压灭菌

3.洁净室的洁净级别有(　　)。

A.A级　　　B.B级　　　C.C级　　　D.D级　　　E.E级

4.空气过滤器按效率可分为(　　)。

A.初效过滤器　　　　　B.亚高效过滤器　　　　　C.中效过滤器

D.高效过滤器　　　　　E.亚中效过滤器

无菌液体制剂概述

扫码看课件

2006 年 4 月,中山大学附属第三医院有患者使用齐齐哈尔第二制药厂生产的亮菌甲素注射液后出现急性肾衰竭。经查全国共有 65 名患者使用该批号的亮菌甲素注射液,导致 13 人死亡,2 人受到严重伤害。经广东省药品检验所查明,该批号的亮菌甲素注射液中含有毒有害物质二甘醇。二甘醇为什么不能作为注射剂的附加剂?

注射剂作用可靠,适用于抢救危重病症。与其他制剂相比,注射剂有什么样的特点?如何制备?本项目我们将学习注射剂制备的相关理论知识与技能。

任务一　注射剂的概念、特点、分类与质量要求

一、注射剂的概念与特点

注射剂(injection)指药物与适宜溶剂或分散介质制成的供注入体内的一种无菌制剂,俗称针剂,包括无菌溶液、乳浊液、混悬液及供临用前配成液体(溶液或混悬液)的无菌粉末或稀释的浓溶液等。新型的注射剂主要有脂质体、微球、微囊、纳米乳等。

注射剂的优点如下。

(1)药物作用迅速可靠:注射剂将药物直接注入人体组织或血管中,吸收快、作用迅速,适用于抢救危重患者;注射剂不经过胃肠道,不受消化液及食物的影响,作用可靠,剂量易于控制。

(2)适用于不能口服给药的患者:如昏迷、不能吞咽、术后禁食、严重呕吐者等,需经注射给药和提供营养。

(3)适用于不宜口服的药物:如青霉素、胰岛素等易被胃肠道的消化液破坏,链霉素等口服不易吸收;将这些药物制成注射剂后,能有效地发挥药效。

(4)局部定位作用:如局部麻醉药、注射封闭疗法、穴位注射药物能产生特殊疗效。

注射剂的缺点如下。

(1)安全性不如口服给药:注射剂一经注入体内,药物起效快,易产生不良反应,需严格控制用药量。

(2)用药不方便:一般患者不能自行使用。

(3)质量要求严格、工艺复杂:必须具备相应的生产条件和设备,生产成本高。

二、注射剂的分类

《中国药典》把注射剂分为注射液、注射用无菌粉末与注射用浓溶液 3 类。

（一）按分散系统分类

1. 溶液型注射剂　易溶于水而且在水溶液中稳定的药物,可制成水溶液型注射剂。适于各种注射给药,如葡萄糖注射液、氯化钠注射液等。不溶于水而溶于油的药物,可制成油溶液型注射剂,如黄体酮注射液等。还可用复合溶剂制成溶液型注射剂,如氢化可的松注射液等。

2. 乳剂型注射剂　水不溶性液体药物,可以制成乳剂型注射剂,如静脉脂肪乳注射剂等。静脉注射用乳剂型注射剂中 90% 的微粒粒径应在 $1~\mu m$ 以下,不得有大于 $5~\mu m$ 的微粒,应无热原,能耐热压灭菌,贮藏期间稳定,不得用于椎管注射。

3. 混悬型注射剂　水难溶性药物或需要延长作用时间的药物,可制成水混悬液或油混悬液,如醋酸可的松注射液。《中国药典》规定:除另有规定外,药物的粒径应控制在 $15~\mu m$ 以下,含 $15\sim20~\mu m$（有个别的为 $20\sim50~\mu m$）者不应超过 10%。注射用混悬液一般不得用于静脉注射与椎管注射。

4. 注射用无菌粉末　亦称粉针剂,是指药物制成的供临用前用适宜的无菌溶剂制成澄清溶液或均匀混悬液的无菌粉末或无菌块状物。如遇水不稳定的青霉素等的粉针剂。

（二）按给药途径分类

1. 皮内注射（intradermal injection, ID）剂　注射于表皮与真皮之间,一次剂量为 0.2 mL 以内,常用于过敏性试验或疾病诊断。

2. 皮下注射（subcutaneous injection, SC）剂　注射于真皮与肌肉之间的松软组织内,适用于剂量为 2 mL 以内,没有刺激性的注射剂（主要是水溶液）,比口服给药吸收快且完全。注射后 $5\sim15$ min 即生效。

3. 肌内注射（intramuscular injection, IM）剂　注射于肌肉组织中,一次剂量在 5 mL 以内。注射剂类型有水溶液、油溶液、混悬液及乳浊液。

4. 静脉注射（intravenous injection, IV）剂　推注（$5\sim50$ mL）、滴注（100 mL 以上）。油溶液、混悬液及乳浊液一般不宜采用静脉给药,但粒径小于 $1~\mu m$ 的乳浊液可静脉给药。凡能导致红细胞溶解或使蛋白质沉淀的药液,均不宜静脉给药。

5. 脊椎腔注射（vertebra caval injection）剂　注射于脊椎四周蜘蛛膜下腔内,药量在 10 mL 以内。脊椎腔注射剂必须等渗,pH $5.0\sim8.0$,注射要缓慢。

6. 动脉内注射（intra-arterial injection）剂　注入靶区动脉末端,如诊断用动脉造影剂、肝动脉栓塞剂。抗肿瘤药物采用动脉内注入,可直接进入靶组织,提高药物疗效。

7. 其他　此外还有心内注射、穴位注射、鞘内注射、滑膜腔内注射和关节腔内注射（封闭针）。

三、注射剂的质量要求

1. 无菌　注射剂均应无菌。按《中国药典》（2020 年版）无菌检查法（通则 1101）检查,应符合规定。

2. 无热原　注射剂均应无热原。供静脉注射用注射剂按照《中国药典》（2020 年版）细菌内毒素检查法（通则 1143）或热原检查法（通则 1142）检查,应符合规定。

3. pH 要求　与血液相等或接近,一般控制在 pH $4.0\sim9.0$。

4. 渗透压要求　与血浆的渗透压相等或接近,供静脉注射用注射剂应尽可能与血液等渗。

5. 可见异物要求　不得有肉眼可见的浑浊或异物。对静脉注射用溶液型注射液、注射用无菌粉末及注射用浓溶液,除另有规定外,必须做不溶性微粒检查,均应符合药典规定。

6. 安全性　注射剂所用的溶剂和附加剂均不应引起毒性反应或对组织产生过度的刺激。特别是非水溶剂及一些附加剂,必须安全无害,不得影响疗效和注射剂的质量,并避免对检验产生干扰。有些注射剂还要检查是否含降压物质,必须符合规定以保证用药安全。

7. 稳定性　注射剂应具有一定的物理、化学与生物学稳定性,确保在有效期内药效不发生变化。

8. 其他　注射剂中有效成分含量、杂质限度和装量差异限度检查等,均应符合药品标准。

同步练习

扫码看答案

一、单项选择题

1.葡萄糖注射液属于哪种类型注射剂?(　　)

A.溶胶型注射剂　　　　B.混悬型注射剂　　　　C.乳剂型注射剂　　　　D.溶液型注射剂

2.水难溶性药物或注射后要求延长药效作用的固体药物,可制成哪种类型注射剂?(　　)

A.注射用无菌粉末　　　B.溶液型注射剂　　　　C.乳剂型注射剂　　　　D.混悬型注射剂

3.常用于过敏性试验的注射途径是(　　)。

A.肌内注射　　　　　　B.皮内注射　　　　　　C.脊椎腔注射　　　　　D.皮下注射

4.关于注射剂的特点,描述不正确的是(　　)。

A.质量要求严格　　　　　　　　　　　　　B.适用于不宜口服的药物

C.适用于不能口服给药的患者　　　　　　　D.给药方便

5.一般注射剂的 pH 应为(　　)。

A.3.0~8.0　　　　　　B.3.0~10.0　　　　　　C.4.0~9.0　　　　　　D.5.0~10.0

6.不可加入抑菌剂的注射剂是(　　)。

A.肌内注射剂　　　　　B.皮下注射剂　　　　　C.脊椎腔注射剂　　　　D.滴眼剂

7.对于易溶于水,且在水溶液中不稳定的药物,可制成注射剂的类型为(　　)。

A.注射用无菌粉末　　　B.溶液型注射剂　　　　C.混悬型注射剂　　　　D.乳剂型注射剂

8.注射于真皮和肌肉之间的软组织内,剂量为 1~2 mL 的为(　　)。

A.皮下注射剂　　　　　B.皮内注射剂　　　　　C.肌内注射剂　　　　　D.静脉注射剂

二、多项选择题

注射剂的质量要求为(　　)。

A.无菌　　　　　　　　　　　B.无热原　　　　　　　　　C.不溶性微粒

D.与血浆渗透压相等或相近　　E.安全性

三、简答题

请简述注射剂的应用特点。

任务二　热　　原

一、热原的定义

热原是指由微生物产生的能引起恒温动物体温异常升高的物质。致热能力最强的是革兰阴性杆菌产生的内毒素,其次是革兰阳性杆菌、革兰阳性球菌产生的热原,霉菌、酵母菌,病毒也能产生热原。

二、热原反应

极微量的热原注入人体(1 mg/kg)就可致发热反应,通常在注入 30 min 后出现,可使人产生发冷、寒战、发热(有时体温可升至 40 ℃以上)、出汗、恶心、呕吐等症状,甚至出现昏迷、虚脱,如不及时抢救,可危及生命。临床上出现的这种发热反应称为热原反应。

三、热原的组成

热原是微生物产生的一种内毒素,革兰阴性杆菌产生的内毒素通常是由磷脂、脂多糖与蛋白质结合而成的复合物。脂多糖是复合物的活性中心,致热作用最强。分子量为 10×10^5 左右,分子量越大致热作用越强。

四、热原的性质

1.水溶性　热原能溶于水,其浓缩液往往有乳光。

2.耐热性 热原在 60 ℃ 加热 1 h 不受影响,100 ℃ 也不会分解,120 ℃ 加热 4 h 会被破坏 98% 左右,在 180~200 ℃ 干热 2 h 或 250 ℃ 干热 45 min、650 ℃ 干热 1 min 可被彻底破坏。

3.滤过性 热原体积小,一般的除菌滤器不能除去,需用孔径小于 1 nm 的超滤膜过滤,可滤去绝大部分甚至全部热原。

4.不挥发性 热原本身不挥发,但可随水蒸气的雾滴夹带进入蒸馏水中,故蒸馏水器均设隔膜装置。

5.可吸附性 热原能被药用炭、白陶土、硅藻土等吸附,还可被离子交换树脂,尤其是阴离子交换树脂交换而除去。

6.其他 热原可被强酸、强碱、氧化剂等破坏,故可用强碱、强酸、清洁液来处理带热原的容器、设备、管道。

五、热原污染的途径

1.溶剂污染 注射用水含热原是注射剂热原污染的主要原因。蒸馏器结构不合理、操作不当、容器不洁、放置时间过久等都会使注射用水被热原污染。因此,配制注射剂必须使用新鲜的注射用水。

2.原料、辅料污染 如中药提取物、蔗糖、含蛋白质为主的生物制品等容易繁殖细菌而引起热原污染。

3.容器、用具、管道和装置等污染 配制药液的容器、用具、管道和装置等处理不合格均会带来热原污染,因此必须检查合格后方可使用。

4.生产过程中污染 在注射剂的生产操作过程中,应采用严格的净化程序,如空气净化、环境净化、人员净化、物料净化等,并缩短生产操作时间,以减少微生物污染的机会。

5.使用环节污染 热原反应也有可能是由于注射器、输液器、配药器具、配药环境不洁净而被污染导致的。

六、去除热原的方法

1.高温法 250 ℃ 加热 45 min 以上,即可破坏热原,适合金属的设备、管道、容器。

2.酸碱法 玻璃容器、用具可用重铬酸钾硫酸清洁液或稀氢氧化钠溶液处理。

3.吸附法 常用的吸附剂为针剂用活性炭。针剂用活性炭对热原有较强的吸附作用,同时有助滤、脱色作用,在注射剂生产中得到广泛使用,常用量为 0.1%~0.5%。适合药液的处理。

4.离子交换法 离子交换树脂有较大的表面积和表面电荷,具有吸附和交换作用。10% 的 D301 型弱碱性阴离子交换树脂与 8% 的 122 型弱酸性阳离子交换树脂均可除去丙种胎盘球蛋白注射液中的热原。

5.凝胶过滤法 热原是大分子复合物,可用分子筛过滤,如用二乙氨基乙基交联葡聚糖凝胶制备无热原注射用水。

6.其他 如用反渗透法通过三醋酸纤维膜等除去热原。另外,超滤法也可以除去热原。

七、热原的检查方法

热原检查常采用家兔试验法和细菌内毒素检查法。

1.热原检查法 又称家兔试验法,系将一定剂量的供试品静脉注入家兔体内,在规定的时间内观察家兔体温升高的情况,以判定供试品中所含热原的限度是否符合规定。供试验用的家兔应按药典要求进行挑选,依照药典规定的方法进行试验和判定试验结果。具体操作参见《中国药典》(2020 年版)四部通则 1142。本法灵敏度约为 0.001 μg/mL,但是操作烦琐,不能用于注射剂生产过程中的质量监控,不适用于放射性药物、肿瘤抑制剂等细胞毒性药物制剂。

2.内毒素检查法 又称鲎试验法,系利用鲎试剂来检测或量化由革兰阴性菌产生的细菌内毒素,以判断供试品中细菌内毒素的限量是否符合规定的一种方法。灵敏为 0.0001 μg/mL,比家兔试验法高 10 倍,操作简单易行,试验费用低,结果迅速可靠。但对革兰阴性菌以外的微生物产生的内毒素不灵敏,不能完全代替家兔试验法。

扫码看答案

→ 同步练习

一、单项选择题

1.下列关于热原性质的叙述错误的是( )。

A.具有水溶性　　　　　　　　　　　　B.易被吸附

C.可被强酸、强碱破坏　　　　　　　　D.具有挥发性

2.除去药液中热原的一般方法为( )。

A.聚酰胺吸附　　　　B.一般滤器过滤法　　　　C.醇溶液调 pH　　　　D.活性炭吸附法

3.下列关于热原性质的叙述正确的是( )。

A.溶于水,不耐热　　　　B.耐热,不挥发　　　　C.溶于水,有挥发性　　　　D.可耐受强酸、强碱

4.热原主要是微生物的内毒素,其致热中心为( )。

A.蛋白质　　　　　　B.脂多糖　　　　　　C.磷脂　　　　　　D.核糖核酸

5.以下关于热原的叙述正确的是( )。

A.脂多糖是热原的主要成分　　　　　　B.热原具有滤过性因而不能通过过滤除去

C.热原可在 100 ℃加热 2 h 除去　　　　D.热原可通过蒸馏避免

6.注射用水与蒸馏水检查项目的不同点是( )。

A.氨　　　　　　　　B.硫酸盐　　　　　　C.酸碱度　　　　　　D.热原

7.能杀死热原的条件是( )。

A.115 ℃,30 min　　　　B.160～170 ℃,2 h　　　　C.250 ℃,45 min　　　　D.200 ℃,1 h

二、简答题

1.请简述热原的性质。

2.请简述热原的去除方法。

3.请简述热原的主要污染途径。

任务三　注射剂的溶剂与附加剂

注射剂的溶剂应无菌、无热原,性质稳定,溶解范围广,安全无害,不影响药物疗效和质量。

一、注射剂的溶剂

注射剂的溶剂分为水性溶剂和非水性溶剂两大类。水性溶剂主要为注射用水、0.9%氯化钠溶液等适宜的水溶液;非水性溶剂又分为注射用油及其他非水性溶剂。

(一)注射用水

注射用水为纯化水经蒸馏制得的水,作为配制注射剂的溶剂。灭菌注射用水为注射用水按照注射剂的生产工艺制备所得的水,作为注射用无菌粉末的溶剂或注射液的稀释剂及泌尿外科内腔镜手术的冲洗剂。在注射剂的生产过程中,注射用水用于无菌药品的配液,直接接触药品的设备、容器及用具的最后清洗,以及无菌原料药的精制。

(二)注射用油

常用的有大豆油、芝麻油、菜籽油等,其质量应符合注射用油的要求:无异臭,无酸败味;色泽不得深于黄色 6 号标准比色液;10 ℃时应保持澄清透明;相对密度为 0.916～0.922,折光率为 1.472～1.476;酸值应不大于 0.1,皂化值为 188～195,碘值为 126～140;并检查过氧化物、重金属、微生物限度等。

植物油是由各种脂肪酸的甘油酯组成的。在贮存时与空气、光线接触时间较长往往发生复杂的

化学变化,产生特异的刺激性臭味,即酸败。酸败的油脂产生低分子分解产物(如酸类、酮类和脂肪酸),故植物油均应精制,才可供注射用。

(三)其他注射用溶剂

因药物的特性,需要选用其他溶剂或采用复合溶剂,如乙醇、甘油、丙二醇、聚乙二醇等用于增加主药的溶解度,防止水解和增加溶液的稳定性。油酸乙酯、二甲基乙酰胺等与注射用油合用,可降低油溶液的黏滞度,或使油不冻结,易被机体吸收。其他注射用溶剂应注意毒性,并符合注射剂溶剂的要求。

二、注射剂的附加剂

配制注射剂时,可根据药物的性质加入适宜的附加剂,如抑菌剂、pH调节剂、渗透压调节剂、抗氧剂、增溶剂、助溶剂、乳化剂、助悬剂等。所用的附加剂应不影响药物疗效,避免对检验产生干扰,使用浓度不得引起毒性或过度的刺激。

(一)抑菌剂

凡采用低温灭菌、过滤除菌或无菌操作法制备的注射剂和多剂量装的注射剂,均应加入适宜的抑菌剂。但是供静脉输液与脑池内、硬膜外、椎管内用的注射剂,不得添加抑菌剂。除另有规定外,一次注射量超过5 mL的注射剂也不得加入抑菌剂。抑菌剂的用量应以能抑制注射液中微生物的生长为准,并对人体无毒、无害。加有抑菌剂的注射剂,仍要用适宜的方法灭菌,并应在标签或说明书上注明抑菌剂的名称和用量。常用的抑菌剂及其应用范围见表7-1。

表7-1 常用的抑菌剂及其应用范围

抑菌剂名称	应用范围
苯酚	适用于偏酸性药液
甲酚	适用于偏酸性药液
三氯叔丁醇	适用于偏酸性药液
羟苯酯类	在酸性药液中作用强,在碱性药液中作用弱

(二)pH调节剂

注射剂需调节pH在适宜范围内,使药物稳定,保证用药安全。药物的氧化、水解、分解、变旋及脱羧等化学变化,多与溶液的pH有关。因此,在配制注射剂时,将其溶液调整至反应速度最小的pH(最稳pH)是保持注射剂稳定性的首选措施。常用的pH调节剂有盐酸、枸橼酸及其盐,氢氧化钠、碳酸氢钠、磷酸氢二钠和磷酸二氢钠等。枸橼酸盐和磷酸盐均为缓冲液,使注射液具有一定的缓冲能力,以维持药液适宜的pH。

(三)渗透压调节剂

1.等渗溶液的含义 等渗溶液是指与血浆、泪液等具有相等渗透压的溶液。注射剂渗透压应尽可能与血浆渗透压相等。如果血液中注入大量低渗溶液,水分子可迅速通过红细胞膜(半透膜)进入红细胞内,使之膨胀乃至破裂,产生溶血,可危及生命;反之,注入大量高渗溶液时,红细胞内的水分会大量渗出,红细胞出现萎缩,引起原生质分离,有形成血栓的可能。一般来说,机体对渗透压有一定的调节能力。有时临床上根据治疗需要,常注入高渗溶液,如20%~25%甘露醇注射液、25%~50%葡萄糖注射液等,但只要注入量不大,注入速度不太快,机体可以自行调节,不致产生不良反应。

2.调节等渗的计算方法 常用的等渗调节剂有氯化钠、葡萄糖等,计算方法如下。

(1)冰点降低数据法:冰点相同的稀溶液具有相等的渗透压。人的血浆和泪液的冰点均为-0.52 ℃,任何溶液只要将其冰点调整为-0.52 ℃,即与血浆等渗,成为等渗溶液。

表7-2列出了部分药物的1%水溶液的冰点降低值,根据这些数据可以计算出该药物配成等渗溶液时的浓度。当低渗溶液需加等渗调节剂调整渗透压时,其用量可按下列公式计算:

$$W = \frac{0.52 - a}{b}$$

式中：W 为配制 100 mL 等渗溶液需加等渗调节剂的质量（克）；a 为调节前药液的冰点降低值，若溶液中含有两种或两种以上的物质，则 a 为各物质冰点降低值的总和；b 为 1%（g/mL）等渗调节剂的冰点降低值。

表 7-2　部分药物水溶液的冰点降低值与氯化钠等渗当量

药物名称	1%（g/mL）水溶液的冰点降低值	1 g 药物的氯化钠等渗当量（E）
硼酸	0.28	0.47
盐酸乙基吗啡	0.19	0.16
硫酸阿托品	0.08	0.10
盐酸可卡因	0.09	0.14
氯霉素	0.06	
依地酸钙钠	0.15	0.21
盐酸麻黄碱	0.16	0.28
无水葡萄糖	0.10	0.18
葡萄糖（含 1 水）	0.091	0.16
氢溴酸后马托品	0.097	0.17
盐酸吗啡	0.086	0.15
碳酸氢钠	0.381	
氯化钠	0.578	
青霉素钾		0.16
硝酸毛果芸香碱	0.133	0.22
聚山梨酯 80	0.01	0.02
盐酸普鲁卡因	0.122	0.18
盐酸丁卡因	0.109	0.18
尿素	0.341	0.55
维生素 C	0.105	0.18
枸橼酸钠	0.185	0.30
苯甲酸钠咖啡因	0.15	0.27
甘露醇	0.10	0.18
硫酸锌（含 7 水）	0.085	0.12

例：配制 1% 盐酸可卡因注射液 100 mL，使其等渗，需加氯化钠多少克？

通过查表可知 1% 盐酸可卡因的 $a = 0.09$，1% 氯化钠的 $b = 0.58$，代入公式得：

$$W = \frac{0.52 - 0.09}{0.58} = 0.74 \text{（g）}$$

即加入 0.74 g 氯化钠，可使 100 mL 1% 盐酸可卡因注射液成为等渗溶液。

（2）氯化钠等渗当量法：指能与 1 g 该药物呈现等渗效应的氯化钠的量，一般用 E 表示。例如：从表 7-2 查出硼酸的氯化钠等渗当量为 0.47，即 1 g 硼酸在溶液中能产生的渗透压与 0.47 g 氯化钠相等。因此，查出药物的氯化钠等渗当量后，可计算出等渗调节剂的用量。公式如下：

$$X = 0.009V - EW$$

式中：X 为配成 V（mL）等渗溶液需加入的氯化钠的质量（克）；V 为欲配溶液的体积；E 为药物的氯化钠等渗当量；W 为溶液中药物的质量（克）。

例:配制 2%盐酸丁卡因注射液 200 mL,使其等渗,需加氯化钠多少克?

已知:$V=200$ (mL),$E=0.18$,$W=2\%\times200=4$ (g),代入上式得:

$$X=0.009\times200-0.18\times4=1.08 \text{ (g)}$$

即配制 200 mL 2%盐酸丁卡因注射液,加入 1.08 g 氯化钠可使其成为等渗溶液。

(四)抗氧剂、金属络合剂与惰性气体

抗氧剂、金属络合剂及惰性气体均可防止注射剂中药物的氧化。三者可单独使用,也可联合使用。

1.抗氧剂 抗氧剂是易氧化的还原性物质,当其与易氧化的药物共存时,首先被氧化,从而保护药物。使用时应注意氧化产物的影响。常用的抗氧剂见表 7-3。

表 7-3 常用的抗氧剂

抗氧剂名称	应用范围
焦亚硫酸钠	水溶液呈酸性,适用于偏酸性药液
维生素 C	水溶液呈酸性,适用于 pH 4.5~7.0 的药物水溶液
亚硫酸氢钠	水溶液呈酸性,适用于偏酸性药液
亚硫酸钠	水溶液呈弱碱性,适用于偏碱性药液
硫代硫酸钠、硫脲	水溶液呈中性或弱碱性,适用于偏碱性药液
焦性没食子酸	水溶液呈中性,适用于油溶性药物的注射剂

2.金属络合剂 注射液中金属离子主要来源于原料、辅料、溶剂和容器,金属络合剂可与注射液中的微量金属离子形成稳定的络合物,从而消除金属离子对药物氧化的催化作用。常用的金属络合剂有依地酸钙钠、依地酸二钠,也可用枸橼酸盐或酒石酸盐。一般可与抗氧剂合用。

3.惰性气体 注射剂中通入惰性气体以驱除注射用水中溶解的氧和容器空间的氧,防止药物氧化。常用的惰性气体有 N_2 和 CO_2,使用 CO_2 时应注意其可能改变某些药液的 pH,并易使安瓿破裂。惰性气体须净化后使用。

(五)增溶剂与助溶剂

为了增加注射剂药物的溶解度常加入增溶剂和助溶剂。

1.增溶剂 在注射剂中常用的增溶剂是聚山梨酯 80,主要用于小剂量注射剂和中药注射剂中,而用于静脉注射剂的增溶剂有卵磷脂、泊洛沙姆 F68 与聚氧乙烯蓖麻油。

2.助溶剂 主要是与溶解度小的药物形成可溶性复合物,以增加药物在溶剂中的溶解度。

(六)局部止痛剂

有些注射剂在皮下和肌内注射时,对组织产生刺激而引起疼痛,可考虑加入适量的局部止痛剂。常用的局部止痛剂有 0.3%~0.5%三氯叔丁醇、0.2%~0.25%盐酸普鲁卡因、0.25%利多卡因等。

(七)其他附加剂

1.助悬剂与乳化剂 注射剂中常用的助悬剂为 1%羟丙基甲基纤维素(HPMC),其助悬和分散作用均较好,贮藏期质量稳定。注射剂中常用的乳化剂有卵磷脂、大豆磷脂、泊洛沙姆 F68 等。

2.延效剂 延效剂可使注射剂中的药物缓慢释放和吸收而延长其作用。注射剂中常用的延效剂为聚乙烯吡咯烷酮(PVP)。

→ 同步练习

扫码看答案

一、单项选择题

1.静脉注射用脂肪乳剂的乳化剂常用的有( )。

A.卵磷脂　　　　B.豆磷脂　　　　C.吐温 80　　　　D.新洁尔灭　　　　E.司盘

2.注射液中焦亚硫酸钠的作用是( )。

A.抑菌剂　　　　B.抗氧剂　　　　C.止痛剂　　　　D.等渗调节剂　　　E.pH调节剂

3.常用于注射剂等渗调节的是（　　）。

A.硼酸　　　　B.苯甲酸　　　　C.软磷脂　　　　D.氯化钠　.　E.氢氧化钠

4.主要用于注射无菌粉末的溶剂或注射剂的稀释剂的是（　　）。

A.饮用水　　　　　　　　B.纯化水　　　　　　　　C.注射用水

D.灭菌注射用水　　　　　E.蒸馏水

5.下列有关注射剂附加剂叙述不正确的是（　　）。

A.添加适宜的附加剂可提高中药注射剂的有效性、安全性与稳定性

B.添加附加剂主要考虑附加剂本身的性质是否适宜

C.增溶剂可提高注射剂的澄明度

D.抑菌剂不得添加入椎管注射用的注射剂

E.大容量注射液应加渗透压调节剂,调节其渗透压

6.在注射剂中具有局部止痛和抑菌双重作用的附加剂是（　　）。

A.盐酸普鲁卡因　　　　　B.盐酸利多卡因　　　　C.苯酚

D.苯甲醇　　　　　　　　E.硫柳汞

7.注射液中加入焦亚硫酸钠的作用是（　　）。

A.抑菌剂　　　　B.抗氧剂　　　　C.止痛剂　　　　D.等渗调节剂　　　E.pH调节剂

8.常用作注射剂等渗调节剂的是（　　）。

A.硼酸　　　　B.硼砂　　　　C.苯甲醇　　　　D.氯化钠　　　E.苯酚

9.氯霉素眼药水中加入硼酸的主要作用是（　　）。

A.增溶　　　　B.调节pH　　　　C.防腐　　　　D.增加疗效　　　E.抑菌

二、多项选择题

不得加抑菌剂的注射剂有（　　）。

A.皮下注射剂　　B.皮内注射剂　　C.肌内注射剂　　D.静脉注射剂　　E.脊椎腔注射剂

无菌液体制剂生产

任务一 小容量注射剂

扫码看课件

2008年10月6日,云南省食品药品监督管理局报告,云南省红河州第四人民医院6名患者使用黑龙江省完达山制药厂生产的刺五加注射液之后出现了严重不良反应,其中3例死亡。次日,卫生部与国家食品药品监督管理局发出紧急通知,暂停销售、使用该注射液。同年10月,国家相关部门联合通报黑龙江省完达山制药厂生产的刺五加注射液部分批号的部分样品有被细菌污染的问题。随后,全国各省开始严查刺五加注射液。

学前导语

注射剂,尤其是中药注射剂如果在生产过程中有不规范的操作可能会导致严重的不良反应,甚至出现死亡。因此,生产过程中必须严格按照GMP的要求。本任务我们将学习小容量注射剂制备的相关理论知识与技能。

一、小容量注射剂的生产

小容量注射剂生产流程图如图8-1所示。

小容量注射剂的生产过程主要包括:①注射用水的制备;②安瓿的洗涤、干燥与灭菌;③原料、辅料的称量、配液、过滤、灌装(灌装、熔封);④灭菌与检漏、质量检查、印字包装等。

二、小容量注射剂容器

注射剂常用容器有安瓿、玻璃瓶、塑料瓶(袋)等。容器应符合有关注射用玻璃容器和塑料容器的国家标准规定。容器用胶塞要有足够的弹性,其质量应符合有关国家标准规定。

安瓿的容量通常为1 mL、2 mL、5 mL、10 mL和20 mL等(图8-2)。一般使用曲颈易折安瓿,即在安瓿曲颈上方涂有色点、色环或刻痕,用时不用锉刀就能折断,可避免玻璃屑对药液的污染,方便使用。安瓿多为无色的,对光敏感的药物可用琥珀色安瓿。

为了保证注射剂的质量,安瓿必须通过物理和化学检查。物理检查主要检查安瓿的外观、尺寸、应力、清洁度、热稳定性等。化学检查包括玻璃容器的耐酸性、耐碱性和中性检查。必要时还应进行装药试验,特别是当安瓿材料变更时,虽然理化性能检查合格,但仍需在盛装药液后做相溶性试验,证明无影响方能应用。

目前制造安瓿的玻璃根据其组成可分为中性玻璃、含钡玻璃与含锆玻璃三种。中性玻璃的化学稳定性较好,耐热压灭菌性能好,适用于中性或弱酸性注射剂,如葡萄糖注射液、注射用水、维生素C

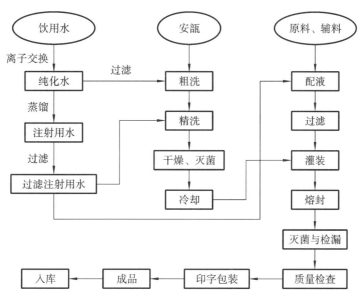

图 8-1 小容量注射剂生产流程图

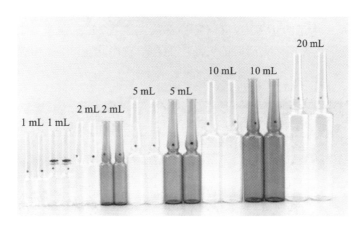

图 8-2 安瓿实物图

等;含钡玻璃的耐碱性能好,可作碱性较强注射剂的容器,如磺胺嘧啶钠注射液(pH 10.0～10.5)等;含锆玻璃系含少量氧化锆的中性玻璃,具有更高的化学稳定性,耐酸、耐碱性能均较好,不易受药液侵蚀,此种安瓿可用于盛装乳酸钠、碘化钠、磺胺嘧啶钠、酒石酸锑钾等具腐蚀性的注射液。

三、安瓿的洗涤

安瓿的洗涤方法一般有甩水洗涤法、加压喷射气水洗涤法和超声波洗涤法。

1. 甩水洗涤法 将安瓿内经洒水机灌满滤净的水,用甩水机将水甩出,如此重复 3 次,以达到清洗的目的。此法洗涤的安瓿清洁度一般可达到要求,生产效率高,劳动强度低,符合大生产的需要。但洗涤质量不如加压喷射气水洗涤法好,一般适用于 5 mL 以下的安瓿。生产中主要用安瓿甩水机。

2. 加压喷射气水洗涤法 目前公认最有效的洗瓶方法,特别适用于大安瓿的洗涤。利用已过滤的纯化水与已过滤的压缩空气由针头喷入安瓿内交替喷射洗涤,冲洗顺序为气→水→气→水→气,一般重复 4～8 次。其设备为气水喷射式洗瓶机组。洗涤方法是采用经过过滤处理的压缩空气及洗涤用水,用针头注入待洗安瓿,逐支清洗,然后经高温烘干灭菌从而达到质量要求。该设备较复杂,但洗涤效果好,符合 GMP 要求。该法适用于大规格安瓿的洗涤。

3. 超声波洗涤法 利用超声波技术清洗安瓿的一种方法,是符合 GMP 生产要求的最佳方法。超声波安瓿洗瓶机是实现连续化生产的安瓿清洗设备。其作用原理是将浸没在清洗液中的安瓿在超声波发生器的作用下,使安瓿与液体接触的界面处于剧烈的超声振动状态,将安瓿内外表面的污垢冲击剥落,从而达到清洗安瓿的目的。图 8-3 是超声波安瓿洗瓶机的工作示意图。

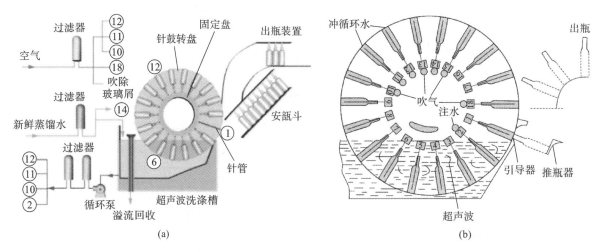

图 8-3　超声波安瓿洗瓶机工作示意图

四、安瓿的干燥和灭菌

安瓿洗涤后,一般要在烘箱内用 120～140 ℃的温度干燥。大量生产时多采用隧道式红外线烘箱进行干燥,如图 8-4 所示。为了防止污染,可配备局部层流装置,安瓿在连续的层流洁净空气的保护下,经过高温,快速完成干热灭菌。灭菌后的安瓿应贮存于有净化空气保护的存放柜中,并在 24 h 内使用。

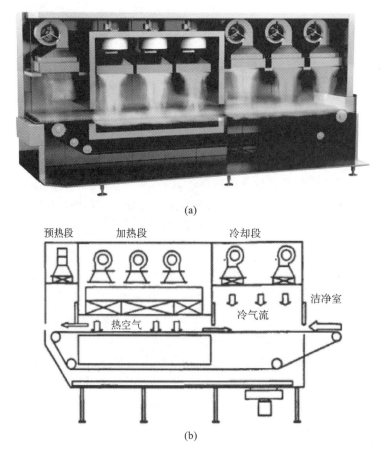

图 8-4　隧道式红外线烘箱工作示意图

五、注射剂配制和灌封

1. 投料量计算 注射剂配制前,应正确计算原料的用量,若在制备过程中(如灭菌后)或在贮存过程中药物含量下降,应酌情增加投料量。含结晶水的药物应注意换算。

投料量可按下式计算:

$$原料(附加剂)用量＝实际配液量×成品含量(\%)$$
$$实际配液量＝实际灌注量＋实际灌注时损耗量$$

2. 配制用具选择与处理 药物的配液操作一般在带有搅拌器的夹层锅中进行,以便加热或冷却。配制用具的材料有玻璃、耐酸碱搪瓷、不锈钢(316、316L)、聚乙烯等。配制用具在用前要用硫酸清洁液或其他洗涤剂洗净,并用新鲜注射用水荡洗或灭菌后备用。操作完毕后立即清洗干净。

3. 配制方法 药液的配制有浓配法和稀配法两种。浓配法指将全部药物用部分处方量溶剂配成浓溶液,加热或冷藏后过滤,然后稀释至所需浓度的方法。此法的优点是可滤除一些溶解度小的杂质。稀配法指将全部药物用全部处方量的溶剂一次性配制,配成所需浓度后过滤的方法,此法可用于优质原料。

注意事项:①配制注射剂时应在洁净的环境中进行,所用器具、原料和附加剂尽可能无菌,以减少污染;②配制注射剂时,严格称量与复核,并谨防交叉污染;③对不稳定的药物应注意调配顺序(先加稳定剂或通惰性气体等),有时要控制温度与避光操作;④对于不易滤清的药液可加 0.1%～0.3% 活性炭处理,少量注射液可用纸浆混炭处理。使用活性炭时还应注意其对药物(如生物碱盐等)的吸附作用,而且活性炭须经酸碱处理并活化后才能使用。

配制油性注射剂,常将注射用油先经 150 ℃ 干热灭菌 1～2 h,冷却至适宜温度(一般低于主药熔点 20～30 ℃),趁热配制、过滤(一般在 60 ℃ 以下),温度不宜过低,否则黏度增大,不易过滤。

4. 注射剂的过滤 配制好的注射剂在灌装前需要过滤,以除去各种不溶性微粒,确保成品的澄明度。在注射剂生产中,一般采用二级过滤,先将药液用常规的滤器,如钛棒过滤器、垂熔玻璃滤器、板框压滤器等进行预滤,再使用微孔滤膜过滤,即可将膜滤器作末端过滤之用。

目前许多产品的生产均采用上述方法。如葡萄糖注射液、氯化钠注射液、右旋糖酐注射液、维生素 C 注射液、盐酸异丙嗪注射液等。对不耐热的产品,可用 0.3 μm 或 0.22 μm 的滤膜进行无菌过滤,如胰岛素注射液。

过滤器的材质和类型、过滤的方式以及过滤的原理等均会影响过滤的效果。

5. 注射剂的灌封 注射剂的灌封包括灌装和熔封两步,灌封应在同一室内进行,灌注后立即封口,以免污染。

灌封室是灭菌制剂制备的关键区域,其环境要严格控制,达到尽可能高的洁净(洁净度达到 100级)。药液灌封应做到剂量准确,药液不沾瓶,不受污染。为保证用药剂量准确,一般注入容器的量要比标示量稍多,以抵偿在给药时由于瓶壁黏附和注射器及针头的滞留而造成的损失。注射剂灌装标示装量不大于 50 mL 时,可按照《中国药典》(2020 年版)四部通则 0102 的规定,适当增加装量(表 8-1)。

表 8-1 注射剂灌装增加量控制表

标示装量/mL	增加量/mL	
	易流动液	黏稠液
0.5	0.10	0.12
1	0.10	0.15
2	0.15	0.25
5	0.30	0.50
10	0.50	0.70
20	0.60	0.90
50	1.0	1.5

安瓿封口要严密不漏气,顶端圆整光滑,无尖头和小泡。封口方法主要为拉丝封口(拉封)和顶封。拉丝封口是指当旋转安瓿瓶颈玻璃在火焰加热下熔融时,采用机械方法将瓶颈封口。由于拉丝封口严密,不会像顶封那样易出现毛细孔,故目前规定必须采用直立(或倾斜)拉丝封口方法。

易氧化的药液在灌注时,安瓿内要通入惰性气体以置换安瓿中的空气,常用的有 N_2 和 CO_2。常采用灌装前通气—灌注—罐装后再通气的方法。

6. 注射剂的灭菌和检漏

(1)注射剂的灭菌:注射剂灌封后应立即灭菌,从配液到灭菌不得超过 8 h。根据具体品种的性质,选择不同的灭菌方法和时间,既要保证成品无菌,又要保证注射剂的稳定性与疗效。对热不稳定的注射剂 1～5 mL 安瓿可用流通蒸汽 100 ℃灭菌 30 min,10～20 mL 安瓿可使用 100 ℃灭菌 45 min;耐热的注射剂宜采用 115 ℃灭菌 30 min。灭菌时间还可根据具体情况适当延长或缩短。

(2)注射剂的检漏:注射剂灭菌完毕应立即进行检漏。检漏一般应用灭菌、检漏两用灭菌器。灭菌完毕后,待温度稍降,抽气减压至真空度达到 85.3～90.6 kPa 后,停止抽气,将有色溶液(一般用亚甲蓝)吸入灭菌锅中至浸没安瓿,放入空气,有色溶液便可进入安瓿内;也可在灭菌后,趁热立即于灭菌锅内放入有色溶液,安瓿遇冷内部压力收缩,有色溶液即从漏气的毛细孔进入而被检出。

7. 注射剂的质量检查 《中国药典》(2020 年版)四部通则 0102 规定注射剂质量检查的项目有装量、装量差异(注射用无菌粉末需进行该项检查)、渗透压摩尔浓度(静脉注射液及椎管注射液需进行该项检查)、可见异物、不溶性微粒、无菌、细菌内毒素或热原。

(1)装量:注射液及注射用浓溶液的装量,应符合下列规定。

标示装量为不大于 2 mL 者取供试品 5 支,2 mL 以上至 50 mL 者取供试品 3 支。开启时注意避免损失,将内容物分别用相应体积的干燥注射器及注射针头抽尽,然后注入经标化的量具内(量具的大小应使待测体积至少占其额定体积的 40%),在室温下检视。测定油溶液、乳状液或混悬液的装量时,应先加温摇匀,再用干燥注射器及注射针头抽尽后,同前法操作,放冷,检视。每支的装量均不得少于其标示装量。

标示装量为 50 mL 以上的注射液及注射用浓溶液照《中国药典》(2020 年版)四部最低装量检查法(通则 0942)检查,应符合规定。

(2)可见异物:指存在于注射剂和滴眼剂中,在规定条件下目视可以观测到的任何不溶性物质,其粒径和长度通常大于 50 μm。除另有规定外,照《中国药典》(2020 年版)四部可见异物检查法(通则 0904)检查,应符合规定。

(3)不溶性微粒:除另有规定外,静脉注射用溶液型注射液、注射用无菌粉末及注射用浓溶液照《中国药典》(2020 年版)四部不溶性微粒检查法(通则 0903)检查,均应符合规定。

(4)无菌:根据《中国药典》(2020 年版)四部无菌检查法(通则 1101)检查,应符合规定。

(5)细菌内毒素或热原:除另有规定外,静脉注射用注射剂按各品种项下的规定,照《中国药典》(2020 年版)四部细菌内毒素检查法(通则 1143)或热原检查法(通则 1142)检查,应符合规定。

8. 注射剂的印字与包装 注射剂的印字、包装过程包括安瓿印字、装盒、加说明书、贴标签及捆扎等。目前我国多采用机械化安瓿印包生产线,由开盒机、印字机、贴签机和捆扎机组成流水线。

印字内容包括注射剂的名称、规格及批号。印字后的安瓿即可放入纸盒内,盒外应贴标签。标签应标明注射剂名称、内装支数、每支装量及主药含量、附加剂名称及含量、批号、制造日期与有效期、制造厂家名称及商标、批准文号、适应证或应用范围、用法用量、不良反应及禁忌证、贮藏方法等。盒内应附详细的说明书,以便使用者参考。

六、实例分析

维生素 C 注射液。

【处方】维生素 C   104 g

       碳酸氢钠   49 g

       依地酸二钠   0.05 g

       亚硫酸氢钠   2 g

       注射用水   适量

       制成   1000 mL

【制法】(1)在配制容器中加注射用水约 800 mL,通入 CO_2 饱和,加维生素 C 溶解后,分次缓慢加入碳酸氢钠,搅拌使完全溶解;另将依地酸二钠和亚硫酸氢钠溶于适量注射用水中;将两溶液混合,搅拌,调节 pH 6.0～6.2,添加 CO_2 饱和的注射用水至足量,测定含量。

(2)用垂熔玻璃滤器与膜滤器过滤,并在 CO_2 或 N_2 气流下灌封,最后用 100 ℃流通蒸汽灭菌 15 min。

【注释】(1)维生素 C 分子中有烯二醇结构,显强酸性,注射时刺激性大,易引起疼痛,故加入碳酸氢钠(或碳酸钠),使维生素 C 部分中和成钠盐,以避免疼痛。同时碳酸氢钠起调节溶液 pH 的作用,可增强本品的稳定性。

(2)维生素 C 的水溶液与空气接触,自动氧化成脱氢抗坏血酸。脱氢抗坏血酸再经水解生成 2,3-二酮-L-古洛糖酸即失去治疗作用,此化合物再被氧化成草酸及 L-丁糖酸,成品分解后呈黄色。

(3)为防止维生素 C 氧化,除加入抗氧剂亚硫酸氢钠外,配液和灌封时通入惰性气体驱除溶液中溶解的氧和空气中的氧气,加入依地酸二钠作金属络合剂,以减少金属离子的催化作用。本品的原料、辅料质量要严格控制以保证产品的质量。

(4)本品的稳定性与温度有关。试验证明用 100 ℃灭菌 30 min,含量减少 3%;而 100 ℃灭菌 15 min 只减少 2%,故以 100 ℃灭菌 15 min 为好。操作过程应尽量在洁净度高的环境条件下进行,以防污染。

 同步练习

一、单项选择题

扫码看答案

1.注射剂灭菌后应立即( )。

A.检查热原   B.检漏   C.检查澄明度   D.检查含量   E.检查 pH

2.配制注射液时除热原常采用( )。

A.高温法   B.酸碱法   C.吸附法

D.微孔滤膜过滤法   E.离子交换法

3.含锆玻璃安瓿适于灌装以下哪种注射液?( )

A.接近中性的注射液   B.弱酸性注射液   C.碱性较强的注射液

D.A 或 B 或 C   E.A 或 B

4.注射剂配液灌的材质较为合适的是( )。

A.304 不锈钢   B.302 不锈钢   C.316 不锈钢   D.316L 不锈钢   E.208 不锈钢

5.注射剂的制备流程是( )。

A.原辅料的准备→灭菌→配制→过滤→灌封→质量检查

B.原辅料的准备→过滤→配制→灌封→灭菌→质量检查

C.原辅料的准备→配制→过滤→灭菌→灌封→质量检查

D.原辅料的准备→配制→过滤→灌封→灭菌→质量检查

E.原辅料的准备→配制→灭菌→过滤→灌封→质量检查

6.注射液的灌封中可能出现的问题不包括(　　)。

A.封口不严　　　B.鼓泡　　　C.瘪头　　　D.焦头　　　E.变色

7.将灭菌后的安瓿趁热浸入有色溶液中,该操作是注射剂生产的(　　)。

A.灌注　　　B.熔封　　　C.检漏　　　D.安瓿洗涤　　　E.安瓿灌水蒸煮

二、多项选择题

1.下列是小容量注射剂的质量要求的是(　　)。

A.无菌　　　B.热原　　　C.溶出度　　　D.可见异物　　　E.渗透压

2.对易氧化药物注射剂可通过(　　)提高其稳定性。

A.低温灭菌　　　　　　B.通惰性气体　　　　　　C.加金属络合剂

D.调节合适 pH　　　　　E.加抗氧剂

3.生产注射剂时常加入适量活性炭,其作用为(　　)。

A.吸附热原　　　　　　B.增加主药稳定性　　　　　　C.脱色

D.除杂质　　　　　　　E.提高澄明度

三、简答题

(1)下列为维生素 C 注射液处方,在括号里写出各成分的作用。

维生素 C 注射液处方:

维生素 C	104 g	(　　　)
碳酸氢钠	49 g	(　　　)
亚硫酸氢钠	2 g	(　　　)
依地酸二钠	0.05 g	(　　　)
注射用水	适量	(　　　)

(2)简述维生素 C 注射液制法。

任务二　大容量注射剂

导学情景

　　有人在某论坛上说,公司最近生产的大容量注射剂人工灯检时存在很小的点或者块。存在点、块的药针用手摇晃,过几天再次灯检就没有了;再放置一段时间也不会再次出现。公司进行了排查,灌装药液可见异物没问题,注射用水可见异物没问题,清洗后的瓶子灌上注射用水灯检也没问题,然后就没辙了。

　　想请教一下各位,有谁碰到过这种问题?这种摇晃后就消失的点、块可能是怎么出现的?我们应该怎么做?辅料为聚山梨酯80和氯化钠。

学前导语

　　大容量注射剂是一种风险比较高的剂型,如何从原料、工艺、设备、包装各方面控制其质量?本任务我们将学习大容量注射剂制备的相关理论知识与技能。

一、大容量注射剂的概念

大容量注射剂又称输液(infusion),是指由静脉滴注输入体内的大剂量注射液,一次给药在 100 mL 以上;是注射剂的一个分支,通常包装在玻璃或塑料的输液瓶或袋中,不含防腐剂或抑菌剂。使用时通过输液器调整滴速,使注射液持续而稳定地进入静脉。

由于大容量注射剂的给药方式和给药剂量与小容量注射剂不同,故其质量要求、包装容器、生产工艺等均有一定差异。

二、大容量注射剂的种类

1.电解质输液 用以补充体内的电解质、水分,纠正酸碱平衡等。如氯化钠注射液、碳酸氢钠注射液、复方乳酸钠注射液等。

2.营养输液 营养输液又分为糖类及多元醇类注射液、氨基酸注射液、静脉注射用脂肪乳剂、维生素注射液和微量元素类注射液等。糖类及多元醇类注射液主要用于供给机体热量、补充体液,如葡萄糖注射液、甘露醇注射液等。氨基酸注射液主要用于维持危重患者的营养、补充体内的蛋白质,如各种复方氨基酸注射液等。静脉注射用脂肪乳剂为一种高能输液,适用于不能口服食物而缺乏营养的患者,可提供大量热量和补充机体必需的脂肪酸。

3.血浆代用液 多为胶体溶液,由于胶体溶液中的高分子物质不易透过血管壁,可使水分较长时间地保持在循环系统内,增加血容量和维持血压,防止休克;但不能代替全血。如右旋糖酐注射液、羟乙基淀粉注射液等。

4.含药输液 目前各种药物的输液剂已在临床广泛应用,如甲硝唑注射液、环丙沙星注射液、洛美沙星注射液、丹参注射液等。

三、大容量注射剂的质量要求

大容量注射剂的质量要求与小容量注射剂基本上是一致的,但由于这类产品的注射量大,且直接进入血液循环,故对无菌、无热原及无可见异物这三项要求更加严格,它们也是当前大容量注射剂生产中存在的较大难题。此外,还有以下的质量要求。

(1)pH:应在保证疗效和产品稳定性的基础上,力求接近人体血液的 pH,过低或过高会引起酸、碱中毒。

(2)渗透压:应为等渗或偏高渗。

(3)不得添加任何抑菌剂,并在贮存过程中保持质量稳定。

(4)应无毒副作用,有些大容量注射剂要求不能有引起过敏反应的异性蛋白及降压物质,输入人体后不会引起血象的异常变化,不损害肝脏、肾脏等器官。

(5)含量、色泽也应符合要求。

四、大容量注射剂的制备

(一)大容量注射剂生产工艺

(玻璃输液瓶)大容量注射剂的生产工艺流程如图 8-5 所示。

(二)大容量注射剂包装材料

大容量注射剂的包装材料主要包括玻璃输液瓶、丁基胶塞、铝塑盖(图 8-6)等。目前已大量使用塑料输液瓶或塑料输液袋包装。直接接触药物的包装材料,选用时要先进行包装材料与药物的相容性试验,应选择与药物相适应的包装材料。包装材料的选择、质量及清洁处理均会影响大容量注射剂的质量。

1.玻璃输液瓶 由硬质中性玻璃制成,其外形、规格、理化性能、质量、清洁度均应符合国家有关标准。

(1)清洁处理:玻璃输液瓶的清洁处理常用碱洗法。碱洗法操作方便,易组织生产流水线,也能清除细菌与热原,具体步骤如下(图 8-7)。

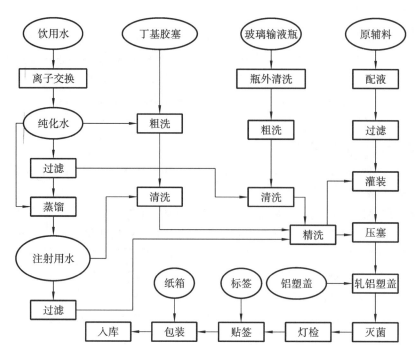

图8-5 （玻璃输液瓶）大容量注射剂生产工艺流程图

图8-6 玻璃输液瓶大容量注射剂实物图

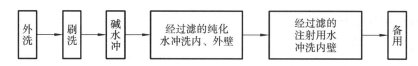

图8-7 碱洗法流程图

　　洗瓶设备有滚筒式清洗机、履带行列式箱式洗瓶机等。滚筒式清洗机（图8-8）的粗洗段处于控制区，用毛刷刷洗，碱水冲洗，再用经过滤的纯化水冲洗，然后由输送带送入精洗段。精洗段处于洁净区，用经过滤的注射用水冲洗，设备基本与粗洗段相同，只是不带毛刷。

　　（2）操作要点：①碱水常用3%碳酸钠溶液或1%~2%氢氧化钠溶液；②水温为40~60 ℃；③冲洗时间应控制好，由于碱对玻璃有腐蚀作用，故碱液与玻璃接触的时间不宜过长（间歇冲喷4~5次，每次数秒钟）；④精洗段的空气洁净度必须符合GMP要求，用经过滤的注射用水精洗。

　　另外，目前也有的厂家已用超声波洗瓶机对玻璃输液瓶进行清洁处理（图8-9）。

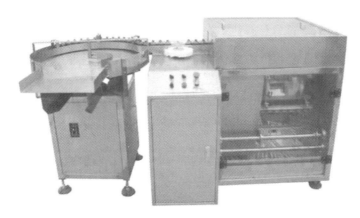

图 8-8　滚筒式清洗机实物图

图 8-9　立式超声波洗瓶机

2. 丁基胶塞

（1）质量要求：①富有弹性及柔韧性；②针头刺入和拔出后应立即闭合,能耐受多次穿刺而无碎屑脱落；③具耐溶性,不致增加药液中的杂质；④可耐受高温灭菌；⑤有高度化学稳定性；⑥对药液中药物或附加剂的吸附作用应达最低限度；⑦无毒,无溶血作用。

（2）选择：丁基胶塞在使用前应先做药物品种与其相容性试验,根据试验结果,选择与药物相适应,与玻璃输液瓶、铝塑盖尺寸相匹配的丁基胶塞。

橡胶塞分为天然橡胶塞和合成橡胶塞。天然橡胶塞为制药业传统橡胶塞,具有优秀的物理性能和耐落屑性能,但成分复杂,存在的异性蛋白等杂质可引起注射剂出现热原、可见异物和不溶性微粒等质量问题。因此,目前我国已全面淘汰天然橡胶塞,取而代之的是合成橡胶塞（丁基胶塞）。

丁基胶塞是异丁烯与少量异戊二烯的共聚物,为白色或暗灰色透明性弹体,目前用于医药包装的主要是卤化丁基胶塞,卤化丁基胶塞分为氯化丁基胶塞和溴化丁基胶塞两类。丁基橡胶经卤化后,可与其他不饱和橡胶产生良好的相容性,提高自黏性和互黏性,以及硫化交联能力,同时保持了丁基橡胶的原有特性（吸湿率低、化学性质稳定、气密性好、无生理毒副作用等）。由于其质量稳定,使用时不需要用隔离膜。

尽管丁基胶塞的内在洁净度、化学稳定性、气密性、生物性能都很好,但是一些分子活性比较强的药物封装后,橡胶塞和药物仍会发生反应,如吸附、浸出、渗透等,产生了橡胶塞与药物的相容性问题,比较突出的是头孢菌素类药物、治疗性输液以及中药注射剂等。所以目前常采用覆膜丁基胶塞,使用隔离膜的目的是将药液和橡胶塞隔离,这样可以解决橡胶塞与药物的相容性问题。国内主要使用涤纶膜,其特点如下：对电解质无通透性,理化性能稳定,用稀酸（0.001 mol/L 的 HCl）或水煮均无溶解物脱落,耐热性好(软化点 230 ℃以上)并有一定的机械强度,灭菌后不易破碎。

(3)清洗处理:丁基胶塞的清洗生产应严格按 GMP 要求进行,使用前直接采用过滤的注射用水清洗,清洗须在 B 级洁净区中进行,洗塞机为不锈钢材质。一般用过滤的注射用水漂洗 2～3 次,每次 10～15 min,水温控制在 70～80 ℃,均匀缓慢搅动,至最后一次漂洗水经可见异物检查合格后方可使用。清洗过程中应避免剧烈搅拌,以免破坏橡胶塞表面层,故目前国内多采用超声波清洗。洗净的橡胶塞应当天用完,剩余的再使用时也应重新清洗。

3. 塑料输液瓶 医用聚丙烯塑料瓶(亦称 PP 瓶),具有耐水、耐腐蚀、无毒、质轻、耐热性好(可以热压灭菌)、机械强度高、化学稳定性好等优点。装入药液后,具有药物的稳定性好、口部密封性好、无脱落物、在生产过程中被污染的概率降低、节约能源、保护环境、使用方便等优点。

现药厂多采用"三合一"技术将制瓶、灌装、密封三位一体化,在无菌条件下完成大容量注射剂自动化生产,精简了生产环节,有利于对产品质量的控制。但塑料输液瓶仍然属于半开放输液方式,还不能完全避免输液过程中药液受污染。

4. 塑料输液袋 塑料输液袋具有柔软性,避免了外界空气进入袋内,还具有重量轻、运输方便、不易破损、耐压等优点,又由于其吹塑成型后立即灌装药液,可提高工效,减少污染,所以国内外开始采用塑料输液袋作输液容器。

塑料容器最早用聚氯乙烯(PVC)制成,随后采用聚丙烯(PP)、聚乙烯(PE)、聚对苯二甲酸乙二醇酯(PET)、乙烯-醋酸乙烯共聚物(EVA)等,这些聚合物无毒,但应注意其中的增塑剂、稳定剂与润滑剂等与药物的相容性问题。

目前已设计生产出新型非 PVC 输液软袋,该包装采用聚烯烃多层共挤膜,多为 3 层结构,其内层、中层采用聚丙烯与不同比例的弹性材料混合,使得内层无毒,具有良好的热封性和弹性;外层为机械强度较高的聚酯或聚丙烯材料。其成型的复合膜或共挤膜袋具有高阻湿性、阻氧性,透气性极低,不含增塑剂,可在 121 ℃下灭菌,适合绝大多数药物的包装。

非 PVC 输液软袋所用包装材料、生产工艺、整体设计、使用方法是当今输液体系中较理想的输液形式,代表国际最新发展趋势。由于制膜工艺和设备较复杂,到目前为止国内尚未有技术成熟的生产企业,主要依赖进口,故生产成本较高。塑料容器一般不洗涤,直接采用无菌材料压制。

(三)大容量注射剂配制

配制大容量注射剂必须用新鲜注射用水,要注意控制注射用水的质量,特别是热原、pH,原料应选用优质注射用原料。大容量注射剂的配制,可根据原料质量好坏,分别采用稀配法和浓配法。

(1)稀配法:原料质量较好,可见异物合格率较高,药液浓度不高,配液量不太大时,可采用稀配法。即准确称取原料药,直接加注射用水配成所需浓度,再调节 pH 即可,必要时亦可用 0.01%～0.5%的针剂用活性炭搅匀,放置 30 min 后过滤,此法一般不加热。配制好后,要检查半成品质量。

(2)浓配法:原料杂质较多时多采用浓配法,即准确称取原料药,加部分注射用水溶解,配成浓溶液,根据需要进行必要的处理,如煮沸、加活性炭吸附、冷藏、过滤等,然后用注射用水稀释至需要浓度。大量生产时,加热溶解可缩短操作时间,减少污染机会。

配制大容量注射剂时,常使用活性炭,具体用量视品种而异。活性炭有吸附热原、杂质和色素的作用,并可作助滤剂。

注意事项:①药用活性炭应符合《中国药典》(2020 年版)的标准,用量为浓配总量的 0.1%～1%。②调节溶液的 pH 呈酸性,在酸性溶液中(pH 3～5)药用活性炭的吸附力强,在碱性溶液中少数品种会出现胶溶现象,造成过滤困难。③吸附时间以 20～30 min 为宜。④通常加热煮沸后冷却至 45～50 ℃(临界吸附温度)时再进行过滤除炭。⑤一般活性炭分次吸附比一次吸附效果更好。

(四)大容量注射剂过滤

大容量注射剂的过滤方法、过滤装置与小容量注射剂基本相同。预滤一般用陶瓷滤棒(钛滤棒)、垂熔玻璃滤器或板框式压滤机进行。过滤过程中,不要随便中断,以免冲动滤层,影响过滤质量。精滤目前多采用微孔滤膜,常用滤膜孔径为 0.65 μm 或 0.8 μm;也可用加压三级(钛砂滤棒-G3 滤球-微孔滤膜)过滤装置;或双层微孔滤膜过滤,上层为 3 μm 微孔膜,下层为 0.8 μm 微孔膜。这些装置可大大提高过滤效率和产品质量。

(五)大容量注射剂灌封

药液经精滤并检查可见异物合格后应立即灌封。大容量注射剂的灌封由灌注、压丁基胶塞、轧铝塑盖三步组成。灌封区域的洁净度必须达到 C 级背景下的局部 A 级。目前药厂生产多用旋转式自动灌封机、自动翻塞机、自动落盖轧口机完成整个灌封过程,实现了自动化、机械化生产,提高了工作效率和产品质量。灌封完成后,应进行检查,对于封口不紧、松动的产品,应剔出处理,以免灭菌时冒塞或贮存时变质。

(六)大容量注射剂灭菌

灌封后的大容量注射剂应立即灭菌,以减少微生物污染、繁殖的机会。从配制到灭菌的时间间隔应尽量缩短,以不超过 4 h 为宜。大容量注射剂通常采用热压灭菌,灭菌条件为 121 ℃、15 min 或 115 ℃、30 min。近年来,有些国家规定,大容量注射剂灭菌要求 F_0 值大于 8 min,常用 12 min。塑料输液袋装大容量注射剂常采用 109 ℃灭菌 45 min,且具有加压装置以免爆破。

五、大容量注射剂生产中存在的问题及解决方法

(一)可见异物与不溶性微粒

1. 微粒的危害 大量可见与不可见微粒可造成机体局部循环障碍、血管栓塞、组织缺氧而产生水肿和静脉炎、引起肉芽肿等。此外,微粒还可引起过敏反应、热原反应。

2. 微粒的来源及解决方法

(1)来自生产过程:如输液瓶、丁基胶塞洗涤不净,工作服质量不好,滤器选择不当,管道处理不合格,灌封室空气洁净度差,灌封操作不符合规范等。

(2)来自使用过程:输液时与加入的药物发生配伍变化,针刺胶塞时产生新的微粒污染等。因此应合理配伍用药,采用 0.8 mm 的薄膜作终端过滤的一次性输液器。

(3)来自原辅料:原料药存在着天然的低分子量胶体,在过滤时未能被滤除,导致在贮藏时聚集成可见的或不可见的不溶性微粒,如葡萄糖注射液中未完全水解的糊精在灭菌后析出不溶性微粒。药用活性炭如果杂质含量多,也会带来不溶性微粒,导致制剂可见异物检查不合格。

(4)来自容器与丁基胶塞:注射剂容器在高温灭菌以及贮藏过程中也会产生新的微粒污染,而丁基胶塞则是微粒污染的主要来源,常造成制剂可见异物检查不合格。

(二)热原反应与细菌污染

微生物污染越严重,热原反应越严重。大容量注射剂经灭菌可杀灭微生物,但不能除去热原,故需尽量减少制备时的微生物污染。

大容量注射剂染菌后出现雾团、浑浊、产气等现象,有些药液染菌后外观无变化,一旦输入体内将立即产生严重后果,如脓毒血症、败血症等。大容量注射剂染菌的主要原因有生产过程中严重污染、灭菌不彻底、瓶塞不严(松动、漏气)等。严重染菌的大容量注射剂即使经过灭菌,大量细菌尸体分解仍会导致热原增多,故解决方法是减少制备过程中的污染,严格灭菌、严密包装。

六、大容量注射剂的质量检查

大容量注射剂的质量检查项目与小容量注射剂基本相同,其含量、pH、可见异物、无菌检查以及各产品的特殊检查项目均应符合药品标准。除此之外,还应进行以下检查。

1. 细菌内毒素或热原检查 《中国药典》规定,除另有规定外,静脉注射用注射剂按各品种项下的规定,照细菌内毒素检查法(通则 1143)或热原检查法(通则 1142)检查,应符合规定。

2. 不溶性微粒检查 除另有规定外,静脉注射用溶液型注射液、注射用无菌粉末及注射用浓溶液照不溶性微粒检查法(通则0903)检查,应符合规定。大容量注射剂标示装量100 mL或100 mL以上的静脉注射用注射液,除另有规定外,每1 mL中含有粒径10 μm及10 μm以上的微粒不得超过12粒,含粒径25 μm以上的微粒不得超过2粒;100 mL以下的静脉注射用注射液、注射用无菌粉末及注射用浓溶液,除另有规定外,每个供试品容器中含有粒径10 μm以上的微粒不得超过3000粒,含粒径25 μm以上的微粒不得超过300粒。

在可见异物检查过程中,同时挑出崩盖、歪盖、松盖、漏气的产品。质量检查合格后,贴签、包装、入库。

检查方法有两种:一种方法是将药液用微孔滤膜过滤,然后在显微镜下测定微粒的大小及数目;另一种方法是采用库尔特计数器。药液中微粒的大小及数目,除滤膜-显微镜法外,还有电阻计数法、光电计数法和激光计数法等。

七、实例分析

实例分析1:葡萄糖注射液。

【处方】
葡萄糖	50 g
注射用水	适量
制成	1000 mL

【制法】取注射用水适量,加热煮沸,加入葡萄糖搅拌溶解,使其成为50%～60%的浓溶液;加1%盐酸调节pH 3.8～4.0;加入浓配量0.1%～1%(g/mL)的药用活性炭,搅匀,加热煮沸约30 min,于45～50 ℃过滤脱炭;滤液加注射用水稀释至全量,测定pH及含量,合格后精滤至澄明,灌封。115 ℃热压灭菌30 min,即得。

【注释】(1)本品为葡萄糖或无水葡萄糖的灭菌水溶液。含葡萄糖($C_6H_{12}O_6$)应为标示量的95.0%～105.0%。

(2)葡萄糖注射液有时会产生云雾状沉淀,主要是由未完全糖化的糊精或少量杂质引起的。解决办法有采用浓配法,用1%盐酸调节pH以中和胶粒上的电荷或加热煮沸使糊精水解、蛋白质凝聚,同时加入药用活性炭吸附,过滤除去。

(3)葡萄糖注射液加热温度过高、加热时间过长均会产生5-羟甲基糠醛,5-羟甲基糠醛再分解为乙酰丙酸和甲酸,同时形成一种有色物质(一般认为是5-羟甲基糠醛的聚合物)。因此,为避免溶液变色,要严格控制灭菌温度与时间,同时pH应控制在3.8～4.0。

实例分析2:复方氯化钠输液。

【处方】
氯化钠	8.6 g
氯化钾	0.3 g
氯化钙	0.33 g
注射用水	适量
制成	1000 mL

【作用与用途】用于调节体内水和电解质平衡,还可促进酚、汞以及其他由肾脏排泄的中毒药物的排泄。

【制法】称取氯化钠、氯化钾溶于适量注射用水(约需总量的10%)中,加入0.1%(g/mL)活性炭,以浓盐酸调pH至3.5～6.5,煮沸5～10 min,加入氯化钙溶解,停止加热,过滤除炭,加新鲜注射用水至全量,再加入少量活性炭,粗滤、精滤,经含量及pH测定合格后灌封,115 ℃热压灭菌30 min即得。

【注释】(1)用上述方法配制的复方氯化钠输液,最后加入了氯化钙,可避免与水中的碳酸根离子生成沉淀,因为加入氯化钙以前母液已煮沸,从而充分驱逐了溶在水中的二氧化碳,减少了生成沉淀的机会。

(2)配制过程中采用加大活性炭用量,并分2次加活性炭的方法,使杂质吸附更完全,从而提高了液体澄明度。

实例分析3:复方氨基酸输液。

【处方】
L-赖氨酸盐酸盐	19.2 g	
L-蛋氨酸	6.8 g	
L-亮氨酸	10.0 g	
L-异亮氨酸	6.6 g	
L-精氨酸盐酸盐	10.9 g	
甘氨酸	6.0 g	
亚硫酸氢钠	0.5 g	
L-缬氨酸	6.4 g	
L-组氨酸盐酸盐	4.7 g	
L-苯丙氨酸	8.6 g	
L-苏氨酸	7.0 g	
L-色氨酸	3.0 g	
L-半胱氨酸盐酸盐	1.0 g	
注射用水	适量	
制成	1000 mL	

【制法】取适量热注射用水,按处方量投入各种氨基酸,搅拌使全溶,加抗氧剂亚硫酸氢钠,并用10%氢氧化钠调 pH 至 6.0 左右,加注射用水适量,再加 0.15%的活性炭脱色,过滤至澄明,灌封,充氮气,加塞,轧盖,于 100 ℃灭菌 30 min 即可。

【注释】(1)处方设计时,必需氨基酸与非必需氨基酸两类必须加入,非必需氨基酸可加入一种或数种以补充氮素、维持机体的氮平衡。同时只有 L 型氨基酸才能被人体利用,因此,原料选用必须注意。目前国内已设计出 11 种复方氨基酸注射液。

(2)氨基酸是构成蛋白质的成分,也是生物合成激素和酶的原料,在生命体内具有重要而特殊的生理功能。由于蛋白质水解液中氨基酸的组成比例不符合治疗需要,同时常有酸中毒、高氨血症、变态反应等不良反应,近年来均被复方氨基酸输液取代。

(3)产品质量问题:主要为澄明度问题,其关键是原料的纯度,一般需反复精制,并要严格控制质量;其次是稳定性,表现为含量下降,色泽变深,其中以变色最为明显。含量下降以色氨酸最多,赖氨酸、组氨酸、蛋氨酸也有少量下降。色泽变深通常是由色氨酸、苯丙氨酸、异亮氨酸氧化所致,而抗氧剂的选择应通过试验进行,有些抗氧剂能使产品变浑浊。影响稳定性的因素有氧气、光照、温度、金属离子、pH 等,故配制过程还应通氮气,调节 pH,加入抗氧剂,避免金属离子混入,避光保存。

实例分析4:静脉注射用脂肪乳。

【处方】
精制大豆油	150 g	
注射用甘油	25 g	
精制大豆磷脂	15 g	
注射用水	适量	
制成	1000 mL	

【作用与用途】本品可用于不能口服食物和严重缺乏营养的患者,如外科手术患者、大面积烧伤的患者等。

【制法】称取精制大豆磷脂(乳化剂)15 g,加至高速组织捣碎机内后,加注射用甘油(等渗调节剂)

25 g 及注射用水 400 mL,在氮气流下搅拌至半透明状的磷脂分散体系;将磷脂分散体系放入高压匀化机,加入精制大豆油(油相)及剩余的注射用水至全量,在氮气流下匀化多次后,经出口流入乳剂收集器内。乳剂冷却后,于氮气流下经垂熔玻璃滤器过滤,分装于玻璃瓶内,充氮气,橡胶塞密封后,加轧铝塑盖;在水浴预热至 90 ℃左右,于 121 ℃灭菌 15 min,再浸入热水中,缓慢加入冷水,逐渐冷却,后置于 4～10 ℃温度下贮存。

【注释】(1)制备此乳剂的关键是选用高纯度的原料及毒性低、乳化能力强的乳化剂,采用合理的处方,严格的制备技术和适当设备,才能制得油滴大小适当、粒度均匀、稳定的乳状液。原料一般选用植物油,如麻油、棉籽油、大豆油等,所用油必须精制,提高纯度,减少副作用,并应有质量控制标准,相关指标如碘价、酸价、皂化值、过氧化值、黏度、折光率等。静脉注射用脂肪乳常用的乳化剂有卵磷脂、大豆磷脂、普朗尼克 F68 等。国内多选用大豆磷脂,是由豆油中分离出的全豆磷脂经提取、精制而得,主要成分为卵磷脂,比其他磷脂稳定而且毒性小,但易被氧化。

(2)静脉注射用乳剂除应符合注射剂项下规定外,还应符合以下条件:①乳滴粒径 90% 应在 1 μm 以下,不得有大于 5 μm 的乳滴;②成品能耐受高压灭菌,在贮存期内乳剂稳定,不能有相分离现象;③无副作用,无抗原性,无降压作用和溶血反应。

(3)静脉注射用脂肪乳临床应用时,会出现恶心、呕吐、胃肠痛、发热等急性反应,以及轻度贫血、肝脾大、胃肠障碍等慢性反应。输注时应缓慢,冬季时应先预热本品。慢性反应往往是由长期给药致血脂过高而引起。所以,在连续使用时须经常进行生物学检查。

实例分析 5:右旋糖酐输液(血浆代用品)。

【处方】右旋糖酐 40　　　　　60 g

氯化钠　　　　　9 g

注射用水　　　　适量

制成　　　　　　1000 mL

【作用与用途】可代替血浆,用于治疗低血容量性休克,改善微循环等。

【制法】取注射用水适量加热至沸,加入计算量的右旋糖酐 40,搅拌使溶解,加入 1.5% 的活性炭,保持微沸 1～2 h,加压过滤脱炭,浓溶液加注射用水稀释成 6% 的溶液,然后加入氯化钠,搅拌使溶解,冷却至室温,取样,测定含量和 pH,pH 应控制在 4.4～4.9,再加活性炭 0.5%,搅拌,加热至 70～80 ℃,过滤,至药液澄明后灌装,112 ℃灭菌 30 min 即得。

【注释】(1)血浆代用品在有机体内有代替血浆的作用,但不能代替全血,对于血浆代用品的质量,除应符合注射剂有关规定外,应不妨碍血型试验,不得在脏器中蓄积。

(2)右旋糖酐是蔗糖经过特定细菌发酵后产生的葡萄糖聚合物。因右旋糖酐经生物合成,易夹杂热原,故活性炭用量较大。同时因本品黏度较大,需在高温下过滤,本品灭菌 1 次,其相对分子量会下降 3000～5000,受热时间不能过长,以免产品变黄。本品在贮存过程中易析出片状结晶,主要与贮存温度和相对分子量有关。

实例分析 6:羟乙基淀粉氯化钠输液。

【处方】羟乙基淀粉　　　　60 g

氯化钠　　　　　9 g

注射用水　　　　适量

制成　　　　　　1000 mL

【作用与用途】血容量补充药。有抑制血管内红细胞聚集作用,用于改善微循环障碍,临床用于低血容量性休克,如失血性、烧伤性及手术中休克等,以及血栓闭塞性疾病。

【制备】取羟乙基淀粉 60 g,加注射用水约 150 mL,加 0.2% 的针用活性炭,煮沸 15 min,再加注射用水 300 mL,加热至 60～70 ℃,以适宜滤器过滤,滤液测含量与 pH,补加注射用水至含羟乙基淀粉 6%,氯化钠 0.9%。过滤后在 60～65 ℃温度下灌封,100 ℃灭菌 45 min。成品为黄色或浅黄色澄明溶液,pH 为 5～7。

【注释】(1)本品在制备过程中需注意控制铁离子的浓度,使其不高于 0.2 μg/mL,否则,澄明度降低,会出现絮状物。

(2)本品在体内不能完全代谢,故不能大量长期使用,否则会增加网状内皮系统的负担,临床上会发生持续性的瘙痒症。

→ **同步练习**

扫码看答案

一、单项选择题

1.下列有关大容量注射剂叙述错误的是(   )。

A.大容量注射剂是指由静脉滴注输入体内的大剂量注射液

B.除无菌外还必须无热原

C.渗透压应为等渗或高渗

D.为保证无菌应加入抑菌剂

E.澄明度应符合要求

2.大容量注射剂的灭菌方法为(   )。

A.150 ℃干热灭菌 1～2 h   B.115 ℃热压灭菌 30 min   C.煮沸灭菌 30～60 min

D.流通蒸汽灭菌 30～60 min   E.低温间歇灭菌法

3.以下是等渗溶液的注射液为(   )。

A.20%葡萄糖注射液   B.50%葡萄糖注射液   C.1.4%NaCl 注射液

D.0.7%NaCl 注射液   E.0.9%NaCl 注射液

4.注射剂的质量要求不包括(   )。

A.无菌   B.无热原   C.融变时限   D.澄明度   E.渗透

5.10%葡萄糖注射液的处方由注射用葡萄糖、盐酸和注射用水组成。其中盐酸的作用是(   )。

A.抗氧剂   B.等渗调节剂   C.pH 调节剂   D.增溶剂   E.抑菌剂

6.配制方法包括浓配法和稀配法的剂型是(   )。

A.糖浆剂   B.输液剂   C.片剂   D.真溶液   E.乳剂

二、多项选择题

1.下列是大容量注射剂的质量要求指标的有(   )。

A.无菌   B.热原   C.溶出度   D.可见异物   E.渗透压

2.大容量注射剂分为(   )。

A.电解质输液   B.营养输液   C.胶体输液   D.含药输液   E.脊椎腔注射液

3.输液瓶可以选用(   )。

A.含锆玻璃瓶   B.聚丙烯(PP)塑料瓶   C.聚乙烯(PE)塑料瓶

D.含钡玻璃瓶   E.聚氯乙烯塑料瓶

三、简答题

葡萄糖注射液处方:

葡萄糖   50 g

注射用水   加至 1000 mL

(1)请写出制备方法。

(2)请进行处方分析。

任务三 注射用无菌粉末

导学情景

　　贵州省铜仁市内一药厂,生产干细胞粉针剂,现招聘生产工艺员,任职要求:①大专以上学历,药学及相关专业,熟练使用计算机;②二年以上制药企业粉针剂工作经验;③熟悉粉针剂制剂工艺、设备验证过程中有关验证的关键控制参数;④熟悉新版 GMP 及无菌制剂生产要求,具备解决制剂生产中出现的技术问题的能力。毕业后你能去应聘吗?

学前导语

　　粉针剂外观上与散剂差不多。与散剂相比,粉针剂有什么不一样的特点?如何制备?本任务我们将学习粉针剂制备的相关理论知识与技能。

一、概述

　　注射用无菌粉末(sterile powder for injection)又称粉针剂,临用前用灭菌注射用水溶解后注射,是一种较常用的注射剂型。适用于在水中不稳定的药物,特别是对湿、热敏感的抗生素及生物制品。

　　注射用无菌粉末依据生产工艺不同,可分为注射用冷冻干燥制品和注射用无菌分装产品。前者是将灌装了药液的西林瓶进行冷冻干燥后封口而得,常见于生物制品,如辅酶类;后者是将已经用灭菌溶剂法或喷雾干燥法精制而得的无菌药物粉末在避菌条件下分装而得,常见于抗生素药品,如青霉素。

二、注射用无菌粉末的质量要求

　　除应符合《中国药典》(2020 年版)对注射用原料药的各项规定外,还应符合下列要求:①粉末无异物,配成溶液或混悬液后可见异物检查合格;②粉末细度或结晶度应适宜,便于分装;③无菌、无热原。

　　由于多数情况下,制成粉针剂的药物稳定性较差,因此,粉针剂的制造一般没有灭菌的过程,大都采用无菌工艺。因而对无菌操作有较严格的要求,特别在灌封等关键工序,必须采用层流洁净措施,以保证操作环境的洁净度。

三、注射用无菌粉末的制备

　　将符合注射要求的药物粉末在无菌操作条件下直接分装于洁净灭菌的西林瓶中,密封而成。

(一)物理化学性质的测定

　　在制订合理的生产工艺之前,首先应了解药物的理化性质,主要测定内容如下:①物料的热稳定性,以确定产品最后能否进行灭菌处理;②物料的临界相对湿度(CRH),生产中分装室的相对湿度必须控制在临界相对湿度以下,以免产品吸潮变质;③物料的粉末晶型与松密度等,使之适于分装。

(二)生产工艺

　　1.原材料及容器的准备　　无菌原料可用灭菌结晶法、喷雾干燥法制备,必要时在无菌条件下进行粉碎、过筛等操作,制得符合注射用的无菌粉末。

　　2.分装容器的处理　　无菌粉针剂的分装容器一般为抗生素玻璃瓶(西林瓶),根据制造方法不同,可分为管制抗生素玻璃瓶和模制抗生素玻璃瓶两种类型。管制抗生素玻璃瓶规格有 3 mL、7 mL、10 mL、25 mL 4 种。模制抗生素玻璃瓶，按形状分为 A 型和 B 型两种，A 型瓶自 5～100 mL 共 10 种规格，B 型瓶自 5～12 mL 共 3 种规格。

粉针剂玻璃瓶的处理包括清洗、灭菌和干燥等步骤。玻璃瓶经粗洗后，用纯化水冲洗，最后用注射用水冲洗；洗净的玻璃瓶应在 4 h 内灭菌和干燥，使其达到洁净、干燥、无菌、无热原。通常采用隧道式干热灭菌器于 320 ℃加热 5 min 或采用电烘箱于 180 ℃加热 1 h。经灭菌后的玻璃瓶直接送入无菌室放冷备用。

丁基胶塞用注射用水漂洗。洗净的丁基胶塞应在 8 h 内灭菌，可采用 121 ℃热压灭菌 40 min，并于 120 ℃烘干备用，灭菌所用蒸汽宜为纯蒸汽。

3.分装 分装必须在高度洁净的无菌室内按无菌操作法进行，分装后西林瓶应立即加塞并用铝塑盖密封。为保证洁净度达到要求，分装要求在 B 级背景下的 A 级环境。目前使用的分装机按结构可分为螺杆分装机和气流分装机。螺杆分装机是通过控制螺杆的转数，量取定量粉剂分装到玻璃瓶中。气流分装机则是利用真空吸取定量粉剂，再通过净化干燥压缩空气将粉剂吹入玻璃瓶中。粉剂分装系统是气流分装机的主要组成部分，主要由装粉筒、搅粉斗、粉剂分装头等构成（图 8-10），其作用是盛装粉剂，通过搅拌和分装头进行粉剂定量，在真空和压缩空气辅助下周期性地将粉剂分装于西林瓶内。

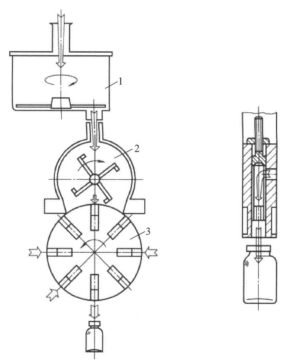

1.装粉筒；2.搅粉斗；3.粉剂分装头

图 8-10 气流分装机工作原理示意图

4.灭菌和异物检查 对于耐热品种，可选用适宜灭菌方法进行补充灭菌，以确保安全。对于不耐热品种，必须严格无菌操作，产品不再灭菌。异物检查一般采用在传送带上目检的方式。

5.印字包装 目前生产上均已实现机械化、自动化。

制药企业已将洗瓶、烘干、分装、压塞、轧盖、贴签、包装等工序全部采用联合生产流水线，不仅缩短了生产周期，而且保证了产品质量。

四、无菌分装中存在的问题及解决方法

1.装量差异 药粉流动性降低是导致装量差异的主要原因。药物的含水量、引湿性、晶态、粒度、比容及分装室内相对湿度和机械设备性能等因素均能影响药粉的流动性，进而影响装量。应根据具

体情况采取相应措施。

2. 澄明度问题 由于产品采用的是直接分装的工艺,原料药的质量直接影响成品的澄明度,因此应从原料的处理开始,严格控制环境洁净度和原料质量,以防止污染。

3. 无菌问题 由于产品是用无菌操作法制备,稍有不慎可造成污染;而且微生物在固体粉末中繁殖较慢,不易为肉眼所见,危险性更大。因此应严格控制无菌操作条件,采用层流净化等手段,以防止无菌分装过程中的污染,确保产品的安全性。

4. 贮存过程中吸潮变质问题 主要是由橡胶塞透气性增加和铝塑盖松动所致。因此要进行橡胶塞密封防潮性能测定,选择性能好的橡胶塞。

五、实例分析

注射用细胞色素C。

【处方】细胞色素C   15 mg

葡萄糖   15 mg

亚硫酸钠   2.5 mg

亚硫酸氢钠   2.5 mg

注射用水   0.7 mL

【制法】(1)在无菌操作室或A级洁净区中,称取细胞色素C、葡萄糖置于适当的容器中,加注射用水,在氮气流下加热(75 ℃以下),搅拌使药物溶解。

(2)再加入亚硫酸钠与亚硫酸氢钠溶解,用2 mol/L氢氧化钠溶液调节pH至7.0～7.2。

(3)然后加配制量0.1%～0.2%的针剂用活性炭,搅拌数分钟,过滤。

(4)测定含量与pH,合格后精滤,分装。

(5)低温冷冻干燥3～4 h,压丁基胶塞、轧铝塑盖即得。

【作用与用途】细胞代谢改善药。用于各种组织缺氧急救的辅助治疗。

【用法与用量】静脉注射或滴注:一次15～30 mg,视病情轻重每日1～2次,每日30～60 mg。静脉注射时,加25%葡萄糖溶液20 mL混匀后缓慢注射。也可用5%～10%葡萄糖溶液或0.9%氯化钠注射液稀释后静脉滴注。

【注释】(1)本品系用细胞色素C加适宜的赋形剂与抗氧剂,经冷冻干燥制得的无菌制品。为桃红色的冻干块状物,易溶于水。含细胞色素C应为标示量的90.0%～115.0%。《中国药典》规定本品应做酸碱度、细菌内毒素与过敏试验、活力检查等,各结果均应符合规定。

(2)本处方测得的低共熔点为−27 ℃。

(3)细胞色素C为含卟啉铁的结合蛋白质,溶于水,易溶于酸性溶液,其氧化型水溶液呈深红色,还原型水溶液呈桃红色。

六、注射用冻干无菌粉末的制备

(一)概述

注射用冻干无菌粉末是将药物制成无菌水溶液,进行无菌过滤(混悬型除外)、分装,再经冷冻干燥,在无菌条件下封口制成的粉针剂。

冷冻干燥也称升华干燥,是将需要干燥的药物水溶液分装在容器中,冻结为固体,然后在低温低压条件下,水分由冻结状态不经过液态而直接升华除去的一种干燥方法。凡是对热敏感、在水溶液中不稳定的药物,均可采用此法制备。

冷冻干燥的特点如下。

(1)冷冻干燥的优点:①受热影响小,特别适合于对热不稳定的药物;②药液经过除菌过滤,杂质微粒少;③由液体定量分装,剂量准确;④含水量低,经真空干燥、密封,稳定性好;⑤产品质地疏松,溶解性好。

（2）冷冻干燥的缺点：①设备造价高；②工艺过程时间长（典型的干燥过程需要 20 h 左右）；③能源消耗大；④工艺控制的要求高。

（二）冷冻干燥工艺过程

冷冻干燥工艺过程包括预冻、减压、升华干燥等，其工艺流程见图 8-11。

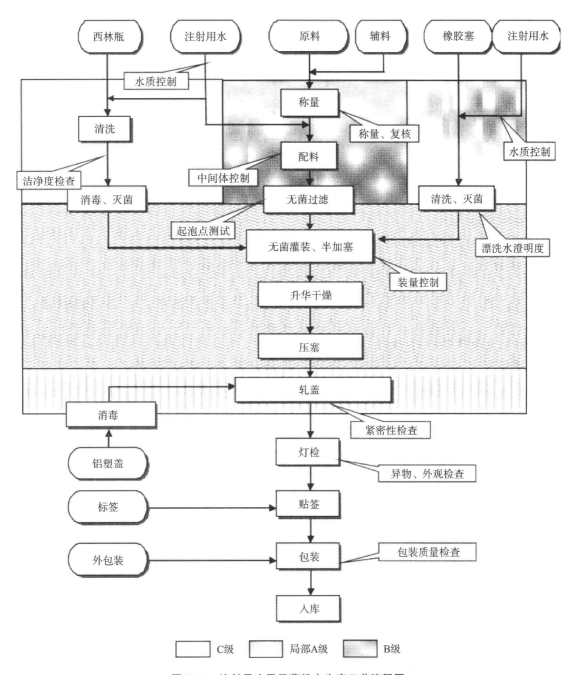

图 8-11 注射用冻干无菌粉末生产工艺流程图

1. 测定产品的低共熔点 新产品冻干时应先测定其低共熔点，然后控制冷冻温度在低共熔点以下。低共熔点是在水溶液冷却过程中，冰和溶质同时析出结晶混合物（低共熔混合物）时的温度。测定方法有热分析法和电阻法。

2. 预冻 制品在干燥前必须预冻，使其适于升华干燥。预冻是恒压降温过程，预冻温度应低于产品低共熔点 10～20 ℃，否则在抽真空时可能产生少量液体沸腾现象，使制品表面不平整。

预冻方法有速冻法和慢冻法。速冻法是先将冻干箱温度降到－45 ℃以下，再将产品装入箱内，每分钟降温 10~15 ℃,此法所得结晶颗粒均匀细腻、疏松易溶。特别是对生物制品,此法引起蛋白质变性的概率很小,对酶及活微生物的保存有利。慢冻法每分钟降温 1 ℃,所得结晶颗粒粗大,但有利于提高冻干效率。预冻时间一般为 2~3 h,实际生产中根据制品特点选用适宜的条件和方法。

3. 升华干燥 此过程首先是恒温减压过程,然后在抽真空条件下,恒压升温,使固态水升华除去。升华干燥法有一次升华法和反复预冻升华法。

(1)一次升华法:将预冻后的制品减压,待真空度达到一定数值后,关闭冷冻机,启动加热系统缓缓升温,当冻结品的温度升至 -20 ℃时,制品中的水分即可升华除去。此法适用于低共熔点为 -20~ -10 ℃、溶液黏度较小的制品。

(2)反复预冻升华法:减压和加热升华过程与一次升华法相同,但预冻过程需在低共熔点以下 20 ℃通过反复升降温度进行,使析出的结晶由致密变为疏松,有利于水分升华,提高干燥效率。此法适用于熔点低、结构复杂、黏度大及具有引湿性的制品,如蜂蜜等。

4. 再干燥 升华干燥完成后,温度继续升高,具体温度可根据制品性质确定,如 0 ℃、25 ℃等,并保温干燥一段时间,以除去残余的水分。再干燥可保证制品含水量<1%。

此外,注射用冻干无菌粉针末生产过程中容器清洗和灭菌、轧盖、包装等工序的操作和要求与注射用无菌分装产品基本相同。

(三)冻干过程中出现的问题及解决方法

(1)含水量偏高:冻干制品的含水量一般应控制在 1‰~3‰。但若容器中装液量过多、干燥过程中热量供给不足、真空度不够及冷凝器指示温度偏高等,均可导致冻干制品含水量偏高。可采用旋转冷冻机或其他相应的方法解决。

(2)喷瓶:出现该现象的主要原因是制品中存在少量液体。如果预冻温度过高使制品冻结不完全,或升华时供热过快造成局部过热,而使部分制品熔化为液体,致使在高真空条件下液体从已干燥的制品表面喷出而形成喷瓶。因此预冻温度必须低于低共熔点 10~20 ℃,加热升华的温度不应超过共熔点,且升温不宜过快。

(3)制品外观不饱满或萎缩成团粒:出现该现象的主要原因是冻干开始形成的干外壳结构致密,制品内部升华的水蒸气不能及时被抽去,使部分药品逐渐潮解。黏度大的药品更易出现此现象。可从改进处方和控制冻干工艺予以解决,如可加入适量甘露醇、氯化钠等填充剂或采用反复预冻升华法。

(四)实例分析

注射用辅酶 A 无菌冻干制剂。

【处方】辅酶 A　　　　　56.1 U

　　　　水解明胶　　　　5 mg

　　　　甘露醇　　　　　10 mg

　　　　葡萄糖酸钙　　　1 mg

　　　　半胱氨酸　　　　0.5 mg

　　　　注射用水　　　　适量

【制法】将上述各成分用适量注射用水溶解后,无菌过滤,分装于西林瓶中,每支 0.5 mL,冷冻干燥后封口,漏气检查即得。

【用法与用量】静脉滴注:一次 50 U,一日 50~100 U,临用前用 500 mL 5%葡萄糖注射液溶解后滴注。肌内注射:一次 50 U,一日 50~100 U,临用前用 2 mL 生理盐水溶解后肌内注射。

【注释】辅酶 A 为白色粉末或微黄色粉末,有吸湿性,易溶于水,不溶于丙酮、乙醚、乙醇,易被空气、过氧化氢、碘、高锰酸钾等氧化成无活性二硫化物,故在制剂中加入半胱氨酸,用甘露醇、水解明胶作为赋形剂。辅酶 A 在冻干工艺中易丢失效价,故投料量应酌情增加。

任务四 眼用液体制剂

莎普爱思,产品名为苄达赖氨酸滴眼液。药品成分:①多剂量,每支含苄达赖氨酸 25 mg。辅料为羟丙基甲基纤维素、磷酸二氢钠、磷酸氢二钠、氯化钠、硫柳汞钠。②单剂量,本品每支含苄达赖氨酸 1.5 mg。辅料为羟丙基甲基纤维素、磷酸二氢钠、磷酸氢二钠、氯化钠。请分析为什么配方不一样。滴眼液加防腐剂安全吗?

滴眼剂外观上是液体,与其他液体制剂相比,其有什么不一样的特点?如何制备?本任务我们将学习眼用液体制剂制备的相关理论知识与技能。

一、概述

眼用制剂系指直接用于眼部发挥治疗作用的无菌制剂。

眼用制剂可分为眼用液体制剂(滴眼剂、洗眼剂、眼内注射溶液等)、眼用半固体制剂(眼膏剂、眼用乳膏剂、眼用凝胶剂等)、眼用固体制剂(眼膜剂、眼丸剂、眼内插入剂等)。眼用液体制剂也可以固态形式包装,另备溶剂,在临用前配成溶液或混悬液。

滴眼剂系指由药物与适宜的辅料制成的无菌水性或油性澄明溶液、混悬液或乳状液,是供滴入的眼用液体制剂。

滴眼剂一般作为杀菌、消炎、收敛、扩瞳、缩瞳、局部麻醉或诊断之用,也可用作润滑等。

二、滴眼剂的质量要求

滴眼剂的质量要求与注射液基本相似,对所添加辅料、pH、无菌、渗透压、可见异物、黏度、稳定性及包装等均有一定的要求。

1. 辅料 滴眼剂中可加入调节渗透压、pH、黏度以及增加药物溶解度和制剂稳定性的辅料,并可加适宜浓度的抑菌剂和抗氧剂,所用辅料不应降低药效或产生局部刺激。添加抑菌剂的滴眼剂必要时需测定抑菌剂的含量。

2. pH 滴眼剂的 pH 直接影响其对眼部的刺激和药物的疗效。正常眼可耐受的 pH 为 5.0～9.0,pH 6.0～8.0 时眼睛无不适感,pH 小于 5.0 和大于 11.4 时有明显的刺激性。因此 pH 的选择应兼顾药物溶解性、稳定性及对眼部的刺激性等多种因素。

3. 无菌 眼用液体制剂为无菌制剂,眼内注射溶液及供外科手术和急救用的眼用制剂,均不得加抑菌、抗氧剂或不适当的缓冲剂,且应包装于无菌容器内供一次性使用。

4. 渗透压 眼部能适应的渗透压范围相当于浓度为 0.6%～1.5% 的氯化钠溶液,超过 2% 就有明显的不适感,滴眼剂应与眼泪等渗。《中国药典》(2020 年版)在眼用制剂的制剂通则中增加了"渗透压摩尔浓度"检查,要求水溶液型滴眼剂、洗眼剂和眼内注射溶液的渗透压要符合规定。

5. 可见异物 滴眼剂按药典规定须进行可见异物检查,溶液型滴眼剂不得检出明显可见异物。混悬型、乳状液型滴眼剂不得检出金属屑、玻璃屑、色块、纤维等明显可见异物。混悬型滴眼剂的沉降物不应沉降或聚集,经振摇应易再分散,并检查沉降体积比。

6. 黏度 滴眼剂的黏度适当增大可延长药物在眼部的停留时间,而相应地增强药物疗效。适宜的黏度应为 4～5 cPa·s。

7. 稳定性 眼用液体制剂类似注射剂,应注意稳定性问题,如毒扁豆碱、后马托品、乙基吗啡等。

8. 包装贮存要求 滴眼剂每个容器的装量应不超过 10 mL。包装容器应不易破裂,并清洗干净及灭菌,其透明度应不影响可见异物检查。滴眼用制剂应遮光密封贮存,启用后最多可使用 4 周。

三、滴眼剂的附加剂

一般滴眼剂的配制中,为保证其稳定性、无菌及刺激性等符合质量要求,可加入适当的附加剂,但供角膜等外伤或手术用的滴眼剂,不得加入任何附加剂。

(一)pH 调节剂

为使药物稳定和减小刺激性,滴眼剂常选用缓冲液作溶剂。常用的缓冲液如下。

1. 磷酸盐缓冲液 此缓冲液的储备液为 0.8% 磷酸二氢钠溶液(呈酸性)和 0.947% 磷酸氢二钠溶液(呈碱性),临用时按不同比例配制得到 pH 5.9～8.0 的缓冲液,适用于阿托品、麻黄碱、毛果芸香碱等药物。

2. 硼酸缓冲液 1.9% 的硼酸溶液 pH 为 5.0,适用于盐酸可卡因、盐酸普鲁卡因、肾上腺素等药物。

3. 硼酸盐缓冲液 此缓冲液的储备液为 1.24% 硼酸的酸性液和 1.91% 硼砂的碱性液,临用时按不同比例配成 pH 6.7～9.1 的缓冲液,适用于磺胺类药物。

(二)抑菌剂

滴眼剂一般是多剂量制剂,使用过程中无法保持无菌,因此需加入适当的抑菌剂。所用抑菌剂应性质稳定、抑菌作用强、刺激性小、不影响主药的疗效和稳定性。常用的抑菌剂有硝酸苯汞、苯扎溴铵、三氯叔丁醇、苯氧乙醇、尼泊金酯等。单一的抑菌剂有时达不到理想的效果,采用复合成分可发挥协同作用,如苯扎溴铵+依地酸二钠,苯扎溴铵+三氯叔丁醇+依地酸二钠或尼泊金酯,苯氧乙醇+尼泊金酯。

(三)渗透压调节剂

根据眼球对渗透压的耐受性,滴眼剂的渗透压应与泪液等渗或偏高渗,低渗溶液需调至等渗,常用的渗透压调节剂有氯化钠、葡萄糖、硼酸、硼砂等。

(四)增黏剂及其他附加剂

适当增加滴眼剂的黏度,可使药物在眼内停留时间延长,同时也可减小刺激性。常用的增黏剂有甲基纤维素、聚乙烯醇、聚乙二醇、聚维酮等。

此外,为增加药物稳定性和溶解性,可加入适当的稳定剂、抗氧剂、增溶剂、助溶剂等附加剂。

四、滴眼剂的制备与实例分析

滴眼剂一般应在无菌环境下配制,各种器具均须用适当的方法清洗干净,必要时进行灭菌。

(一)容器的处理

滴眼剂的包装容器应无毒且不应与药物或辅料发生理化作用,清洗干净,灭菌后备用,容器壁要有一定的厚度且均匀,其透明度应不影响可见异物检查。

目前,滴眼剂主要采用塑料瓶包装,也有玻璃滴眼瓶。因塑料瓶可能会吸附抑菌剂和某些药物,影响抑菌效果,使药物含量降低;塑料中的增塑剂或其他成分也会溶入药液中,污染药液。因此,要根据与药物的相容性试验结果选择包装材料。

(二)生产工艺

滴眼剂的生产工艺流程如图 8-12 所示。

1. 容器及其处理 滴眼剂的容器包括玻璃滴眼瓶和塑料滴眼瓶。玻璃滴眼瓶多由中性玻璃制成,并配有滴管。质量要求与输液瓶相同,对氧敏感的药物多选用玻璃滴眼瓶,对光不稳定的药物宜

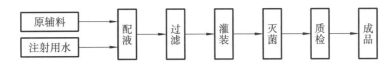

图 8-12 滴眼剂的生产工艺流程图

选用棕色玻璃滴眼瓶。玻璃瓶的洗涤与安瓿相似,干热灭菌后备用。

塑料滴眼瓶多采用由聚烯烃吹塑制成的塑料滴瓶,为防止污染,应在吹塑时立即封口。塑料滴瓶的洗涤方法:清洗外部后切开封口,应用真空灌装器将灭菌注射用水灌入瓶中,再用甩水机将瓶中水甩干,如此反复 2~3 次,洗涤液经可见异物检查合格后,甩干,用环氧乙烷等气体灭菌后备用。滴管、橡胶帽也须洗涤、煮沸灭菌后备用。

2.药液的配滤 眼用溶液的配制方法是将药物和附加剂用适量溶剂溶解,必要时加药用活性炭(0.05%~3%)处理,药液滤至澄明后,再用溶剂稀释至全量;眼用混悬液的配制,应先将药物微粉化后灭菌,另取适量助悬剂用少量注射用水分散成黏稠液,再与微粉化的药物用乳匀机搅匀,最后用注射用水稀释至全量。配制的药液用适宜方法灭菌后,进行半成品检查,合格后即可灌装。

为避免污染,配制所用器具洗净后应干热灭菌,或用 75% 乙醇浸泡灭菌,使用前再用新鲜注射用水洗净。

3.药液的灌封 滴眼剂的分装可采用减压灌装法。如图 8-13 所示,将已清洗并灭菌的滴眼瓶的瓶口向下,置于平底盘上,放入真空灌装器内;药液经过滤后自管道定量地输入到真空灌装器的盘中,使瓶口全部浸入液面;密闭,抽真空使成负压,瓶中空气则从液面下瓶口逸出;再通入过滤的空气,使恢复常压,药液即灌入瓶中,取出用高频热合机将瓶口热合熔封。为避免细菌污染,最终灭菌的药液灌封工序洁净度应为 C 级。非最终灭菌的药液灌封工序洁净度应为 A 级。

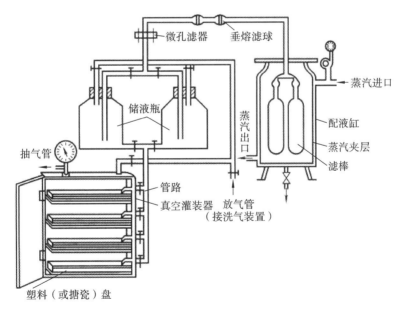

图 8-13 滴眼剂减压灌装法工作原理示意图

(三)实例分析

实例分析 1:氯霉素滴眼液。

【处方】氯霉素 　　　　　　 2.5 g

　　　　 尼泊金甲酯 　　　　 0.23 g

　　　　 氯化钠 　　　　　　 9.0 g

　　　　 尼泊金丙酯 　　　　 0.11 g

　　　　 注射用水　 加至 　 1000 mL

【制法】称取处方量尼泊金甲酯、尼泊金丙酯,加入煮沸的注射用水中溶解,待冷却至60 ℃时加入氯霉素和氯化钠,过滤,加注射用水至足量,灌装,100 ℃灭菌30 min。

【作用与用途】本品用于治疗沙眼、急慢性结膜炎、睑缘炎、角膜溃烂、睑腺炎、角膜炎等。

【注释】(1)氯霉素对热稳定,配液时加热可加速溶解,用100 ℃流通蒸汽灭菌。

(2)处方中可加入硼砂、硼酸作缓冲剂,亦可调节渗透压,同时还可增加氯霉素的溶解度,但此处不如用生理盐水为溶剂者稳定且刺激性小。

实例分析2:醋酸可的松滴眼液。

【处方】醋酸可的松(微晶)　　　5 g

　　　　硼酸　　　　　　　　　20 g

　　　　硝酸苯汞　　　　　　　0.02 g

　　　　羧甲基纤维素钠　　　　2 g

　　　　聚山梨酯80　　　　　　0.8 g

　　　　注射用水　　　加至　　1000 mL

【制法】(1)取羧甲基纤维素钠加于300 mL注射用水中,使其缓缓溶解,用200目尼龙筛过滤后备用。

(2)另取硝酸苯汞加入约500 mL注射用水中,加热至40～50 ℃,待溶解后再加入硼酸使溶解,精滤后与上述羧甲基纤维素钠溶液混合。

(3)另取醋酸可的松(微晶),置干燥灭菌研钵中,加聚山梨酯80研匀,加入上述混合溶液少量,研成细腻糊状。

(4)最后加注射用水至1000 mL,过200～250目尼龙筛,在搅拌下分装。

(5)于100 ℃流通蒸汽30 min灭菌,即得。

【作用与用途】肾上腺皮质激素类药。用于治疗非化脓性炎症如急性或亚急性虹膜炎、角膜炎、巩膜炎、虹膜睫状体炎及葡萄膜炎等。

【用法与用量】摇匀后滴眼,一次2～3滴,一日3～4次,症状减轻后可减少滴眼次数。

【注释】(1)本品为微细颗粒的混悬液,静置后微细颗粒下沉,摇匀后为均匀的乳白色混悬液。

(2)醋酸可的松难溶于水(1∶0.02),故用其微晶制成混悬液,pH应为4.5～7.0。

(3)羧甲基纤维素钠为助悬剂,聚山梨酯80为润湿剂,均能增加溶液黏度以延长药效。

(4)本品不宜用氯化钠调整渗透压,因其可使羧甲基纤维素钠溶液的黏度降低,因此本品改用硼酸。

(5)本品应遮光、密闭保存。

五、质量检查

除pH、含量等检查应符合规定外,滴眼剂还需进行以下质量检查。

1.可见异物　除另有规定外,滴眼剂照《中国药典》(2020年版)四部可见异物检查法(通则0904)中滴眼剂项下的方法检查,应符合规定;眼内注射溶液照可见异物检查法(通则0904)中注射剂项下的方法检查,应符合规定。

2.粒度　除另有规定外,混悬型眼用制剂照下述方法检查,粒度应符合规定。

取供试品强烈振摇,立即用微量移液管吸取适量(相当于主药10 mg),置于载玻片上,照《中国药典》(2020年版)四部粒度和粒度分布测定法(通则0982)检查,粒径大于50 μm的粒子不得多于2个,且不得检出粒径大于90 μm的粒子。

3.沉降体积比　混悬型滴眼剂应进行沉降体积比检查,应不低于0.90,其沉淀物经振摇应易再分散。

4.装量检查　除另有规定外,照《中国药典》(2020年版)四部最低装量检查法(通则0942)检查,应符合规定。

5.无菌　检查供角膜穿通伤、手术用的滴眼剂或眼内注射溶液,照《中国药典》(2020年版)四部无菌检查法(通则1101)检查,应符合规定。

扫码看答案

→ 同步练习

一、单项选择题

1. 注射用冻干制剂在冷冻干燥过程中常出现的问题不包括(   )。

A. 含水量偏高   B. 喷瓶   C. 产品外形不饱满

D. 出现可见异物   E. 焦头

2. 冷冻干燥原理是(   )。

A. 液化   B. 气化   C. 升华   D. 固化   E. 凝华

3. 下列关于冷冻干燥的表述正确的是(   )。

A. 冷冻干燥所出产品质地疏松,加水后迅速溶解

B. 冷冻干燥是在真空条件下进行,所出产品不利于长期贮存

C. 冷冻干燥应在水的三相点以上的温度与压力下进行

D. 冷冻干燥过程是水分由固态变液态而后由液态变气态的过程

E. 冷冻干燥产品的溶剂可以不是水

4. 用于在水中不稳定的药物,特别是对湿热敏感的抗生素及生物制品剂型是(   )。

A. 片剂   B. 丸剂   C. 小容量注射剂

D. 粉针剂   E. 大容量注射剂

5. 粉针剂玻璃瓶最后用(   )冲洗。

A. 饮用水   B. 纯化水   C. 注射用水

D. 灭菌注射用水   E. 酸水

二、多项选择题

1. 在生产注射用冻干制品时,其工艺过程包括(   )。

A. 预冻   B. 粉碎   C. 升华干燥   D. 整理   E. 再干燥

2. (   )药物适合做成注射用无菌粉末。

A. 青霉素   B. 头孢菌素类   C. 酶制剂

D. 葡萄糖注射剂   E. 对湿和热稳定的药物

3. 冷冻干燥冻干粉末出现喷瓶的原因是(   )。

A. 预冻温度过高

B. 产品冻结不实

C. 升华时供热过快,局部过热,部分产品熔化为液体所造成

D. 样品黏度过大

E. 预冻温度过低

4. 下列有关滴眼剂的叙述正确的是(   )。

A. 可制成水性或油性溶液、混悬液及乳浊液

B. pH 为 4～9

C. 滴眼剂装量不超过 10 mL

D. 应与泪液等渗

E. 按无菌制剂要求生产

5. 注射用冷冻干燥制品含水量偏高的原因有(   )。

A. 液层过厚   B. pH 过高   C. 热量供给不足

D. 真空度不够   E. pH 过低

口服固体制剂生产技术

口服固体制剂单元操作

扫码看课件

任务一　粉碎、筛分与混合

一、粉碎

　　粉碎是借助机械力的作用,将大块物料制成粗细适宜的粉末的过程。粉碎的主要目的是减小物料颗粒的粒度,增加物料的表面积,便于各成分混合均匀,并有助于药材中有效成分的浸出等。

　　物料被粉碎的程度可用粉碎度表示,常以物料被粉碎前的颗粒粒度 D_1 与粉碎后的粒度 D_2 的比值 n 来表示:

$$n=D_1/D_2$$

　　由此可知:粉碎度越大,物料粉碎得越细。粉碎度的大小,应根据药物性质、剂型和使用要求等来确定。粉碎过程常用的外力有冲击力、压缩力、剪切力、弯曲力、研磨力以及锉削力等。被处理物料的性质、粉碎程度不同,所需施加的外力也有所不同。实际上,多数粉碎过程是上述几种作用力综合作用的结果。

1.影响药物粉碎的因素

　　(1)物料的特性:一般固体以块状、颗粒状、粉末状、结晶、无定形等形态存在,其主要物理性质有硬度、弹性与塑性、脆性与韧性等。固体物料本身的特性是影响粉碎的主要因素,决定粉碎作用力的选择,也决定了设备的选择。

知识链接

　　(2)水分:往往影响物料特性,当物料中含水量为 3%～4% 时,粉碎尚无困难,也不至于引起粉尘飞扬。当含水量超过 4% 时,粉碎时常引起物料黏性增高而堵塞设备,植物药物含水量为 9%～16% 时韧性增加,难以粉碎。

(3)温度:粉碎过程中有部分机械能转变为热能,造成某些物料的损失,如有的物料受热而分解或变黏、变软,影响粉碎的进行,此时可采用低温粉碎。

2. 常用粉碎技术 根据被粉碎物料的性质、产品粒度要求、粉碎设备的形式及剂型质量要求等不同条件采用不同的粉碎方式。

(1)干法粉碎与湿法粉碎。

干法粉碎是将药物进行适当干燥处理,使药物中的水分降低到一定限度(一般少于5%)再进行粉碎的方法。药物的干燥可根据药物的性质选用适宜的干燥方法,一般温度不宜超过80 ℃。某些有挥发性及遇热易起变化的药物,可置含石灰、硅胶等的干燥器内干燥。

湿法粉碎是指在药物中加入适量水或其他液体再进行研磨粉碎的方法。通常选用的液体是以药物遇湿不膨胀、两者不起变化及不妨碍药效为原则。樟脑、冰片、薄荷脑等药物均采用这种加液研磨法进行粉碎。这种方法还可用于某些刺激性较强或有毒的药物,以避免粉碎时粉尘飞扬。有些难溶于水的药物如炉甘石、珍珠、滑石等要求极小细度时,常采用水飞法进行粉碎。水飞法是将药物与水共置于研钵或球磨机中一起进行研磨,使细粉漂浮于液面或混悬于水中,然后将此混悬液合并,沉降,倾去上清液,将细粉干燥,粉碎即得极细粉。麝香、羚羊角等除用干法粉碎外,亦可用水飞法。

(2)单独粉碎和混合粉碎。

一般药物通常单独粉碎,便于在不同的复方制剂中配伍使用。氧化性药物与还原性药物必须单独粉碎,否则会引起爆炸。贵重药物及刺激性药物为了减少损耗和便于劳动防护,亦应单独粉碎。

若处方中某些药物的性质及硬度相似,则可以掺合在一起粉碎。但在混合粉碎的药物中含有低共熔成分时会产生潮湿或液化现象,这些药物是否混合粉碎取决于制剂的要求。含糖类较多的黏性药物,如熟地、龙眼肉、天冬等黏性大,吸湿性强,需将处方中其他药物先干燥粉碎,然后取部分粉末与黏性药物掺研,使成不规则的碎块和颗粒,在60 ℃以下充分干燥后再粉碎(俗称串研法)。含脂肪油较多的药物,如杏仁、桃仁、苏子、大风子等须先捣成稠糊状,再与已粉碎的其他药物细粉掺研粉碎(俗称串油法)。

(3)低温粉碎:物料在低温时脆性增加,可提高粉碎效果。

低温粉碎的特点:①在常温下粉碎困难的物料,如软化点低、熔点低及热可塑性物料(如树脂、树胶、干浸膏等),可得到较好的粉碎;②对于含水、含油较少的物料也能进行粉碎;③可得到更细的粉末,且可保存物料的香气及挥发性有效成分。

低温粉碎的方法:①物料先进行冷却,后迅速通过高速撞击式粉碎机粉碎,碎料在粉碎机内滞留时间短暂;②粉碎机可通入低温冷却水,在循环冷却下进行粉碎;③将干冰或液化氮气与物料混合后进行粉碎;④组合应用上述冷却方法进行粉碎。

(4)自由粉碎与闭塞粉碎。

在粉碎过程中将达到粉碎度要求的粉末及时从粉碎机中分出,粗颗粒继续进行粉碎的操作称为自由粉碎。而将粗颗粒与达到要求的细粉在一起进行重复粉碎的操作称为闭塞粉碎。闭塞粉碎适用于少量粉碎并希望在一次操作中完成的物料粉碎,该操作能量消耗较大。

(5)其他方法。

①循环粉碎:经粉碎机粉碎的物料通过筛分或分级设备使粗颗粒重新返回到粉碎机反复粉碎的操作。适合粉碎度要求较高的粉碎。

②流能粉碎:指利用高速弹性流体(空气或惰性气体)使药物的粗颗粒之间或颗粒与室壁相互碰撞而粉碎。气流的压力为200～2000 kPa,可得到直径5 μm以下的粉末。

③微结晶法:指将药物的过饱和溶液在急速搅拌下骤然降温,快速结晶而得到直径在10 μm以下的微粉的方法。

二、筛分

筛分是指粉体通过网孔型工具,使粗粉体和细粉体分离的操作过程。物料筛分的目的:满足医疗的需要,满足制剂的需要,筛除粗颗粒或细粉体,整粒、粉末的分级,丸剂的大小分档等。

1. 药筛的种类与规格　药筛系按药典规定,全国统一用于制剂生产的筛,又称标准筛,在实际生产中常使用工业用筛。药筛的性能、标准主要取决于筛网。按制筛方法的不同,药筛可分为冲制筛(模压筛)和编织筛。冲制筛系在金属板上冲凿出圆形的筛孔而成,这种筛坚固耐用,孔径不易变形,多用作粉碎机上的筛板或中药丸剂的筛选。编织筛常用不锈钢丝、铜丝、尼龙丝、绢丝等编织,固定在竹圈或金属圈上制成,有圆筒形或长方形的,其大小按实际需要而定,但筛线容易移位,使筛孔变形,影响筛分质量。

以药筛筛孔内径为根据划分筛号是一种比较简单且准确的方法,不易产生较大误差,且易控制。目前工业用筛常用目数来表示筛号及粉末的粗细,每一英寸(2.54 cm)长度上含有几个孔就称为几目,目数越大,筛孔内径越小。由于筛线直径不一,会导致细度规格的不稳定,因此须同时规定筛线的直径和筛孔的内径,才能统一工业用筛的细度规格。

2. 粉末的分级　筛分过的粉末大小并不完全一致,如通过 1 号筛的粉末并不都是直径接近于 2000 μm 的粉末,还包括所有能通过 2～9 号药筛甚至更细的粉末。富有纤维素的药材在粉碎后,粉粒有的呈棒状,直径小于筛孔内径,但长度超过筛孔内径,过筛时能直立地通过筛网。为了控制粉末的均匀度,《中国药典》规定了 6 种粉末,其规格和要求如下。

(1)最粗粉:能全部通过 1 号筛,但混有能通过 3 号筛不超过 20％的粉末。

(2)粗粉:能全部通过 2 号筛,但混有能通过 4 号筛不超过 40％的粉末。

(3)中粉:能全部通过 4 号筛,但混有能通过 5 号筛不超过 60％的粉末。

(4)细粉:能全部通过 5 号筛,并含能通过 6 号筛不少于 95％的粉末。

(5)最细粉:能全部通过 6 号筛,并含能通过 7 号筛不少于 95％的粉末。

(6)极细粉:能全部通过 8 号筛,并含能通过 9 号筛不少于 95％的粉末。

3. 影响筛分的因素

(1)粉体的性质:决定筛分效率的主要因素,只有粉体松散、流动性好才易筛分。粉体黏性大易结块,如水分和油脂多均易结块或堵塞筛孔,影响筛分效率。水分可通过干燥解决,油脂含量低时可冷却后筛分,含量高时应脱脂后再筛分。

(2)振动与粉体在筛网上的运动速度:粉体在存放过程中,由于表面自由能逐渐降低,易形成粉块,因此筛分时需要不断振动,才能提高效率。振动时粉体有滑动、滚动和跳动,跳动属于纵向运动,对筛分最为有利。粉体在筛网上的运动速度不宜太快,也不宜太慢,否则也影响筛分效率。

(3)载荷:粉体在筛网上的量应适宜,量太多或层太厚不利于接触界面粉体的更新,量太少不利于充分发挥筛分作用。

(4)其他:粉体表面粗糙,摩擦产生静电,可引起堵塞,应接导线入地以克服。

三、混合

混合是制剂工艺中的基本工序之一。其目的是使药物各组分在制剂中均匀一致,以保证每个剂量中药物的含量准确。混合均匀与否,直接影响药物制剂的质量、疗效和安全。

广义上把两种以上组分的物质均匀混合的操作统称混合。在实际生产中我们把固体和固体的混合称混合,液体和液体、固体和液体、气体和液体的混合称搅拌或分散,大量的固体与少量的液体混合称捏合,大量液体与少量固体的混合称匀化。

1. 混合的一般原则

(1)运用等量递加法:当混合组分比例相当悬殊时,如 A 含量远多于 B,则以小组分 B 为标准,将与小组分 B 含量相等的大组分 A 与之混合均匀,不断重复此操作,而每次加入的大组分 A 都按小组分 B 的倍量递增,直到 A、B 完全混合为止。

(2)遵循混合的基本顺序:固体与固体混合时,混合组分的密度不同,需在混合器中先加密度小的组分,后加密度大的组分,以使两种组分间产生相对位移而保证混合均匀;液体与液体混合,则要求遵循"先稀释后混合"的原则,且应将醇性液体倒入水性液体中,边加边搅拌,以避免产生粗大的结晶而影响制剂质量;少量液体与固体的捏合则应注意选择适宜的固体物料(通常称为吸收剂),先吸收液体,再与目标固体物料混合。

（3）中药粉末的套色:中药粉末混合时,由于药粉的吸附作用而导致混合后粉末色泽发生变化的现象称为咬色。如果混合的顺序不同,则同样的物料混合后由于咬色现象而导致混合色泽有很大的差异。因此,当需混合的各组分的颜色差异较大时,宜在混合器内先加入深色组分,后加浅色组分,这种操作称为套色。

2. 混合的方法

（1）搅拌混合:少量药物配制时,可用药刀反复搅拌使之混合,多量药物可置于容器内用适当器具搅拌混合。该法简便但不易混匀,大量生产时用混合机搅拌,一定时间可混合均匀。

（2）研磨混合:将固体药物放于容器中研磨混合。适用于少量结晶性药物的混合,不适用于具有引湿性或爆炸性成分药物的混合。

（3）筛分混合:将各成分混合在一起,通过适宜的药筛1次或数次。由于较细而较重的粉末先通过,故筛分后需适当搅拌才能混合均匀。

四、生产要素

（一）生产环境

固体制剂粉碎、过筛与混合岗位操作室洁净度一般要求达到D级。室内相对室外呈负压,并安装除尘装置。洁净区的区域温度为18～26 ℃,相对湿度为45％～65％。

（二）物料

1. 粉碎物料　剂型不同,生产流程不同,则粉碎物料略有区别。中药制剂生产中,粉碎通常与中药前处理的其他岗位联合设置。其他制剂生产时,粉碎物料通常是制剂处方中规定投入的原辅料或是中药浸膏。

知识链接

2. 过筛物料　过筛操作大多与粉碎同时进行,故过筛物料通常是粉碎后的粉末。由于待填充或待压片的颗粒要求大小均匀,故操作前也需要将颗粒过筛,称为整粒。以整粒为目的的过筛操作所用物料为颗粒,是制剂生产的中间体。

3. 混合物料　混合物料除通常是制剂处方的原辅料,一般混合操作的物料都是中间体,主要是粉碎度合格的粉末或粒度合格的颗粒。

（三）人员

粉碎与筛分常在一个岗位,由同一个班组人员完成。而混合操作分预混与终混,有时与下一生产过程合并,在下一操作单元启动前进行终混。如粉针剂分装前需进行终混,并以最后一次混合确定批号。此时终混操作人员可以与预混岗位人员分别设置,两个班组成员通过预混合格的中间体相互联系完成制剂生产的全过程。无论人员如何配置,粉碎、筛分与混合操作的人员都必须有能力执行岗位操作规程,按照岗位标准操作法应用相关设备来完成生产指令,并能对操作过程中的质量予以监控,为操作过程的规范、安全及生产的产品质量提供保障。

五、粉碎、筛分、混合常用生产设备

（一）常用粉碎设备

粉碎机一般由粉碎主机和辅机组成,主机由转子和定子组成,通过其相互作用力粉碎物料,辅机包括进料、筛分和除尘部分。

知识链接

1. 粉碎机的类型　粉碎设备的种类很多,不同粉碎设备的作用方式不同,其作用力有挤压、撞击、撕裂、锉削等,各种作用力有其特殊适应性,应按药物的物理特性选用。

（1）以撞击作用为主的粉碎机:这类粉碎机具有特殊的撞击装置,如转子部分装有旋锤的锤式粉碎机;转子部分装有固定或活动的打板,定子部分为衬板的柴田式粉碎机;转子与定子部分均装有钢齿的万能磨粉机等,在密闭系统中高速转动,物料受撞击和劈裂等作用达到粉碎的目的。这类设备对一些有黏性、质软、油润、富含纤维及坚硬的药材进行干法、低温、混合粉碎较为适宜。

（2）以研磨作用为主的粉碎机：物料在两种坚硬的平面或各种形状的研磨体之间受研磨而粉碎的装置，球磨机属于此类。其特点是结构简单，易于处理和清洗，操作不连续，粉末细，但效率低。适用于剧毒药、贵重药、吸湿性或刺激性强的药物粉碎。

（3）以挤压作用为主的粉碎机：物料在两个坚硬的平面之间受到逐渐增加的压力而被压碎，如滚压机。粉碎度可按需要调节，适用于脆性药物，主要用于粗碎。不宜用于潮湿、有黏性或富含纤维药材的粉碎。

2. 常用粉碎机

（1）锤式粉碎机：利用高速旋转的活动锤击件与固定圈间的相对运动，对物料进行粉碎的机器，由回转盘、中心轴、钢锤、筛板及加料斗等组成，如图 9-1 所示。工作时，电动机带动中心轴、钢锤在粉碎室内高速运转，钢锤以高速撞击、冲击、撕裂、研磨等方式使物料粉碎。粉碎后的细颗粒通过筛板由出口排出并进入物料收集器中，不能通过筛板的粗颗粒，则继续在粉碎室内粉碎。锤式粉碎机适用于大多数物料的粉碎，但不适用于高硬度物料及黏性物料的粉碎。

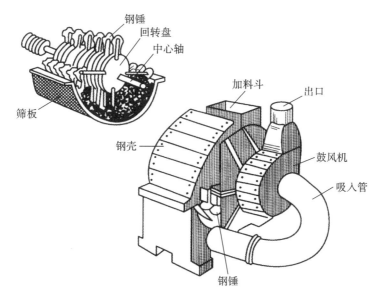

图 9-1　锤式粉碎机示意图

（2）齿式粉碎机：利用固定的齿圈与齿盘的高速相对运动，对物料进行粉碎的机器。侧盖的内侧为固定的齿圈，可旋转的齿盘与齿圈上固定有若干钢齿，粉碎室外侧装有环状筛，如图 9-2 所示。工作时，物料从入料口进入粉碎室，受到钢齿的冲击与截切、撕裂以及内壁的碰撞摩擦而被粉碎，能通过筛分孔的细粉经出粉口排出进入物料收集器。齿式粉碎机适用于多种干燥物料的粉碎，如结晶性物料、非组织性块状脆性物料以及药材的根、茎、叶等，但不适用于含大量挥发性成分或黏性物料的粉碎，因为高速粉碎时会产热。

（3）球磨机：主体是一个不锈钢或瓷制的罐体，罐内装有直径为 $20\sim150$ mm 的钢球或瓷球，装入量为罐体有效容积的 $25\%\sim35\%$（干法粉碎）或 $35\%\sim50\%$（湿法粉碎），罐内物料的量以充满球间空隙为宜，如图 9-3 所示。当罐体转动时，球体呈抛物线下落产生撞击作用，球与球之间、球与罐体之间的研磨作用使物料得到高度粉碎，但要注意其工作转速应为临界转速的 $60\%\sim80\%$。球磨机广泛应用于干法、湿法粉碎，还可对物料进行无菌粉碎。使用球磨机进行粉碎时，应注意及时筛出符合要求的细粉。

（4）振动磨：利用磨介（钢球、瓷球、锆球、玛瑙球）在高频振幅的罐体内产生自转和公转，对固体物料产生激烈冲击、研磨、截切等作用而粉碎物料的机器。其主要由罐体、主轴、挠性轴套、偏心块、弹簧等组成，如图 9-4 所示，是目前常用的超微粉碎设备。振动磨的粉碎能力极强，可得到粒径 $5~\mu m$ 左右的微粉，能粉碎任何纤维状、高韧性、高硬度的物料，对植物孢子的破壁率高达 95%，适用于干法、湿法、低温（在夹套通入特殊冷却液）粉碎。

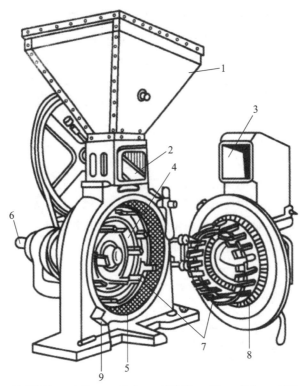

1.料斗；2.抖动装置；3.入料口；4.齿盘；5.环状筛；6.轴；7.钢齿；8.齿圈；9.出粉口

图 9-2　齿式粉碎机示意图

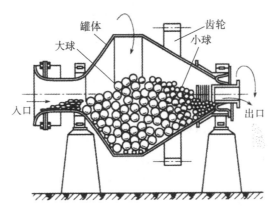

图 9-3　球磨机示意图

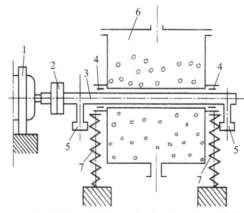

1.电动机；2.挠性轴套；3.主轴；4.轴承；5.偏心块；6.罐体；7.弹簧

图 9-4　振动磨示意图

(5)气流式粉碎机:通过粉碎室内的喷嘴压缩空气形成高速气流(300~500 m/s),使物料颗粒之间以及颗粒与器壁之间产生强烈的冲击、摩擦,达到粉碎物料的目的。常用的有圆盘式气流磨、循环式气流磨等,如图9-5所示。在粉碎过程中,被压缩的气流在粉碎室中膨胀产生的冷却效应与研磨产生的热相互抵消,被粉碎物料的温度几乎不升高,故适用于抗生素、酶、低熔点或其他对热敏感的物料的粉碎,并且在粉碎的同时就可对粉末进行分级,可得到粒径3~20 μm的微粉。此类粉碎机耗能较大,为了降低粉碎成本,可先将物料预碎成0.15 mm左右的粗粒。操作时注意匀速加料,以免堵塞喷嘴。

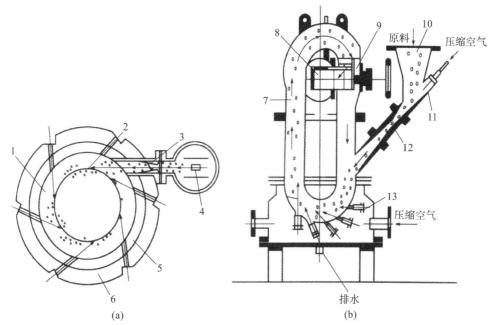

1.粉碎带;2.研磨喷嘴;3.文丘里喷嘴;4.推料喷嘴;5.铝补垫;6.外壳;7.粉碎带;8.出口;9.导叶;10.入料口;11.推料喷嘴;12.文丘里喷嘴;13.研磨喷嘴

图9-5 气流式粉碎机示意图

(a)圆盘式气流磨;(b)循环式气流磨

3.粉碎设备的使用注意事项和维护

(1)电动机及传动机应有防护罩。开机前应检查整机各紧固螺栓是否有松动、轴承供油情况及皮带松紧情况,然后空载启运,检查粉碎机运行情况是否良好。

知识链接

(2)应严格执行粉碎岗位操作法、粉碎机操作规程(SOP),按要求设置粉碎细度、转速、风量等工艺参数。

(3)高速运转的粉碎机应空机启运,运转平稳后再加料,否则会因物料先进入粉碎室而导致设备难以启动,增加电动机负荷,引起发热,甚至烧坏电动机。

(4)物料中不能夹带有金属性杂质,应预先拣除或在加料斗内壁附设电磁铁装置,当物料通过电磁区时,可将铁钉、铁块等吸除。否则金属性杂质进入粉碎室经长期摩擦易引起燃烧,或破坏钢齿及筛板。

(5)应控制进料速度。进料速度快,粉碎效率高,所得粉末较粗;反之,进料速度慢,粉碎效率低,所得粉末较细。同时应控制进料量,严禁超负荷运转,避免设备负荷过大而导致的温度升高及设备损坏。

(6)粉碎过程是一种能量转换的过程,部分机械能转变为热能或光能,故粉碎过程中可能出现温度升高现象,严重时可能出现火花。温度升高存在以下事故隐患:①物料在高温条件下发生变质;②引起物料软化甚至液化导致粉碎困难;③由于生产环境干燥,含尘量大,一旦产生火花,易引起火灾。因此粉碎过程中对温度的控制不仅可保证产品质量,也是防止事故发生的有效途径。对不耐热的物料的粉碎在粉碎机选型时可以选择附加降温设施的粉碎机。粉碎操作中如发现温度过高、设备声音异常等,应立即停机检查。

(7)粉碎过程应及时将已符合粒度要求的细粉分离出来,以免产生太多的过细粉,影响粉碎效率及产品的质量,并且由于过细粉的缓冲作用,会损耗大量的机械能。可采用粉碎筛选联动设备解决这一问题。

(8)粉碎贵重物料、刺激性物料、毒性物料时,应选用密封性能强的小型粉碎机,操作间内应有吸尘装置,以利于安全操作和劳动保护。

(9)物料收集器要细密并具良好的透气性。

(10)停止加料后不能立即停机,应继续运转一定时间,使粉碎室内的物料完全粉碎后再停机,以提高收率。粉碎工作结束后,要立即按粉碎机清洁操作规程对粉碎机进行清洁。整机也要定期保养,更换各轴承的润滑脂。

 案 例 分 析

案例 某药厂粉碎车间需要临时粉碎少量物料,操作工人用塑料袋代替物料收集器,结果造成粉碎车间内粉尘飞扬。

分析 塑料袋不透气,使袋中气压过大,药粉从入料口飞出。

预防措施 应选用细密并具良好透气性的物料收集器。细密可防止细粉透出,良好透气性可保证粉碎机内气流通畅。

万能粉碎机标准操作规程

目的:建立 30B 型万能粉碎机标准操作规程,使其操作规范化、标准化。

范围:适用于 30B 型万能粉碎机。

责任:操作者、设备工程部、生产技术部。

内容:

编制依据:30B 型万能粉碎机使用说明书。

设备操作:

1 生产前

1.1 检查设备是否挂有"清洁合格证",如有说明设备处于正常状态,摘下此牌,挂上运行状态标志牌。

1.2 操作人员按要求穿戴好工作服装及安全防护口罩。

1.3 检查工作室内设备、物料及辅助工器具是否已定位摆放。

1.4 检查配电箱台面、粉碎机工作台面及周围空间是否有杂物堆放,清除与工作无关的物品。

2 运行前检查

2.1 运行前,检查设备各部分装配是否完整准确,供料斗及主机腔内是否有铁屑等杂物,如有需除去。

2.2 检查主机皮带松紧度是否正常,皮带防护罩是否牢固;检查机架、主机仓门锁定螺丝、电机底脚等紧固件是否牢固。

2.3 检查集料袋安装是否正确、牢固。

2.4 用手转动主轴时,观察主轴活动是否灵活、无阻碍,如有明显卡滞现象,应查明原因,清除阻碍物。

2.5 搬合控制配电箱电源开关。

2.6 点动起动主机,确认电机旋转方向与箭头方向是否一致。

注:本机未设单独点动控制按钮,由面板起动按钮和停止按钮操作完成;即按动起动按钮,电机转动,起步后,即刻按动停止按钮,电机停转,由于惯性原因在电机达到静止状态前观察电机旋转方向。

2.7 点动起动吸尘电机,确认电机旋转方向与箭头方向是否一致。

2.8 操作前准备和设备运行前检查确认无误后,准备开机运行操作。

3 运行操作

3.1 按动除尘机组起动按钮,除尘机起动运行。

3.2 待风机运行平稳后,按动粉碎主机起动按钮,主机起动运行。

3.3 上述电机起动后,空载运行约 2 min,观察主机、吸尘风机空载运行稳定后方可投料。

3.4 将待粉碎物料(最大进料粒度 8~12 mm)投入料斗内堆放,调整进料闸门大小,依靠机器自身震动,使物料按设定速度定量送进粉碎室内。

3.5 主电机负荷应控制在额定值内工作(本机主电机额定功率为 5.5 kW),视物料性质、粉碎细度及下料速度适当调整供料进给量,避免发生闷车事故,保证主机在额定工作状态下工作。

3.6 适用范围

3.6.1 本机适用于粉碎干燥的脆性物料。

3.6.2 不适用于粉碎软化点低、黏度大的物料。

3.7 细度调整因素

3.7.1 保持适当的供料进给量。

3.7.2 粉碎仓内剪切齿刀和固定齿圈的磨损程度。

3.7.3 成品由粉碎室经筛网筛分后的调节。

3.7.4 成品收集器通道是否畅通良好。

3.8 经粉碎室粉碎的合格物料,经出料口进入集料桶内,操作人员可由安装在集料箱面板上的观察窗观察制品的收集情况,当被粉碎制品收集量大于集料桶体积的 2/3 时,应更换集料桶或清理集料桶内的合格粉料。

3.9 更换集料桶的操作需在停机状态下进行。

4 停机操作

4.1 粉碎工作结束后,按下述顺序进行停机操作:

4.1.1 关闭进料调节闸门,停止向粉碎仓内供料。

4.1.2 停止送料后,整机继续运行约 2 min,视集料桶内无粉料进入后,按动主机停止按钮,主机停止运行。

4.1.3 待主机停稳后,按动吸尘风机停止按钮,风机停止运行。

4.2 本机设有袋式除尘器,并可适当摇动振动器振动布袋,每班对布袋进行清理,如更换品种应按清洁规程对布袋进行清洗。

4.3 操作完毕后按清洁规程对设备进行清洁。

5 操作安全及注意事项

5.1 设备运行时禁止操作人员与设备传动部分接触。

5.2 禁止用水对设备进行喷淋清洗。

5.3 凡装有油杯的地方,开车前应注入适当的润滑脂,并检查旋转部分是否有足够的润滑脂。

5.4 经常检查刀片、衬圈、齿盘磨损情况,其磨损后会使粉料粒度变粗,如发现磨损严重及时上报。

5.5 粉碎机最大进料粒度为 8~12 mm。

5.6 物料粉碎前必须经过检查,不允许有金属杂物进入粉碎室内。

5.7 未经操作前准备和运行前各项目检查不得盲目开机运行。

(二)常用的筛分设备

筛分设备很多,应根据粉末粒度的要求、粉末的性质和数量适当选用。

1. 常用筛分设备

(1)手摇筛:又称为套筛。筛网常用不锈钢丝、铜丝、尼龙丝等编织而成,边框为圆形或长方形的

金属框。通常按筛号大小依次套叠,自上而下筛号依次增大,底层的最细筛套于接收器上,如图 9-6 所示。使用时将适宜号数的药筛套于接收器上,加入药粉,盖好上盖,用手摇动筛分即可。手摇筛适用于小批量粉末的筛分,用于毒性、刺激性或质轻药粉的筛分时可避免粉尘飞扬。

(2)旋转筛:主要由筛筒、刷板和打板等组成,结构如图 9-7 所示。圆形筛筒固定于筛箱内,其表面覆盖有筛网,主轴上设有打板和刷板,打板与筛筒的间距为 25～50 mm,并与主轴有 3°的夹角。

图 9-6 手摇筛

打板的作用是分散和推进物料,刷板的作用是清理筛网并促进筛分。工作时,物料由筛筒的一端加入,同时电动机通过主轴使筛筒以 400 r/min 的速度旋转。从而使物料中的细粉通过筛网并汇集至下部出料口排出,而粗粉则留于筒内并逐渐汇集于粗粉出料口排出。旋转筛具有操作方便、适应性广、筛网容易更换、筛分效果好等优点。常用于中药材粉末的筛分。旋转筛设备图如图 9-8 所示。

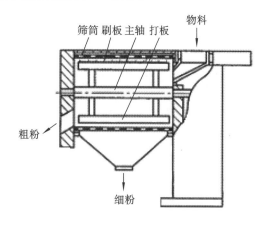

图 9-7 旋转筛结构图

图 9-8 旋转筛设备图

(3)旋转式振动筛:主要由筛网、电动机、重锤和弹簧等组成,结构如图 9-9 所示。电动机的上轴和下轴均设有不平衡重锤,上轴穿过筛网并与其相连,筛框以弹簧支承于底座上。工作时,上部重锤使筛网进行水平圆周运动,下部重锤则使筛网进行垂直运动。当固体物料加到筛网中心部位后,将沿一定的曲线轨迹向器壁运动,其中的细颗粒通过筛网落到斜板上,由下部出料口排出,而粗颗粒则由上部出料口排出。旋转式振动筛的优点是占地面积小,重量轻,维修费用低,分离效率高,且可连续操作,故生产能力较大。旋转式振动筛设备图见图 9-10。

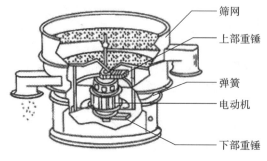

图 9-9 旋转式振动筛结构图

图 9-10 旋转式振动筛设备图

（4）振荡筛:为直线运动的箱式结构,有吊式或座式两种,其筛面的倾斜角通常在8°以下,筛面的振动角一般为45°,筛面在激振器的作用下做直线往复运动(图9-11)。座式振荡筛筛体下部安装振动电动机,有效地保证了物料的筛分。底座采用可调式,可根据物料特性调整筛分时筛面的倾斜角度,以取得最佳筛分效果。振荡筛结构紧凑,筛体下部采用弹簧减振,使整机在平稳状态下工作。振荡筛具有结构简单,操作方便,体积小,噪声低,抗腐蚀,不易发生故障,寿命长,振幅可调,耗能低,拆装方便,清洗无死角等优点。

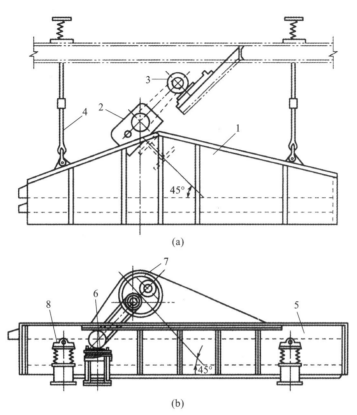

1.筛箱；2.激振器；3.电动机；4.悬挂装置；5.筛箱；6.电动机；7.激振器；8.弹簧及支撑装置

图9-11　振荡筛结构图

（a）吊式振荡筛；（b）座式振荡筛

2.筛分设备的使用注意事项和维护

（1）应选择振动性能好的筛分设备,因为振动可消除粉粒相互摩擦及表面自由能的影响,使粉粒顺利通过筛孔。

（2）应严格执行筛选岗位操作法、筛选设备操作规程,按物料粒度要求选取筛网规格。

（3）应空载启运,等设备运转平稳后开始加料。加料装置与筛面的距离不能大于0.5 m,防止物料落差过大冲坏筛面。加料应连续均匀,不应过多或过少。粉层过多、过厚,粉体易被挤压成堆,不利于筛分;粉层太薄又影响筛分的效率。

（4）控制好粉体的湿度。湿度过高,粉体吸潮而粘连成团块,很难通过筛孔;湿度过低,运动中的粉体易产生静电,粉体带电后流动性下降,不易通过筛孔。

（5）停止加料后应运转一定时间再停机,以保证能通过筛孔的粉体尽可能通过筛网。

XZS400-2旋涡振动筛分机标准操作规程

目的:建立XZS400-2旋涡振动筛分机标准操作规程,使其操作规范化、标准化。

范围:适用于XZS400-2旋涡振动筛分机。

责任:操作者、设备工程部、生产技术部。

设备操作:

1 准备过程

1.1 检查生产现场、设备、容器的清洁状态,检查清洁合格证,并核对其有效期。取下"已清洁"标志牌,挂上"生产状态"标志牌,按岗位工艺指令填写工作状态。

1.2 检查设备各部件、紧固件有无松动,发现问题及时排除。

1.3 按岗位工艺指令核对物料品名、规格、批号、数量、合格标签等,除去外皮,称重倒入洁净器内。

2 操作过程

2.1 按岗位工艺指令安装好规定孔径的筛网。

2.2 开机空载运转应正常,无异常噪声。

2.3 将洁净的盛料袋捆按于出料口,并放入接收的容器中。

2.4 加原辅料于筛盘中,打开电源开机生产。

2.5 筛分过程中注意加料速度必须均匀,一次加料不要太多,否则容易溅出并影响筛分效果。

2.6 筛分过程中,至少每隔 10 min 检查一次筛分物料的质量情况。

3 结束过程

3.1 工作完毕,关闭电源,松开锁紧装置,将料斗、筛网、密封圈及出料斗卸下。

3.2 按 XZS 旋涡振动筛分机清洁标准操作程序进行清洁,经 QA 检查合格后,挂上"已清洁"标志牌。

3.3 收集的尾料经 QA 检查确认后,置于中间站,并做好记录。

3.4 按 XZS 旋涡振动筛分机维护与保养标准操作程序保养振动筛。

(三)常用混合设备

1. 混合机制 实际生产中常采用搅拌、研磨和筛分等方法对固体物料进行混合。将固体颗粒置于混合器内混合时,会发生对流、剪切和扩散 3 种不同形式的运动,从而形成 3 种不同的混合方式。

(1)对流混合:若混合设备翻转或在搅拌器的搅动下,颗粒之间或较大的颗粒群之间将产生相对运动,而引起颗粒之间的混合,这种混合方式称为对流混合。对流混合的效率与混合设备的类型及操作方法有关。

(2)剪切混合:固体颗粒在混合器内运动时会产生一些滑动平面,从而在不同成分的界面间产生剪切作用,由此而产生的剪切力作用于颗粒交界面,可引起颗粒之间的混合,这种混合方式称为剪切混合。剪切混合时的剪切力还具有粉碎颗粒的作用。

(3)扩散混合:当固体颗粒在混合器内混合时,颗粒的紊乱运动会使相邻颗粒相互交换位置,从而产生局部混合,这种混合方式称为扩散混合。当颗粒形状、充填状态或流动速度不同时,即可发生扩散混合。

需要指出的是,上述混合方式往往不是以单一方式进行的,实际混合过程通常是上述 3 种方式共同作用的结果。但对于特定的混合设备和混合方法,可能只是以某种混合方式为主。此外,对于不同粒径的自由流动粉体,剪切和扩散混合过程中常伴随着分离,从而使混合效果下降。

2. 混合设备的类型 根据构造不同,混合设备可分为回转型、固定型、复合型;根据操作方式不同,混合设备可分为间歇式和连续式。由于间歇式混合设备容易控制混合质量,适用于固体物料的配比及种类经常改变的情况,故在制药工业中用得较多。

3. 常用混合设备

1)回转型混合机 主要特点是有一个可以转动的混合筒。工作时,由于混合筒的旋转,物料在筒内反复运动,从而达到混合均匀的目的。

(1)旋转型混合机:混合筒有多种形式,如图 9-12 所示,其中 V 形混合机应用最广泛。V 形混合机由两个圆筒呈 V 形交叉结合而成,物料在圆筒内旋转时,被反复分开和汇合,这样不断循环,在较短时间内即能将物料混合均匀。V 形混合机以对流混合为主,混合速度快,在旋转型混合机中效果最好。操作中最适宜转速可取临界转速的 30%～40%;最适宜充填量为 30%。

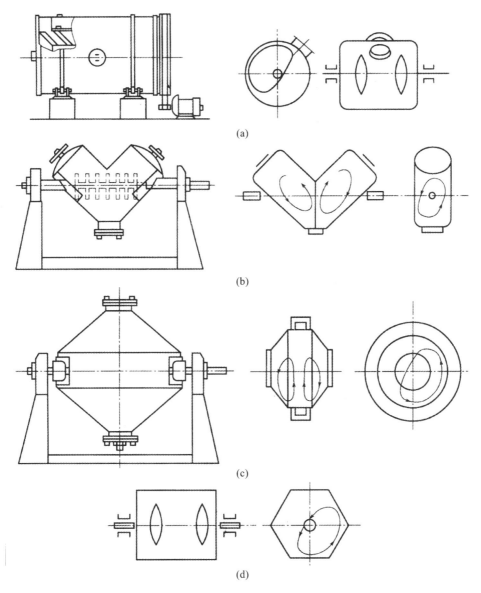

图 9-12 旋转型混合机形式示意图

(a)水平圆筒形混合机;(b)V 形混合机;(c)双圆锥形混合机;(d)水平六角形混合机

(2)三维运动混合机:由机座、传动系统、电机控制系统、多向运动机构及混合筒等部件组成,如图 9-13 所示。混合筒可做多方向运转的复合运动,物料无离心作用,也无比重偏析、分层、积聚等现象,即使是重量比悬殊的物料,混合率也可达 99.9% 以上;筒体装量率可达 80%,混合时间短,效率高;筒体各处均为圆弧过渡,易出料、不积料、易清洗。该机是目前较理想的混合设备,有各种不同规格,可供实验室和药品生产选用。

2)固定型混合机 指物料在容器内靠叶片、螺带或气流的搅拌作用进行混合的设备。

(1)槽型搅拌混合机:由混合槽、搅拌桨和驱动装置组成,如图 9-14 所示。搅拌桨可使物料不停地在上下、左右、内外各个方向搅动,从而达到均匀混合的目的。槽型搅拌混合机结构简单,操作维修方便,混合槽可以绕水平轴转动,便于卸料,但混合效率低,混合时间较长,如果粉体密度相差较大,密度大的粉体易沉积于底部,故仅适用于密度相近的物料混合,亦可用于造粒前的捏合(制软材)操作。

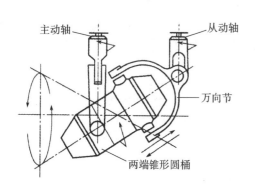

图 9-13 三维运动混合机示意图

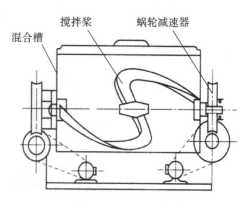

图 9-14 槽型搅拌混合机示意图

（2）锥形螺旋混合机：由锥形容器和内装的一至两个螺旋推进器组成。螺旋推进器的轴线与容器锥体的母线平行。螺旋推进器在容器内既有自转又有公转，自转的速度约为 100 r/min，公转的速度约为 5 r/min。在混合过程中，物料在螺旋推进器的作用下自底部上升，又在公转的作用下在全容器内产生旋涡和上下循环运动，如图 9-15 所示。此种混合机的特点如下：混合速度快，混合度高，即使混合量较大（充填量 60%～70%）也能均匀混合，混合所需动力消耗较其他混合机少；适用范围广，可用于干燥的、润湿的、黏性的固体粉粒的混合；从底部卸料，劳动强度低。

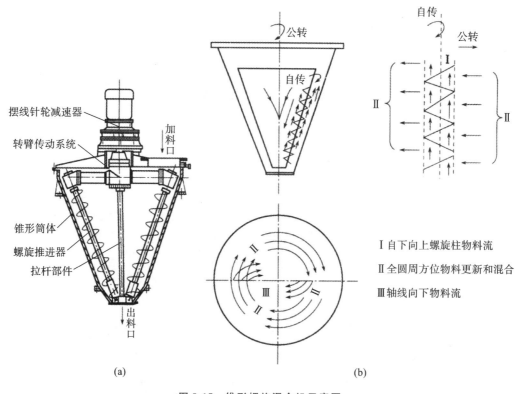

(a) (b)

图 9-15 锥形螺旋混合机示意图

(a)结构简图；(b)物料在混合机内翻动示意图

4. 混合设备的使用注意事项和维护

（1）应严格执行混合岗位操作法、混合设备操作规程，按要求设置旋转速度、混合时间等工艺参数。

（2）控制好充填量。为保证物料在容器内充分运动，至少留出与物料体积相同的空间。

（3）注意装料顺序与方式。各组分密度差及粒度差较大时，应先装密度小的或粒度大的物料，后装密度大的或粒度小的物料，并按由上向下放入的方式装料，这样混合效果较好。

(4)控制好操作间和粉体的湿度。粉体混合摩擦时产生表面电荷可阻碍粉体的混匀,严重时还可能引起粉尘静电爆炸事故,所以操作间的湿度应在40%以上。同时粉体含有少量水分可有效地防止离析。

(5)要定期向设备轴承加注润滑脂。

 案 例 分 析

案例 某药厂使用三维运动混合机对某批号胶囊剂颗粒进行总混时,设置混合时间为40 min,结果造成该批号胶囊剂的装量差异不合格。

分析 混合时间设置过长,使大量颗粒破碎成粉,流动性降低,导致胶囊填充量不均匀。

预防措施 使用混合设备时,应按具体要求设置混合时间。

三维运动混合机标准操作规程

目的:规范三维运动混合机的操作,指导工人生产。

范围:固体制剂车间。

责任:三维运动混合机操作人员。

内容:

1 开机操作

1.1 打开电源开关,电源指示灯亮;检查调速器旋钮应放至最小位置。

1.2 按下起动按钮,使三相异步电动机处在工作状态,然后调整旋钮使转速从低到高试运转。

1.3 装料和卸料时,操作人员应将起动电源切断(电源指示灯灭)。由一人操作,以防发生安全事故。

1.4 料筒和摇臂部分要进行三维空间运动,操作人员必须位于距离设备回转范围外的安全区域。

1.5 操作人员要定期检查和调整三角胶带和链条的松紧,每40 h定期在轴承和被动轴滑块处注入润滑脂和润滑油,链轮、链条处涂抹润滑油。

2 维修与保养

2.1 每次生产前对电气部分、自动控制部分进行一次检查使其处于正常运作状态。

2.2 每月对电气部分进行一次全面检修。

2.3 每年对整机进行一次大修。

六、粉碎、筛分与混合岗位职责

粉碎、筛分与混合是固体制剂生产均涉及的单元操作,也是其他制剂生产前必备的操作过程。在生产中三个单元操作常常在同一岗位完成。当生产用物料的粒度已达到适合生产的质量要求时,生产操作也可以从混合操作过程切入。其相互关系可用过程示意图表示(图9-16)。

可见本岗位的工作任务是根据生产指令的要求,从原辅料库领取规定的生产物料,送达指定区域后,运用粉碎、筛分及混合设备,将物料加工成均匀的粉末状混合体,并保证混合粉末的粒度及分布符合生产指令中的规定。混合后的粉末送到中间体站,等待进入下一生产过程。

1. 粉碎岗位职责 进岗前按规定着装,进岗后做好厂房、设备清洁卫生,并做好操作前的一切准备工作。根据生产指令按规定程序领取原辅料,核对所粉碎物料的品名、规格、产品批号、数量、生产企业名称、物理外观、检验合格证等。严格按照工艺规程及粉碎岗位标准操作规范进行原辅料的处理。生产完毕,按规定进行物料交接,并认真填写岗位记录及生产记录。工作期间,严禁串岗、脱岗,

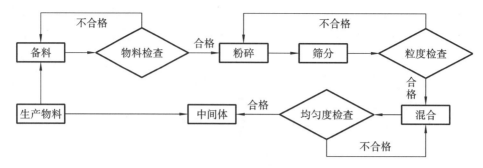

图 9-16 粉碎、筛分与混合过程示意图

不得做与本岗位无关的事。工作结束或更换品种时,严格按照本岗位清场标准操作规范进行清场,经 QA 检验合格后,挂标志牌。经常检查设备运转情况,注意设备保养,操作时发现故障及时上报。

2. 筛分岗位职责 进岗前按规定着装,进岗后做好厂房、设备清洁卫生,并做好操作前的一切准备工作。根据生产指令按规定程序领取原辅料,核对所筛分物料的品名、规格、产品批号、数量、生产企业名称、物理外观、检验合格证等。严格按照工艺规程及筛分岗位标准操作规范进行已粉碎物料的处理。按照工艺规程要求对需要进行筛分的物料选择合适目数的筛网,严格按照相关的标准操作规范进行操作。生产完毕,按规定进行物料交接,并认真填写岗位记录及生产记录。工作期间,严禁串岗、脱岗,不得做与本岗位无关的事。工作结束或更换品种时,严格按照本岗位清场标准操作规范进行清场,经 QA 检验合格后,挂标志牌。经常检查设备运转情况,注意设备保养,操作时发现故障及时上报。

3. 混合岗位职责 进岗前按规定着装,进岗后做好厂房、设备清洁卫生,并做好操作前的一切准备工作。根据生产指令按规定程序领取原辅料。严格按照工艺规程及混合岗位标准操作规范进行混合,控制好混合时间,使物料混合均匀一致。生产完毕,按规定进行物料衡算,偏差必须符合规定限度,否则,按偏差处理程序处理。按程序办理物料移交,并认真填写岗位记录及生产记录。工作期间,严禁串岗、脱岗,不得做与本岗位无关的事。工作结束或更换品种时,严格按照本岗位清场标准操作规范进行清场,经 QA 检验合格后,挂标志牌。经常检查设备运转情况,注意设备保养,操作时发现故障及时上报。

七、粉碎、筛分与混合质量控制要点

1. 粉碎工序 异物、粒度、含水量。

2. 筛分工序 粒度。

3. 混合工序 混合均匀度、混合时间。

知识链接

4. 常见质量问题及防治措施

(1)粒度不合格:适当的粒度有利于物料的均匀混合、制粒、压缩等加工操作。物料的使用目的不同,则物料的粉碎程度要求不同:一般固体制剂原料要求粉碎成 100 目粉末,外用的散剂要求将物料加工成 200 目粉末,其含量不少于 95%;待渗漉或浸渍的中药原料一般要求加工成粗粉;待煎煮的中药只需加工成饮片即可。操作时需要将粉碎后的粉末进行筛分,从而对粉碎工序的操作质量予以控制。除选择适宜规格的筛网外,对粉碎度的控制方法重点是将符合粒度要求的细粉及时分离出来。使用粉碎机时调整风速,是控制粉碎的途径之一。进风量大,风速快,则粉末收集袋内的粉末较粗,反之则较细。这种粉碎、筛分联合运作的操作在一般的粉碎机中都可以实现。没有达到粒度要求的物料粗粒需再返回粉碎机内进行粉碎,直到符合要求为止。

(2)粉碎过程中温度升高:粉碎过程是一种能量转换的过程,部分机械能可转变为光能及热能,故粉碎过程中可能出现温度升高的现象,严重时可能出现火花。温度升高存在以下事故隐患:①物料的成分在高温条件下发生变质;②温度升高使物料软化甚至液化而导致粉碎困难;③由于生产环境干燥,含尘量大,一旦产生火花,易引起火灾。因此,粉碎过程中对温度的控制不仅能保证产品质量,也是防止生产事故发生的重要途径。对不耐热的物料在粉碎机选型时可以选择附加降温设施的粉碎机。使用粉碎机时操作者应注意控制进料量,且需先空机启运,运转平稳后再加料,可避免由于设备负荷过大而导致的温度升高及设备损坏。净选药材,及时清除物料中的杂质,特别需要注意避免金属性杂质混入粉碎机内,这些是操作者必须执行的,也是有效防止温度升高、设备损坏的重要措施。粉碎操作中如发现设备温度过高、声音异常,应立即停机检查。

(3)过筛困难:表现为粉粒黏附于筛网使过筛速度减慢。其原因有粉末含水量过高、操作间相对湿度过大、粉末加料过快、粉末静电作用影响及粗粒过多等。可通过调节过筛间空气湿度、调节药筛运转速度、加入适宜辅料混合后过筛及选用不同规格筛网进行分次过筛等方法予以解决。

(4)均匀度不合格:均匀度包括粒度均匀和混合均匀两个含义。粒度均匀影响粉体性质,对粉体的再加工有重要影响,故在粉碎时需予以控制。混合均匀是保证各种成分分布的均匀性,从而避免影响含量均一性而成为医疗事故隐患的重要措施。粒度的均匀性通过控制粉碎度来实现。通常将粉末进行整粒,除去过粗和过细的"粉头"而达到目的。混合的均匀度需要操作者按均匀度检查法及时进行抽样检查来进行控制。保证混合时间也是控制均匀度的一种有效途径,但混合时间的控制不能替代混合过程中的抽样检查。均匀度通常是中间体质量控制的重点项目。均匀度检查合格是结束混合操作,进入下一工序的放行标志。在捏合与匀化操作过程中,均匀度也是重要的质量控制指标之一。在液体制剂的生产中,粗分散体系如乳剂、混悬液等,均设立了均匀度检查项目以控制成品的质量。

(5)混合物液化或变湿:干燥物料混合后变湿甚至液化的原因如下。混合组分中产生共熔,使物料变湿或液化;操作间湿度过大,物料引湿性较强,物料发生吸湿现象;物料中含结晶水或物料间发生相互作用产生水,使物料变湿。解决方法除控制操作间的相对湿度外,设计处方时加入适量的吸收剂也是较常用的方法。

八、粉碎、筛分与混合质检项目与方法

1.粉末粒度检查 粒度测定有筛分法和显微镜法两种。筛分法能够测定颗粒的分布,显微镜法能测定颗粒的大小。固体制剂生产中一般用筛分法控制制剂质量。显微镜法所测定的粒度为显微镜下观察到的颗粒的长度,用于测定药物制剂的颗粒大小或限度。故在成品质量检查或进行工艺研究及液体制剂、半固体制剂质量评价时应用显微镜法。

1)筛分法

(1)单筛分法:称取各药品项下规定的供试品,称定重量置规定号的药筛中,筛上加盖,筛下配有密合的接受容器。按水平方向旋转振摇至少3 min,并不时在垂直方向轻扣筛。取筛下的颗粒及粉末,称定重量,计算其所占比例(%)。

(2)双筛分法:取单剂量包装的5包(瓶)或多剂量包装的1包(瓶),称定重量,置该剂型或该药品规定的药筛中,保持水平状态过筛,左右移动,边筛边拍打3 min。取不能通过小号筛和能通过大号筛的颗粒及粉末,称定重量,计算其所占比例(%)。

2)显微镜法 取供试品,用力摇匀,黏度较大者可按该药品项下的规定加适量(1~2滴)甘油溶液稀释,照该剂型或该药品项下的规定,量取供试品,置载玻片上,覆以盖玻片,轻压使颗粒分布均匀,注意防止气泡混入。半固体可直接涂在载玻片上,立即在50~100倍显微镜下检视盖玻片全部视野,应无凝聚现象,并不得检出该药品项下规定的粒径50 μm及以上的颗粒。再在200~500倍的显微镜下检视该剂型或药品视野内的总颗粒数及规定粒数的数量,并计算其所占比例(%)。

显微镜目镜测微尺的标定:用以确定使用同一显微镜及特定的物镜、目镜和镜筒长度时,目镜测微尺上每一格所代表的长度。将镜台测微尺放于视野中央;取下目镜,旋下接目镜的目镜盖,将目镜测微尺放入目镜筒中部的光栏上(正面向上),旋上目镜盖后反置镜筒上。此时在视野中可同时观察到镜台测微尺的像及目镜测微尺的分度小格,移动镜台测微尺并旋转目镜,使两种量尺的刻度平行。令左边的"0"刻度重合,寻找第二条重合刻度,记录两条刻度的读数,并根据比值计算出目镜测微尺每小格在该物镜条件下所相当的长度,由于镜台测微尺每格相当于10 μm,故目镜测微尺每小格的长度为:10×相重合区间镜台测微尺的格数÷相重合区间目镜测微尺的格数。

2.均匀度检查 均匀的含义包括含量的一致性、颗粒大小的一致性及色泽的一致性。在制剂质

量检验中分别用含量均匀度、粒度分布及外观均匀度等指标予以控制。粒度分布用粒度检查法进行检查。外观均匀度检查的操作方法:取供试品适量,置光滑纸上,平铺约 5 cm²,将其表面压平,于亮处观察,应呈现均匀的色泽,无花纹与色斑为合格。生产过程中该项目检查合格可作为停止混合操作的指令。

粉碎、筛分与混合标准操作规程

粉碎岗位标准操作规程

文件编号		页码	共 页 第 页
文件名称	粉碎工序标准操作规程	版次	01
制定人		制定日期	
审核人		审核日期	
批准人		批准日期	
颁发部门	质管部	颁发日期	
执行部门	生产部	生效日期	
分发部门		取代	

目的:建立粉碎工序标准操作规程,避免出现差错及事故,保证产品质量。

范围:本规程适用于各品种的粉碎操作。

职责:操作者、工段长、生产督导员、QA 对本规程的实施负责。

程序:

1 生产前准备

1.1 检查设备及容器是否清洁,是否在规定的有效期内。

1.2 检查设备、工器具,不得有零部件松动、螺丝缺失等现象。

1.3 检查粉碎机外露线路,应绝缘良好。

1.4 给粉碎机的注油孔加黄油,进行机器润滑(每 10~15 天)。用手旋转主轴时主轴应活动自如,无卡滞现象。

1.5 用丝光毛巾蘸 75%乙醇溶液擦拭机身内外,顺序为由内至外,由上至下。

1.6 检查筛底是否是工艺规程规定的目数(具体品种粉碎时使用的筛底的目数执行具体品种的工艺规程的规定)、是否完好,用丝光毛巾蘸 75%乙醇溶液擦拭消毒,自然晾干。

1.7 生产现场由 QA 检查,合格后由 QA 签发"准生产证",更换房间状态标志牌,方可生产。

2 粉碎前准备工作

2.1 安装筛底,要逆刀口上,然后紧固机器盖,加料口上面安装排铁器。

2.2 将洁净捕集袋开口一端牢固捆扎在粉碎机出料口处,关闭粉碎机的粉碎室门,同时安装除尘袋。

2.3 打开主电源开关,开机空车运转,检查各部件配合情况,检查除尘器是否正常,无异常声响及异常情况后方可使用。

2.4 到原辅料贮存室领取待粉碎的原辅料,执行原辅料及内包装材料领发标准操作规程,或到中转室领取待粉碎的物料,执行中间站管理规程。

2.5 检查原辅料或待粉碎的半成品的品名、编号、批号、规格、重量是否准确,用运输车将待粉碎的物料运至操作间,定置摆放。

2.6 将"运行中"标志牌挂于机器醒目位置,准备开机。

3 粉碎

3.1 开启粉碎机的同时打开除尘器开关,待机器转速正常后将待粉碎物料缓慢均匀地加入投料斗中,并且观察有无异物进入,粉碎过程中如果物料有结块现象,要随时调节加料阀,注意机器运转时手不得伸入投料口内,绝不能打开机盖。

3.2 粉碎过程中,严禁负荷启动及超负荷运转,物料按种类分别粉碎,同时检查物料有无异常情况,发现异常及时上报工段长、生产督导员或 QA。

3.3 粉碎过程中,要控制一次粉碎量,防止物料倒流。若捕集袋满,停止加料,待料口无料后,设备空车运转 30 s,保证完全清除粉碎机中的物料后关闭粉碎机,30 s 后关闭除尘器,打开粉碎室门,解下捕集袋,将粉碎后的物料倒入容器内。

4 粉碎后操作

4.1 将装入容器内的物料称重。

4.2 按记录填写标准操作规程填写相关记录及标志牌,标志牌一式两份,容器内、外壁各放一份,将容器盖盖好后,定置摆放。

4.3 生产督导员、QA 对操作过程进行监督检查。

4.4 生产结束后执行生产区清场操作管理规程。

筛分岗位标准操作规程

文件编号			页码		共 页 第 页
文件名称	筛分工序标准操作规程		版次		01
制定人			制定日期		
审核人			审核日期		
批准人			批准日期		
颁发部门	质管部		颁发日期		
执行部门	生产部		生效日期		
分发部门			取代		

目的:建立筛分工序标准操作规程,避免出现差错及事故,保证产品质量。

范围:本规程适用于各品种的筛分操作。

职责:操作者、工段长、生产督导员、QA 对本规程的实施负责。

程序:

1 生产前准备

1.1 检查设备及容器是否清洁,是否在规定的有效期内。

1.2 生产现场由 QA 检查,取得"准生产证",更换房间状态标志牌,方可生产。

1.3 操作者依据生产投料记录核对各物料的品名、编号、批号、重量是否准确。

1.4 检查不锈钢筛网、橡胶垫圈、排铁器、撮子是否完好,筛网目数是否准确,无误后用 75%乙醇溶液擦拭消毒,自然晾干备用。

1.5 检查机器各紧固件,不得有松动现象。

1.6 检查机器电器部分,各连接处应紧固,不得松动、破损、漏电。

1.7 检查机器的 4 个轮子是否平稳着地。

1.8 用 75%乙醇溶液擦拭机器内外进行消毒,顺序为由内至外,由上至下,自然晾干后备用。

2　筛分前准备工作

2.1　将机器各部件组装完整,先安装出料口的底盘,然后根据不同品种的工艺要求安装筛网,再上筛网胶圈,接着安装机器进料的顶盖,最后将四个压脚均匀压紧,安装完毕。

2.2　取两个大塑料袋,其中一个大塑料袋将其底部通开,使其一端牢固捆扎在旋振筛出料口上,另一端放在装有大塑料袋的洁净容器内;另一个大塑料袋将出渣口封死,以免漏出原辅料。

2.3　将设备状态标志牌上的"已清洁"换成"运行中",准备开机。

2.4　将四相插头插入墙体的电源处,打开主电源开关,空车运转,仔细检查各部件配合情况,无异常后方可使用。

2.5　用运输车将需筛分的物料运至操作间,定置摆放。

3　筛分

3.1　开机,机器先运转1 min后填料筛分,严禁负荷启动及超负荷运转。物料按种类分别进行筛分。

3.2　停机前设备应空车运转30 s,以保证完全清除旋振筛内的剩余物料。

4　手工圆底筛筛分

4.1　检查筛网有无破损,目数是否准确。用75％乙醇溶液擦拭,自然晾干。

4.2　用运输车将需筛分的物料运至操作间,定置摆放。

4.3　在洁净的容器内放入一塑料袋,将相应目数的圆底筛卡在容器内,将要筛分的物料填入圆底筛内,戴上乳胶手套进行手工筛分。物料按种类分别筛分。

4.4　筛分过程中随时检查物料的色泽、有无杂质及筛网磨损与破裂情况,发现问题要及时查找原因并及时解决。

5　筛分后操作

5.1　将装入容器内的物料称重。

5.2　按记录填写标准操作规程填写相关记录及标志牌。标志牌一式两份,容器内、外壁各放一份。将容器盖盖好后,定置摆放。

5.3　具体品种使用筛分的方法及筛目的选择见相应品种的工艺规程。

5.4　生产督导员、QA对操作过程监督检查。

5.5　生产结束后执行生产区清场操作管理规程。

混合岗位标准操作规程

文件编号		页码	共　页　第　页
文件名称	混合工序标准操作规程	版次	01
制定人		制定日期	
审核人		审核日期	
批准人		批准日期	
颁发部门	质管部	颁发日期	
执行部门	生产部	生效日期	
分发部门		取代	

目的:建立混合工序标准操作规程,避免出现差错及事故,保证产品质量。

范围:本规程适用于各品种的混合操作。

职责:操作者、工段长、生产督导员、QA对本规程的实施负责。

程序：

1 操作方法

1.1 检查工房、设备及容器的清洁状况，检查清场合格证及有效期，取下标志牌，按标志管理规定进行定置管理。

1.2 按生产指令填写工作状态，挂生产状态标志牌于指定位置。

1.3 将需要用到的设备、工具和容器用 75% 的乙醇擦拭消毒。

1.4 将粉碎、筛分后的颗粒，加入三维混合机内，按工艺要求加入辅料，设定混合时间，关闭混合机，按三维混合机标准操作规程进行混合。

1.5 将处理好的原料或辅料分别装于内有洁净塑料袋的洁净容器中，桶内外各附产物标签一张，标明品名、规格、批号、数量、日期和操作者等，送入暂存间存放。

1.6 生产完毕，填写生产记录。取下标志牌，挂清场牌，按清场标准操作程序、振荡筛清洁标准操作程序、生产用容器具清洁标准操作程序进行清场、清洁，清场完毕，填写清场记录。QA 检查，合格后，发清场合格证，挂已清场牌。

2 注意事项

2.1 无关人员不得随意动用各设备。

2.2 机器各部防护罩打开时不得开机。

2.3 每次开机前，必须对机器周围人员声明"开机"。

2.4 开机前必须将机器各部位清洗干净，任何杂物、工具不得放在机器上，以免振动掉下，损坏机器。

2.5 发现机器有故障或产品有质量问题，必须停机处理，不得在运转过程中排除各类故障。

3 记录

操作完工后填写原始记录、批记录。

生产记录

原辅料领料单

编号：   领料日期：   年   月   日

领料部门				发料单位	
品名				规格	
批号				批量	
代码	物料名	规格	单位	数量/kg	
				请领	实领
发料人	领料单位负责人		领料人		制单员

物料称量记录

品名		批号		规格		数量/kg	
供货单位				进库日期			

称量记录

序号	称量日期	称量数量	称量人	复核人	备注

粉碎岗位生产记录

文件编号：

品名：		规格：		生产批号：		生产量：
设备名称：		粉碎机号：		筛网目数：		执行标准：
生产日期：		操作人：				复核人：

名称	领用量	出粉量	尾料量	损耗量	收得率	物料平衡	开、关机时间

生产前操作	1.按规定更衣、洗手	☐
	2.操作间清场合格，有"清场合格证"并在有效期内	☐
	3.所有设备清洁完好	☐
	4.所有容器具已清洁	☐
	5.物料有物料卡	☐
	6.挂"正在生产"状态牌	☐
	7.洁净级别_____级	
	8.室内温度 18～26 ℃，相对湿度 45%～65%	
	温度：_____℃，相对湿度：_____%	
	9.通风、除尘、排湿设施完好	☐

续表

生产操作	1.按粉碎设备标准操作规程进行操作 ☐ 2.将物料粉碎,控制加料速度,粉碎后的细粉装入衬有洁净塑料袋的周转桶内,扎好袋口,填好"物料卡",称量后交中间站管理员 ☐ 3.将所剩尾料收集,标明状态,交中间站 ☐
清场	1.按清场程序和设备清洁规程清理工作现场、工具、容器具 ☐ 2.撤掉运行状态标志,挂清场合格标志 ☐
质量	性状: 水分:_____% 粒度:_____目 微生物限度:_____ 结论:合格☐ 不合格☐ 质检员: 日期: 年 月 日
物料平衡	物料平衡=(出粉量+尾料量+可见损耗量)/领用量×100% 物料平衡范围:_____%
偏差处理	1.偏差情况: 有☐ 无☐ 2.偏差处理: QA签名:
入库	数量_____kg,共_____件 移交人: 接收人: 日期: 年 月 日
备注	

说明:合格、符合打"√",不合格、不符合打"×"。

筛分岗位生产记录

文件编号:

品名:	规格:	生产批号:	生产量:
设备名称:	筛分机号:	筛网目数:	执行标准:
生产日期:	操作人:		复核人:

筛分前物料重量 /kg	筛分后物料重量 /kg	损耗量 /kg	收得率 /(%)	物料平衡 /(%)	开、关机 时间

生产前操作	1.按规定更衣、洗手 ☐ 2.操作间清场合格,有"清场合格证"并在有效期内 ☐ 3.所有设备清洁完好 ☐ 4.所有容器具已清洁 ☐ 5.物料有物料卡 ☐ 6.挂"正在生产"状态牌 ☐ 7.洁净级别_____级 8.室内温度18～26 ℃,相对湿度45%～65% 温度:_____℃,相对湿度:_____% 9.通风、除尘、排湿设施完好 ☐
生产操作	1.按照筛分设备标准操作规程进行操作 ☐ 2.控制加料速度,筛分后的细粉装入衬有洁净塑料袋的周转桶内,扎好袋口,填好"物料卡"备用 ☐ 3.将所剩尾料收集,标明状态,交中间站 ☐
清场	1.按清场程序和设备清洁规程清理工作现场、工具、容器具 ☐ 2.撤掉运行状态标志,挂清场合格标志 ☐

续表

物料平衡	物料平衡＝(细粉量＋粗粉量)/领用量×100% 物料平衡范围：_____%
偏差处理	1.偏差情况：　有□　无□ 2.偏差处理：　　　　　　　　　　　　　　　QA签名：
入库	数量_____kg,共_____件 移交人：　　　　接收人：　　　　　　日期：　年　月　日
备注	

说明:合格、符合打"√",不合格、不符合打"×"。

混合岗位生产记录

文件编号：

品名：		规格：	生产批号：	生产量：
设备名称：		混合机号：		执行标准：
生产日期：		操作人：		复核人：
生产前操作	1.按规定更衣、洗手			□
	2.操作间清场合格,有"清场合格证"并在有效期内			□
	3.所有设备清洁完好			□
	4.所有容器具已清洁			□
	5.物料有物料卡			□
	6.挂"正在生产"状态牌			□
	7.洁净级别_____级			
	8.室内温度18 ℃～26 ℃,相对湿度45%～65% 温度：_____℃,相对湿度：_____%			
	9.通风、除尘、排湿设施完好			□
生产操作	1.按照混合设备标准操作规程进行操作			□
	2.将混合后的物料装入衬有洁净塑料袋的周转桶内,扎好袋口,填好"物料卡"备用			□
	3.设备运行情况完好			□
清场	1.按清场程序和设备清洁规程清理工作现场、工具、容器具			□
	2.撤掉运行状态标志,挂清场合格标志			□
物料	品名		重量/kg	
偏差处理	1.偏差情况：　有□　无□ 2.偏差处理：　　　　　　　　　　　QA签名：			
入库	数量_____kg,共_____件 移交人：　　　接收人：　　　　　日期：　年　月　日			
备注				

说明:合格、符合打"√",不合格、不符合打"×"。

任务二 干 燥

干燥是利用热能使物料中的湿分(水分或其他溶剂)汽化,并利用气流或真空带走汽化湿分而获得干燥产品的操作。在药物制剂生产过程中,经常会遇到各种湿物料,如新鲜药材、中药饮片、药用原料与辅料、半成品和成品,不便于运输、贮存、加工和使用。因此必须对其进行干燥处理。干燥的目的是除去湿物料中的水分或溶剂,提高稳定性,使物料具有一定的规格标准,以便于贮存、运输、加工和使用。故干燥操作是制药工业生产中一项基本的单元操作。本任务主要介绍湿颗粒的干燥。

一、概念

1. 湿分 物料中所含水分或其他溶剂称为湿分。

除去湿分的方法有如下几种。

(1)机械除湿法:采用压榨、过滤、离心分离、沉降等机械方法除去物料中的湿分。这种方法除湿快而且费用低,但处理后的物料仍含有较高的湿分,故除湿程度不高。

(2)化学除湿法:采用吸附剂如硅胶、无水氯化钙、生石灰与物料并存于密闭容器中,吸附除去湿分。这种方法只能除去物料中的少量湿分,且费用高。

(3)加热或冷冻干燥法:采用热能或冷冻使物料中湿分蒸发或冻结后升华而除去。这种方法除湿程度高,在药物制剂生产中常用,但费用高。

2. 干燥 凡是借助加热使物料中湿分蒸发或借助冷冻使物料中的湿分蒸发或者冻结后升华而被除去的操作,称为干燥。

干燥操作在药物制剂如胶囊剂、片剂、浸膏剂、颗粒剂的生产中应用十分广泛。如克咳胶囊生产工艺规程中存在两次干燥操作,分别是在物料前处理和湿法制粒工序。

二、基本理论

1. 干燥原理 在干燥过程中,物料与热空气接触时,热空气将热量传至物料——传热过程;物料得到热量后,物料中的水分不断汽化,并向空气中移动——传质过程。因此物料的干燥是热量的传递和质量的传递同时进行的过程,两者缺一不可,见图 9-17。

传热的推动力是温差($t-t_w$);

传质的推动力是水蒸气分压差(P_w-P);

$P_w-P>0$,干燥过程得以进行的必要条件;

$P_w-P=0$,干燥介质与物料中水蒸气达到平衡,不能干燥;

$P_w-P<0$,物料不仅不能干燥,反而吸潮。

总之,当热空气不断地把热量传递给湿物料时,湿物料的水分不断地汽化,并扩散至热空气主体中由热空气带走,而物料内部的湿分又源源不断地以液态或气态扩散到物料表面,这样物料中的湿分不断减少而干燥。因此,干燥过程应是水分从物料内部向物料表面,再向气相主体扩散的过程。物料的干燥速率与空气的性质、物料内部水分的性质有关。

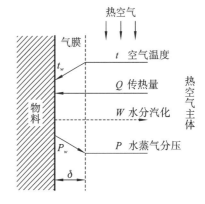

图 9-17 热空气与物料间的传热与传质

2. 湿空气的性质 我们周围的空气是干空气和水蒸气的混合物,称为湿空气。能用于干燥的湿空气必须是不饱和空气,从而继续容纳水分。在干燥过程中,采用热空气作为干燥介质不仅是为了提供水分汽化所需的热量,而且是为了降低空气的相对湿度以提高空气的吸湿能力。空气的性质对物料的干燥影响很大,而且随着干燥过程的进行不断发生变化。空气常用的性质的表示方法有以下两种。

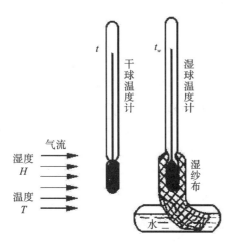

图 9-18 干、湿球温度示意图

（1）干球温度与湿球温度：①干球温度（dry bulb temperature）指用普通温度计在湿空气中直接测得的温度，常用 t 表示。②湿球温度（wet bulb temperature）指在温度计的感温球表面包上湿纱布放在湿空气中，当传热和传质达到平衡时所测得的温度，常用 t_w 表示（图 9-18）。湿球温度与空气状态有关，空气达到饱和时，湿球温度与干球温度相等；空气未饱和时，湿球温度低于干球温度；空气湿度越小，湿球温度与干球温度的差值越大。

（2）相对湿度（relative humidity，RH）：在一定总压及温度下，湿空气中水蒸气分压 p 与饱和空气中水蒸气分压 p_s 之比的百分数。

$$RH = \frac{p}{p_s} \times 100\%$$

饱和空气的 RH＝100％；未饱和空气的 RH＜100％；绝干空气的 RH＝0％。

因此相对湿度直接反映空气中湿度的饱和程度，为了达到有效的干燥目的必须选用适宜的空气和干燥方法。空气的性质还有很多表示方法，如湿比热、比热容等。

3. 物料中水分的性质

1）平衡水分与自由水分　根据物料中所含水分能否被干燥除去来划分。

（1）平衡水分（equilibrium water）：在一定空气状态下，当物料表面产生的水蒸气压与空气中水蒸气分压相等时，物料中所含的水分。平衡水分是干燥不能除去的水分。

（2）自由水分（free water）：物料中所含大于平衡水分的那一部分水分，或称游离水分，即在干燥过程中能除去的水分。

平衡水分与物料的种类、空气的状态有关，随空气相对湿度的增加而增加。为避免物料吸潮或失水，必须对室内的空气条件、贮存条件及产品的包装材料进行严格的选择。

2）结合水分与非结合水分　根据干燥的难易程度来划分。

（1）结合水分（bound water）：以物理、化学方式结合的水分，与物料有较强的结合力，因此物料表面产生的水蒸气压低于同温度下纯水的饱和水蒸气压，干燥速度缓慢。结合水分包括植物细胞壁与动物细胞膜内的水分、物料内毛细管中水分、可溶性固体溶液中的水分等。结合水分与物料性质有关。

（2）非结合水分（unbound water）：以机械方式结合的水分，与物料的结合力很弱，物料表面产生的水蒸气压等于同温度下纯水的饱和水蒸气压，干燥速度较快。

干燥的目的并不是将物料的含水量控制得越低越好，而应根据被干燥物料的性质、工艺要求、实际生产条件等，采用相应的干燥方法、干燥设备，适当地控制干燥程度和含水量。含水量的测定方法见《中国药典》（2020 年版）四部通则 0832。

4. 影响干燥的因素

（1）物料的性质：会影响湿物料中水分的存在形式、干燥过程中水分蒸发面积的大小，从而影响干燥的速度与干燥的质量。物料中的水有结合水分和非结合水分。有结合水分的物料称吸水性物料，这类物料中的结合水分较难除去。仅含有非结合水分的物料称为非吸水性物料。

干燥过程中如干燥速度过快，使结合水分不能及时、有效地转化为非结合水分，会产生物料表面干燥"结壳"现象，此时物料表面干燥而内部仍含有较多水分，贮存时内部水分渗透至表面将使物料重新变湿而影响干燥的质量。

（2）干燥介质的性质。

①温度：干燥介质的温度越高，其与湿物料间温度差越大，传热速度越快，干燥速度越快。但应在制剂有效成分不被破坏的前提下提高干燥温度。

②湿度:干燥介质的相对湿度越低,湿度差越大,干燥速度越快。在干燥过程中,采用热空气作为干燥介质不仅可提供水分汽化所需的热量,还可降低空气的相对湿度,加快干燥速度。

③压力:压力与蒸发速度成反比,减压能降低湿分的沸点,使湿分在较低的温度下汽化,同时又避免物料中不耐热的成分受热破坏。因此减压是加快干燥速度的有效手段之一。

(3)技术与设备:运用干燥的原理开发的各种干燥设备,不同设备具有不同的性能特点,对干燥的速度及干燥的质量均产生不同的影响。物料的温度及水分蒸发面积是影响干燥速度的重要因素。抽真空可以降低水的沸点,使水分在较低的温度下完成传质过程,同时又能避免物料中不耐热的成分受热破坏。必要时冷冻物料,使水分在低温下升华除去而得到干燥物料的办法对极不耐热的生物药品的生产尤为重要。向物料中通入空气,物料悬浮于空气中,使水分蒸发的面积加大,同时大部分毛细管水转化为表面水,是流化干燥的基本原理。这些工艺条件的设计均与设备的性能有关,体现了不同干燥设备的技术水平。

(4)操作过程:操作人员的工作质量对干燥物料的质量有直接影响。干燥过程中的传质过程不仅是物料与介质间水分的传递,同时包括物料中的成分与介质中的成分相互交换,如物料中的挥发性成分挥发到介质中而导致物料有效成分的损失,或介质中的杂质污染物料等。质量保证通常在工艺验证时予以确定,需操作人员在干燥作业的过程中予以控制。

三、生产要素

(一)生产环境

生产环境应保持整洁,门窗玻璃、墙面和顶棚应洁净完好;设备、管道、管线排列整齐并包扎光洁,无跑、冒、滴、漏现象发生,且符合相关清洁要求。检查确认生产现场无残留物料。环境温度应控制在18~26 ℃。环境相对湿度为45%~65%。环境灯光不能低于300 lx,灯罩应密封完好。电源应在操作间外并有相应的保护措施,确保安全生产。干燥间相对洁净,走道有12 Pa的负压。

(二)物料

除制剂处方的原料、辅料外,一般需要进行干燥操作的物料都是中间体,如湿法制粒工序生产的待填充的颗粒。

(三)人员

干燥岗位操作人员又称干燥工,在胶囊剂生产过程中,如无特殊要求,常与制粒岗位(湿法制粒)操作人员为一个班组。

四、干燥岗位常用生产设备

(一)干燥设备类型

干燥设备的类型很多,其分类方法亦有多种。按操作压力可分为常压型干燥设备和真空型干燥设备;按操作方式分为连续式干燥设备和间歇式干燥设备;按被干燥物料的形态分为块状物料干燥设备、粒状物料干燥设备、液体干燥设备和浆状物料干燥设备;按热量的传递方式分为对流加热型干燥设备(如洞道式干燥器、转筒干燥器、气流干燥器、流化床干燥器、喷雾干燥器)、传导加热型干燥设备(如滚筒式干燥器、耙式干燥器)、辐射加热型干燥设备(如红外线干燥器)和介电加热型干燥设备(如微波干燥器)。

(二)干燥设备的要求与选用

1. 干燥设备的要求 在药物制剂生产过程中,根据剂型和生产工艺的不同,对干燥设备的要求也各有不同。一般对干燥设备的基本要求如下。

(1)必须满足干燥产品的质量要求,如达到工艺要求的干燥程度,不影响产品外观性状及使用价值等。

(2)干燥速度快,以缩短干燥时间,提高设备的生产能力。

(3)干燥设备应热效率高,因为热量的利用率是一个重要的技术经济指标。

(4)干燥设备结构应力求简单、体积小,便于制造,制造的材料应能耐腐蚀,设备投入费用低。

(5)对环境污染小,易于劳动保护及操作。

(6)操作简单、安全、可靠,对于易燃、易爆、有毒物料的干燥,要求采取特殊的技术措施。

2. 干燥设备的选用 干燥设备的类型很多,其选用是干燥技术领域极为复杂的问题之一,必须在熟悉干燥器结构形式、操作方式及干燥条件的基础上,根据被干燥物料的具体要求进行选择:①物料的性质,包括物料的物理化学性质(如热敏性)、物料的状态(如溶液、浆状、膏糊状、颗粒状、块状、片状等)、物料的干燥特性(如干燥温度、湿度、压力、时间以及水分的存在状态等)。②产品的质量要求,包括产品的均匀性、稳定性与防止产品的污染。③生产方式,如干燥前后工艺为连续操作时,应选择连续式干燥设备;当干燥前后工艺为不连续操作时,则选择间歇式干燥设备。④环境保护,防止粉尘、溶剂、水汽等污染,降低噪声等。⑤节约能源,降低操作成本。

(三)常用干燥设备

1. 厢式干燥器 小型的称为烘箱,大型的称为烘房。此类干燥器整体呈厢型,外壁包以绝热层,厢内支架上放有许多长方形的料盘,将物料置于盘中,堆放厚度 10～100 mm,热空气由厢体入口送入,流过盘间物料层表面,对物料进行加热干燥。热空气的流动方式分为水平气流式和穿流气流式。

厢式干燥器一般为间歇式,也有连续式。将物料放在可移动的小车上或直接铺在移动的传送网上。设备见图9-19。

图9-19 厢式干燥器

优点:对物料适应性强,同一设备可干燥多种物料;每批物料可以单独处理,温度便于控制;物料破损少,粉尘少;适用于小规模、多品种、干燥条件变动大的场合。

缺点:热效率较低,干燥时间长;产品质量不均匀。因此随着干燥技术的发展将逐渐被新型干燥设备取代。

适用于易碎物料,胶黏性、可塑性物料,颗粒状、膏状物料。

(1)水平气流厢式干燥器:系热空气进入厢体,沿物料层表面并流平行通过,加热物料并进行干燥。其结构如图9-20所示。

(2)穿流气流厢式干燥器:如图9-21所示,其料盘底部为金属筛网或多孔板,可供热风均匀地穿流通过料层,此种干燥器克服了水平气流厢式干燥器的热风只在物料表面流过、传热系数较低的缺点,提高了传热效率,但能量消耗较大。

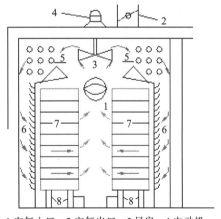

1.空气入口;2.空气出口;3.风扇;4.电动机;
5.加热器;6.挡板;7.盘架;8.移动轮

图9-20 水平气流厢式干燥器

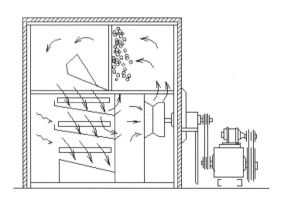

图9-21 穿流气流厢式干燥器

(3)真空厢式干燥器:将被干燥物料置于密封干燥器内,操作时用真空泵抽走由物料中蒸出的湿分或其他蒸气。其优点是干燥的温度低、速度快,干燥后物料疏松易于粉碎,质量高。适用于热敏性、易氧化的物料,如生物制品等。其结构见图9-22。

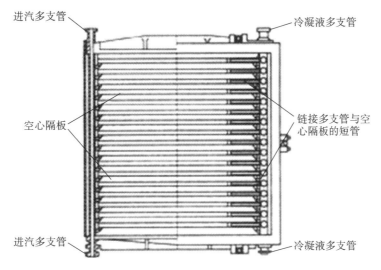

图 9-22 真空厢式干燥器

2.带式干燥器 最常用的连续式干燥设备。其内部装置传送带,多为筛网状或多孔状,气流与物料成错流,被干燥的物料随传送带的移动与热空气接触而被干燥。通常在物料的运动方向上分成许多个独立的单元段。每个单元段都装有循环风机和加热装置。在不同的单元段上,气流方向、气体温度、湿度和速度等参数可进行独立控制。

带式干燥器结构简单,安装方便,能长期运行,发生事故时可进行箱体内检修,维修方便。但其占地面积大,运行时噪声较大。设备见图9-23。

图 9-23 带式干燥器

(1)单级带式干燥器:见图9-24。物料由加料装置均匀分布到传送带上。外部空气经过滤器后由循环风机抽入,在被加热器加热后经分布板由传送带下部垂直上吹,流过干燥物料层,物料中水分汽化,空气增湿,温度降低。部分湿空气排出箱体,另一部分则与新鲜空气混合,经加热器加热到所需温度后由上部垂直向下穿过物料层,干燥后的产品则由出料口排出。带式干燥器特别适用于颗粒状、片状和纤维状物料的干燥,对于那些不具有上述形状物料的干燥,例如膏糊状物料,一般都要经过特殊设备预成型。

(2)多层带式干燥器:干燥室内设有多层传送带,层数可达15层,最常用3～5层。干燥室是一个不隔成独立控制单元段的加热箱体。物料送至干燥室内后,在移动过程中从上一层自由洒落于下一层的带面上,如此反复运动,通过整个干燥器的带层,直至最后到达干燥器的底层,由出料口排出获得干物料。

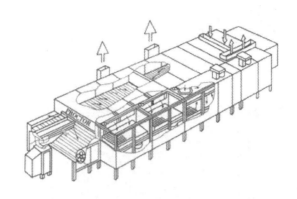

图 9-24　单级带式干燥器操作原理示意图

3. 喷雾干燥器　用喷雾的方法将物料喷成雾滴分散在热空气中,物料与热气流(空气、氮气或热水蒸气)以并流、逆流或混流的方式互相接触,使水分迅速蒸发,达到干燥目的。通常用于处理流体物料,如溶液、乳浊液、混悬液或膏状液等。其主要由干燥塔、雾化器、空气加热器和空气输送器、供料器、旋风分离器等组成。料液由泵输送至雾化器,雾化后的雾滴与热气流在干燥塔中接触,最后由旋风分离器在底部获得干燥产品。

优点:物料停留时间短,适用于热敏性物料;所得产品为空心颗粒,操作稳定;能连续、自动化生产;由料液直接获得粉末产品,省去了蒸发、结晶、分离和粉碎操作。

缺点:传热系数低;设备体积庞大;操作弹性较小;热利用率低,能耗大。

雾化器的类型:离心雾化器(圆周速度 90～160 m/s)、压力雾化器、气流雾化器(压缩空气或蒸汽速度≥300 m/s),典型的流程如图 9-25 所示。

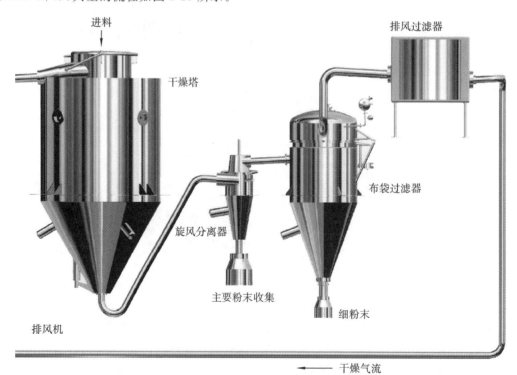

图 9-25　喷雾干燥流程

4. 流化床干燥器　流化床干燥器又称沸腾床干燥器。操作时,散粒状固体物料由加料器加入流化床干燥器中,过滤后的洁净空气加热后由鼓风机送入流化床底部,经分布板与固体物料接触,使颗粒悬浮并上下翻动,犹如“沸腾”一样。物料干燥后由出料口排出,废气由沸腾床顶部排出,经旋风除尘器组和布袋除尘器回收固体粉料后排空。

基本结构:物料输送系统、热空气供给系统、干燥室、空气分布板、旋风除尘器和卸料系统。

(1)单层立式流化床干燥器(图9-26):可以进行连续式和间歇式干燥操作。由于单层流化床可能引起物料的返混合滞留,颗粒在干燥器内停留的时间不均匀,部分颗粒未干燥就离开干燥器,而另一部分颗粒因停留时间过长产生干燥过度的现象。为了保证物料能均匀地进行干燥、操作稳定可靠,可采用卧式多室流化床干燥器。

图9-26 单层立式流化床干燥器示意图

优点:体积传热系数大,传热良好,干燥速度快。颗粒停留的时间比在气流干燥器内停留的时间长,且颗粒在干燥器内停留的时间可任意调节。没有高速转动部件,结构简单,造价低廉,维修费用低。密闭性能好,物料不接触传动机械,不会有杂质混入。

缺点:对被干燥物料的含水量、形状和粒径有一定限制。一般要求被干燥物料粒径范围在0.3~6 mm;粉料含水量2%~5%,湿颗粒含水量10%~15%;易结块和含水量高的物料干燥时易发生堵塞和黏壁现象。

(2)卧式多室流化床干燥器:与单层立式流化床干燥器相比,卧式多室流化床干燥器在停留时间上更均匀,因此实际需要的停留时间更短。热利用率高,干燥均匀,产品质量易于控制。其隔板可固定,也可上下移动,以调节其与筛板的间距,使物料能逐室通过,到达出料口。热空气分别通过各室,因此各室的热空气温度、湿度和流量均可以调节。如第一室中由于物料较湿,热空气流量可调高;最后一室可通入低温空气,冷却产品。每一室相当于一个流化床。

干燥岗位生产设备标准操作规程

沸腾干燥机标准操作规程

目的:规范沸腾干燥机标准操作。

范围:干燥岗位。

责任:本岗位操作人员。

程序:

1 开机前准备

1.1 检查设备部件紧固件是否有松动,保证无异常现象。

1.2 定期更换空气过滤器的滤布,保证气流的畅通,确保干燥效果。

1.3 经常检查布袋的完好程度,定期清理或更换布袋。

1.4 检查系统的密封效果,发现问题及时解决。

2 开机

2.1 开启总电源,观察仪表是否正常,检查电磁阀是否正常工作。

2.2 打开电源开关加热,待混合室温度达到预定温度时加料。

2.3 开启引风机,调节风阀,使床内物料达到最佳沸腾状态。

2.4 调节热开关,保证混合室温度在规定范围内,待被干燥物料满足干燥要求后出料。

2.5 关掉截止阀,打开旁通阀,同时也打开疏水器旁通阀,放掉管道中的污水垃圾,然后按相反的顺序,关掉旁通阀,打开截止阀,把手动加热开关切换到自动加热位置。

3 关机

3.1 使用完毕,关闭风机。

3.2 关掉蒸汽及总电源,清场,清洗按清洗操作规程进行。

4 注意事项

如发现电磁阀打不开或关不紧,应通知维修人员检查电磁阀下端有无垃圾,清理干净后才能进行生产相关工作。

CT-C型热风循环烘箱标准操作规程

目的:规范干燥标准操作。

范围:干燥岗位。

责任:本岗位操作人员。

程序:

1 开机前准备

1.1 检查供热源开关、电源开关及旁通阀是否正常。

1.2 设定好物料干燥温度。

2 开机

2.1 合上电源开关,注意指示灯是否有指示。

2.2 按下风机按钮,检查风机转向是否正确。

2.3 将"手动/自动"切换开关转到"自动"位置,检查电磁阀动作是否灵活,然后设定好温度控制点、极限报警点,再将仪表投入使用。

2.4 将仪表拨动开关放在上限位置,同时旋转相应的设定电位器,此时数字显示的是所需的温度。用同样的方法,分别设定好烘箱温度使用点、温度报警点,然后将仪表拨动开关放在测量位置。

2.5 关闭截止阀,打开旁通阀,同时也打开疏水器旁通阀,放掉管道中的污水垃圾,然后按相反的顺序,关掉旁通阀,打开截止阀,将"手动/自动"切换开关转到"手动"位置。

2.6 按下加热开关,从疏水器旁通阀端检查电磁阀的工作情况是否正常,并反复进行多次。

2.7 清洗后再做上述检查,直到无异常现象后,才能投入使用,并关掉旁通阀。

2.8 将电动执行器的位置限位于开阀位置。

3 关机

3.1 关闭加热开关。

3.2 关闭风机。

3.3 设备冷却后取出物料。

3.4 关闭电源。

4 注意事项

4.1 在实际操作中,观察仪表及湿控是否相符。

4.2 进出物料时注意不要烧伤。

4.3 进出物料时温度尽量降至40 ℃以下。

五、干燥岗位职责

按照批生产指令进行生产,按时按质按量完成生产任务。认真学习并严格执行工艺规程和岗位标准操作规程。及时准确地填写生产记录,保证记录填写规范、真实。负责本岗位清场工作。负责本岗位设备的正常维护和润滑工作。认真执行安全生产制度,防止安全事故的发生。积极协助车间管理人员开展工作。积极完成上级交办的其他工作。

六、干燥岗位质量控制要点

1.主药含量均匀 经测定应符合要求。

2.含水量适当 一般为1%～3%,个别品种例外,如四环素干燥颗粒的含水量可达10%～12%。不少生产单位常以一定温度、一定干燥时间及干燥颗粒的得量来控制水分;也可用水分快速测定仪来测定颗粒的含水量;或利用红外线灯加热使颗粒中的水分蒸发,经精密称重而得干燥颗粒的含水量。

3.松紧(软硬)度 以手指用力一捻能粉碎成细粒者为宜。

4.粗细度 干燥颗粒应由各种粗细不同者混合组成,一般以通过24~30目者占20%~40%为宜,若粗颗粒或细粉过多,填充时易造成装量差异过大。

知识链接

干燥工序标准操作规程

文件编号		页码	共 页 第 页
文件名称	干燥工序标准操作规程	版次	01
制定人		制定日期	
审核人		审核日期	
批准人		批准日期	
颁发部门	质管部	颁发日期	
执行部门	生产部	生效日期	
分发部门		取代	

目的:建立固体车间干燥工序标准操作规程。

范围:本规程适用于各品种的干燥操作。

职责:车间主任、工艺员、QA、操作者对本规程的实施负责。

程序:

1 检查

1.1 岗位或设备的清洁情况和环境检查:检查称量、备料及干燥间、设备是否洁净,有无上班遗留品及与生产无关的物品,有无清场合格证,"待用"标志牌是否明确。

1.2 设备检查:

1.2.1 检查仪器、水、电、气是否正常。

1.2.2 检查沸腾干燥机筒体内外是否清洁,布袋完好情况及上下边沿是否扎紧,是否处于密封状态。

1.2.3 沸腾干燥机内外表面是否都已使用丝光毛巾蘸75%乙醇擦拭消毒。

1.2.4 检查电子台秤各部件是否完好,是否清洁,使用前接触药品部位要用75%乙醇消毒。

1.2.5 检查沸腾床的料车及各部件是否洁净,压缩空气、蒸汽压力是否正常。

1.3 物料、余留物、物品检查:

1.3.1 检查制粒好的湿物料中是否有异物,粒径、颜色等是否达到干燥要求。

1.3.2 检查现场是否有余留物。

1.3.3 检查生产所需的生产器具、物料袋等物品是否达到洁净要求。

1.4 状态标示检查:

1.4.1 各物料是否有状态卡标明,是否与内容物一致。

1.4.2 生产状态标志牌是否已填写且挂上。

2 调整、调试和准备

2.1 状态标示调整:

2.1.1 在称量间、干燥间门口挂上"生产状态卡"并填写:车间名称、岗位、品名、规格、生产日期、批号、产量、有效期。

2.1.2 启动干燥设备前查看设备上是否挂上设备"运转"标志牌。

2.2　设备调试、准备：

2.2.1　检查压缩空气管路是否正常无漏(包括表阀正常)，压力是否在0.65 MPa左右。

2.2.2　检查电气元件是否正常。

2.2.3　检查蒸汽管路是否正常无漏(包括表阀正常)。

2.2.4　打开蒸汽积水管路，放排积水后打开蒸汽总阀。

2.2.5　送上压缩空气、蒸汽，合上控制电压开关。

2.3　工器具准备：

2.3.1　生产过程中使用的各种容器具、筛网、不锈钢碗具及不锈钢铲均使用75%乙醇消毒并存放在消毒干净的盆或桶中，标明"已消毒备用"和有效期。

2.3.2　生产过程中可能使用到的剪刀、扳手、螺丝刀等工具需消毒并达到洁净要求，标明"已消毒备用"和有效期，并按顺序整齐放置在工作桌上。

2.4　记录表头准备：记录表头按照生产指令填写品名、规格、生产批号、生产日期，并记录上述检查项目内容。

3　操作

3.1　打开电源、压缩空气及水蒸气开关。

3.2　将压缩空气调至0.4～0.6 MPa，检查压缩空气、蒸汽管路是否正常，打开阀门分别调整至所需压力。

3.3　设定干燥所需温度：进风温度≤120 ℃；排风温度≤70 ℃。

3.4　根据产品工艺要求把物料放入料车，推进缸中，看料车的搅拌齿轮与机器上的齿轮是否吻合，如吻合(否则把其调吻合)，按"顶缸升"按钮，启动风机，开启搅拌电机，进行干燥，一段时间后，从探料器内取出样品，看是否达到干燥要求。

3.5　干燥时，细粉料会粘在上部的布袋上，所以应不定期开启自动清灰开关，或者手工清灰。

3.6　在干燥过程中至少翻料2次，停机翻料操作：关闭加热开关→关闭搅拌电机→关闭引风机。然后清灰数次，放下顶升气缸→推出料车→翻料，然后按相反的顺序打开设备继续干燥。

3.7　干燥完毕，关闭蒸汽、风机和电源。干燥颗粒用16目筛网整粒后用电子秤准确称量，转交混合岗位。

3.8　操作记录填写、复核：操作记录由操作人员根据生产实际情况即时填写，由岗位班长和车间工艺员复核。

4　清场

4.1　原则标准：清洁时应先物后地、先内后外、先上后下、先拆后洗、先零后整。

4.2　当班生产结束，当班进行清场，并即时填写操作记录。经QA检查合格后签字，挂"待用"标志牌。

4.3　清洁操作规程：

4.3.1　沸腾干燥机清洁、消毒：

a.干燥完毕，关闭蒸汽、风机和电源。

b.将料车拉出，拆除底部多层钢丝过滤网，放清洁盆中，使用饮用水浸泡，再用塑料刷刷洗，除去表面药粉。然后用75%乙醇浸泡、丝光毛巾擦洗即可。

c.先使用饮用水、丝光毛巾擦洗料车、设备支架等设备内外表面粉尘，更换饮用水，清洗至表面无粉迹为止，在死角部位使用毛刷刷洗干净(用水不能擦洗干净的可以用95%乙醇擦洗)。再用纯化水清洗至洁净，最后用75%乙醇消毒。

d.可以根据沸腾干燥机的实际风量来决定是否拆除底部多层钢丝过滤网与布袋进行清洗消毒。

e.将多层钢丝过滤网、布袋逐件安装，将料车推入相应位置，启动气缸，使料斗上升，打开加热蒸汽，在70 ℃烘干。若后面长时间无生产计划，就将布袋拆下，使用干净的塑料袋装好，存放在存桶间架层上。

f.如果更换干燥品种,必须使用碱液清洗设备内外表面,布袋使用碱液浸泡10 min,再用纯化水清洗干净。

4.3.2 容器具清洁:容器具(包括物料桶、盆、碗具等)清洁消毒后存放在容器具存放间指定架子上,待用。

4.3.3 墙面、天棚、灯具清洁:用清洁盆盛装饮用水,使用擦墙面专用丝光毛巾,将毛巾揉湿,长柄拖把夹住毛巾擦洗墙面、天棚、灯具至干净;再从洁具清洁间领用消毒剂(75%乙醇或0.1%苯扎溴铵或2%石碳酸)擦拭消毒。

4.3.4 地板清洁:用清洁桶盛装饮用水,使用地板专用无脱纤拖把拖洗地板至表面光洁、无尘、无油等污迹,再用消毒剂(75%乙醇或0.1%苯扎溴铵或2%石碳酸)擦拭消毒。

4.4 清洁结果判定:

4.4.1 地面无积粉、无油污、无杂物等。

4.4.2 灯具、门窗、墙面、天棚等应无积尘、灰垢和水迹。

4.4.3 工具和盛器清洁后无杂物并定点存放整齐。

4.4.4 设备内外应无粒状、片状和粉状痕迹的异物。

4.4.5 操作间内不应有与生产无关的任何物品,包括无关文件。

4.4.6 清洁所用的工具,如拖把、毛巾等用后需清洁消毒,放入洁具清洁间指定架子上存放。

4.5 清场记录填写:

4.5.1 清场完毕操作人员应即时填写清场记录且签名。

4.5.2 岗位班长、段长和工艺员检查现场和记录情况并签名。

4.6 状态标志:QA检查合格后发给清场合格证,并挂上"待用"标志牌;检查不合格项,需重新清场,直至达到合格要求。

5 注意事项

5.1 压缩空气压力严禁超出规定上限,即0.6 MPa,以确保操作安全。

5.2 搅拌时料车严禁移动,待物料流化良好后,应关闭搅拌电机,以提高齿轮寿命。

5.3 过滤袋如出现明显堵塞引起风量不足时,须拆洗干净。

5.4 遇有紧急情况应启动急停器,检查设备情况并报告车间管理人员,排除故障后确认无质量影响情况下再运行。

5.5 严格按工艺要求控制干燥温度,防止颗粒融熔、变质,并定时或不定时记录干燥温度。

5.6 干燥过程严禁无人操作。

5.7 干燥设备清洗超过三天后使用,须重新清洗及消毒。

5.8 每干燥两次为一个批号。

6 异常情况处理

6.1 如干燥好的颗粒有异常,立即报告车间主任并由相关部门领导做出决定。

6.2 如设备有异常,自己不能处理的,立即通知维修人员进行处理,待维修及清洁消毒后方可使用。

6.3 若在干燥过程中发现黑点、黄点,将其挑干净,并及时查找原因做出对应的处理,特别是过滤布袋的检查,确认无安全隐患后,再干燥下一批。

6.4 若在干燥过程中,过滤布袋破损,则立即停机,把破损的地方修补好或更换新的洁净、消毒、干燥的布袋。

6.5 如运行中突然停电,立即关闭蒸汽,来电后先启动风机,若温度过高,则关闭小蒸汽阀门。

7 异常记录的填写要求

7.1 及时真实分析原因,及时填写。

7.2 异常情况处理的措施、结果及时填写清楚。

7.3 如有严重情况,相关部门领导的意见也应填写在其中。

扫码看答案

→ **同步练习**

一、单项选择题

1. 传统的"水飞法"属于(　　　)。

A. 湿法粉碎　　　　B. 低温粉碎　　　　C. 干法粉碎　　　　D. 混合粉碎

2. 下列哪种干燥方法不影响热敏药物?(　　　)

A. 喷雾干燥　　　　B. 烘箱干燥　　　　C. 湿热干燥　　　　D. 沸腾干燥

3. 不必单独粉碎的药物是(　　　)。

A. 贵重药物　　　　　　　　　　B. 性质相同的两种物料

C. 剧毒的物料　　　　　　　　　D. 易氧化药物

4. 树脂、树胶等药物宜用的粉碎方法是(　　　)。

A. 干法粉碎　　　　B. 湿法粉碎　　　　C. 低温粉碎　　　　D. 高温粉碎

5. 《中国药典》将粉末等级分为(　　　)。

A. 五级　　　　　　B. 六级　　　　　　C. 七级　　　　　　D. 八级

6. 常用于混悬剂与乳剂等分散系粉碎的机械为(　　　)。

A. 球磨机　　　　　B. 胶体磨　　　　　C. 气流式粉碎机　　　D. 冲击式粉碎机

7. 樟脑、冰片、薄荷脑等受力易变形的药物宜选用的粉碎方法是(　　　)。

A. 干法粉碎　　　　B. 加液研磨法　　　C. 水飞法　　　　　D. 低温粉碎

8. 气流式粉碎机适用于(　　　)。

A. 难溶于水而又要求特别细的药物的粉碎　　　B. 热敏性物料和低熔点物料的粉碎

C. 混悬剂与乳剂等分散系的粉碎　　　　　　　D. 贵重物料的密闭操作粉碎

9. 细粉的等级标准是(　　　)。

A. 能全部通过二号筛,但混有能通过四号筛不超过40％的粉末

B. 能全部通过四号筛,但混有能通过五号筛不超过60％的粉末

C. 能全部通过五号筛,但混有能通过六号筛不超过95％的粉末

D. 能全部通过七号筛,但混有能通过八号筛不超过95％的粉末

10. 属于流化干燥技术的是(　　　)。

A. 真空干燥　　　　B. 冷冻干燥　　　　C. 沸腾干燥　　　　D. 微波干燥

11. 利用水的升华原理干燥的方法为(　　　)。

A. 冷冻干燥　　　　B. 红外干燥　　　　C. 流化干燥　　　　D. 喷雾干燥

12. 一步制粒机可完成的工序是(　　　)。

A. 粉碎→混合→制粒→干燥　　　　　B. 混合→制粒→干燥→整粒

C. 混合→制粒→干燥→压片　　　　　D. 混合→制粒→干燥

二、多项选择题

1. 与药物过筛效率有关的因素有(　　　)。

A. 药物的运动方式与速度　　　B. 药物的干燥程度　　　　　C. 药粉厚度

D. 药物的溶解度　　　　　　　E. 药物粒子的形状

2. 下列关于药材粉碎原则的叙述,正确的是(　　　)。

A. 根据药材的质地选择粉碎方法

B. 只需粉碎到需要的粉碎度,以免浪费人力、物力和时间

C. 适宜粉碎,不时筛分,可提高粉碎效果

D. 粉碎毒药或刺激性强的药物时,应注意劳动保护

E. 物料经粉碎后,粉碎度大,说明药物粉碎得细

3.难溶性药物微粉化的目的是(　　　)。

A.改善溶出度,提高生物利用度　　　B.改善药物在制剂中的分散性和均匀性

C.有利于提高药物的稳定性　　　　　D.减少药物对胃肠道的刺激

E.改善制剂口感

4.球磨机的密闭环境,特别适宜粉碎(　　　)。

A.贵重药物　　　B.刺激性药物　　　C.吸湿性药物　　　D.无菌药物　　　E.易氧化药物

5.以下关于药筛的叙述中,正确的是(　　　)。

A.药筛按其制作方法可分为编织筛与冲制筛

B.冲制筛是在金属板上冲压出圆形的筛孔而成

C.药筛共规定了九种筛号,筛号越大孔径越小

D."目"是以每平方厘米面积上有多少孔来表示

E.以上都正确

6.下列关于粉碎的叙述,正确的是(　　　)。

A.粉碎可以减小粒径,增加物料的表面积

B.粉碎有助于药材中有效成分的浸出

C.粉碎操作室须有捕尘装置

D.粉碎操作室应呈正压

E.以上都正确

7.影响混合效果的因素有(　　　)。

A.组分比例　　　　　　　　B.组分密度　　　　　　　　　C.含有色素组分

D.含有液体或吸湿性成分　　E.组分的性质

8.常用的混合技术有(　　　)。

A.研磨混合　　　B.湿法混合　　　C.过筛混合　　　D.搅拌混合　　　E.以上都是

项目十

口服固体制剂概述

导学情景

　　李大爷因病需长期服用阿司匹林肠溶片预防血栓,然而服用一段时间后发生了较强烈的胃肠道不良反应。经过询问,医师才明白,原来李大爷在服药的时候,为了能加快药物的吸收而将药片咀嚼后再吞服,这样使药片失去了肠溶作用,阿司匹林分子中游离羧基对胃黏膜造成损伤。

学前导语

　　片剂是目前最常用的固体剂型之一,种类繁多,制备时由于处方与工艺不同,对片剂的释放速度、释放部位、体内作用时间、毒副作用等产生不同影响。不同种类的固体制剂各有什么特点,让我们一起学习本项目来了解。

任务一　固体制剂的制备工艺

扫码看课件

　　目前,在临床治疗上片剂、胶囊剂、颗粒剂、散剂等口服固体制剂被大量应用,这些口服固体制剂的共同特点如下。

　　(1)与液体制剂相比,口服固体制剂的物理、化学稳定性更好,生产制备成本较低,使用与携带更方便。

　　(2)在口服固体制剂的制备过程中,具有一些共同的操作单元,且各剂型之间有着密切的联系,如将药物进行粉碎、筛分、混合后直接分装,可制备成散剂;如将混合均匀后的物料进行制粒、干燥后分装,可得到颗粒剂;将制备的颗粒压缩成片状,可得到片剂;将混合的散剂或颗粒剂分装入胶囊壳中,可制备成胶囊剂。

　　固体制剂的制备过程实际上是粉体的处理过程,由于粉体的运动单元是粒子,为了确保各种成分的混合均匀度和药物剂量的准确性,必须对物料进行粒子处理,使物料具有良好的流动性、充填性、润滑性、可压性等。首先把药物进行粉碎与筛分,获得粒径小且粒度分布均匀的药物粉末,然后进行混合、制粒、干燥、压片等单元操作,图 10-1 为各种固体制剂的制备流程示意图。

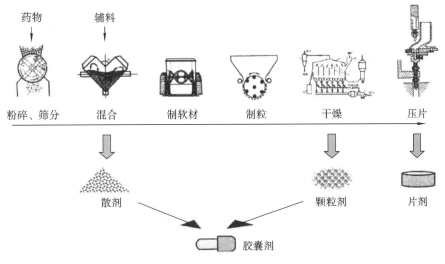

图 10-1 各种固体制剂制备流程示意图

任务二 口服固体制剂的吸收途径

一、口服固体制剂的吸收过程

口服固体制剂共同的吸收特点:制剂到达给药部位后,药物须经过溶解过程之后,才能被胃肠道上皮细胞吸收进入血液循环,从而发挥治疗作用。特别是一些难溶性的药物,药物的溶出过程成了药物吸收的限速阶段。若溶出速度小、吸收慢,则血药浓度就难以达到治疗的有效浓度。对于口服固体制剂来说,提高溶出速度的最有效方法是增大药物的溶出表面积或提高药物的溶解度,而粉碎技术、药物的包合技术等则可以有效提高药物的溶解度或溶出表面积,故常将这些技术应用于口服固体制剂的制备。

常见口服固体制剂在体内的吸收途径:胶囊剂、片剂口服后在体内首先崩解成细颗粒,然后药物从颗粒中溶出,才被胃肠道黏膜吸收进入血液循环中;散剂、颗粒剂口服后无崩解过程,迅速分散后被吸收,因此起效较快;对于前面项目中介绍的混悬剂,由于药物的粒径比散剂、颗粒剂中的药物粒径小,因此混悬剂中的药物溶解与吸收更快;而溶液剂口服后,药物可直接被吸收进入血液循环中,故溶液剂的起效时间更短。口服固体制剂吸收快慢的一般顺序:溶液剂>混悬剂>散剂>颗粒剂>胶囊剂>片剂>丸剂。

二、口服固体制剂的溶出

(一)溶出速度

溶出速度是指单位时间内溶解溶质的量。溶出过程包括两个连续的阶段,首先是溶质分子从固体表面释放进入溶液中,然后在扩散或对流的作用下将溶解的分子从固-液界面转送到溶液中。若溶质和溶剂之间不存在化学反应,则溶出速度主要受扩散过程控制。

(二)影响溶出速度的因素

对于大多数口服固体制剂来说,药物的溶出速度直接影响药物的吸收速度。药物的溶出速度可用 Noyes-Whitney 方程来表示:

$$\frac{\mathrm{d}c}{\mathrm{d}t} = \frac{SD}{Vh}(C_s - C)$$

式中:$\mathrm{d}c/\mathrm{d}t$ 为溶出速度,S 为固体药物表面积,D 为扩散系数,V 为溶出介质体积,h 为扩散层厚度,C_s 为固体药物饱和溶解度,C 为 t 时刻药物在总溶液中的浓度。D 与介质温度成正比,与介质黏度成反比。

从上式可知,影响药物溶出速度的因素主要有以下五点。

1.药物的粒径 相同质量的固体药物,减小粒径、增大表面积,则溶出速度快;对表面积相同的固体药物,孔隙率越高,溶出速度越快;对于颗粒状或粉末状的固体药物,若在溶出介质中结块,可通过加入润湿剂的方法改善。

2.药物的溶解度 药物的溶解度系指在一定温度(气体在一定压力)下,在一定量溶剂中溶解药物的最大量。故药物在溶出介质中的溶解度越大,溶出速度越快。凡是影响药物溶解度的因素,均能影响药物的溶出速度,如温度、溶出介质的性质、晶型等。

3.溶出介质体积 溶出介质体积小,溶液中药物浓度高,则溶出速度慢;溶出介质体积大,溶液中药物浓度低,则溶出速度快。

4.扩散系数 在温度一定的条件下,扩散系数大小受溶出介质的黏度和扩散分子大小的影响。

5.扩散层厚度 扩散层厚度越大,溶出速度越慢。扩散层厚度与搅拌程度有关。搅拌程度取决于搅拌或振摇的速度,搅拌器的形状、大小、位置,溶出介质的体积和黏度,容器的形状、大小等。

任务三 口服固体制剂的常用辅料

扫码看课件

口服固体制剂的制备,处方中除了药物外还须加入各种辅料,以达到制剂的要求和临床用药需求。不同的辅料具有不同的性质和功能。如稀释剂、黏合剂、崩解剂、润滑剂,有时可根据需要加入着色剂和矫味剂等,以提高患者的用药依从性。各种辅料必须具备如下特点:①较高的化学稳定性,不与主药发生任何物理、化学反应;②对人体无毒、无害、无不良反应;③不影响主药的疗效和含量测定。根据各种辅料所起的作用不同,将辅料分为五大类进行讨论。

一、稀释剂

稀释剂的主要作用是增加产品的质量或体积,亦称为填充剂。比如,片剂的直径一般不小于 6 mm,片重多在 100 mg 以上。如果片剂中的主药只有几毫克或几十毫克时,不加入适当的填充剂,将无法制成片剂;即使是片剂,其主药含量在 100 mg 以上,也要加入稀释剂,以减少片剂的质量差异。因此,稀释剂的加入不仅保证片剂具有一定体积,而且对减少主药成分的剂量偏差、改善压缩成型性等具有重要意义。

1.淀粉 淀粉是以葡萄糖分子作为基本单位的直链或支链聚合体,根据原料来源不同分为玉米淀粉、小麦淀粉、马铃薯淀粉等。其中玉米淀粉含直链淀粉较多(含量约 27%),其压缩成型性较好,常被用作固体制剂的辅料。玉米淀粉为白色粉末,无臭、无味,不溶于冷水与乙醇。其压缩成型性与含水量有关,含水量在 10%左右时压缩成型性最好。通常市售淀粉的含水量在 10%～14%。淀粉的性质稳定,可与大多数药物配伍,外观色泽好,价格便宜,是口服固体制剂中最常用的辅料。

2.糖粉 本品为无色结晶或白色结晶性粉末,无臭,味甜,在水中极易溶解,在乙醇中微溶,在无水乙醇中几乎不溶。其优点在于黏合力强,可用来增加片剂的硬度;其缺点在于吸湿性较强,长期贮存会使片剂的硬度过大,导致药物崩解或溶出困难。除口含片或可溶性片剂外,一般不单独使用,常与糊精、淀粉配合使用。

3.糊精 糊精是由淀粉或部分水解的淀粉,在干燥状态下经加热改性制得的聚合物。本品为白色或类白色的无定形粉末,无臭,味微甜。本品在沸水中易溶,在乙醇和乙醚中不溶。具有较强的聚集、结块趋势,使用不当会使片面出现麻点、水印及造成片剂崩解或溶出迟缓,常与蔗糖粉、淀粉配合使用。

4.乳糖 乳糖是从牛乳中提取制得。乳糖分无水 α-乳糖、一水 α-乳糖和 β-乳糖,常用一水 α-乳糖。本品为白色或类白色结晶性粉末,无臭,味微甜(甜度是蔗糖的 15%),在水中微溶,在乙醇、乙醚中几乎不溶。乳糖无吸湿性,添加乳糖的药片光洁美观,性质稳定,可与大多数药物配伍。由喷雾干燥法制得的乳糖为球形,流动性、可压性良好,可供粉末直接压片。

5. 预胶化淀粉 预胶化淀粉是改性淀粉,是将淀粉部分或全部胶化而成,目前上市的品种是部分预胶化淀粉。预胶化淀粉有5%游离直链淀粉,15%游离支链淀粉,80%未胶化淀粉。本品为白色粉末状,无臭,微有特殊口感,在冷水中可溶10%~20%,不溶于乙醇。具有良好的流动性、可压性,自身具有润滑性和干黏合性,并有较好的崩解作用。作为多功能辅料,常用于粉末直接压片。

6. 微晶纤维素 微晶纤维素系纯棉纤维经水解制得的粉末。本品为白色或类白色粉末,无臭,无味,由多孔微粒组成,干燥失重不得超过5%,根据粒径和含水量不同分为若干规格。微晶纤维素具有较强的结合力与良好的可压性,亦有干黏合剂之称,可用作粉末直接压片。另外,片剂中含20%以上微晶纤维素时崩解效果较好。

7. 无机钙盐类 一些无机钙盐类也可作为稀释剂,如硫酸钙、磷酸氢钙、碳酸钙等。其中二水硫酸钙比较常用,其性质稳定,无臭,无味,微溶于水,可与多种药物配伍,制成的片剂外观光洁,硬度、崩解效果均好,对药物也无吸附作用。但应注意硫酸钙对某些主药(如四环素类药物)的含量测定有干扰。

8. 糖醇类 甘露醇和山梨醇是互为同分异构体的糖醇类。本品为白色、无臭、具有甜味的结晶性粉末或颗粒。甜度约为蔗糖的一半,在溶解时吸热,有凉爽感,因此适用于咀嚼片、口腔溶解片等。但价格稍贵,常与蔗糖配合使用。近年来开发的赤藓糖(erythrose),其甜度为蔗糖的80%,溶解速度快,有较强的凉爽感,口服后不产生热量,口腔内pH不下降(有利于保护牙齿)等,是制备口腔速溶片的最佳辅料,但价格昂贵。

二、润湿剂与黏合剂

润湿剂系指本身没有黏性,但能诱发物料的黏性,以使物料利于制粒的液体。在制粒过程中常用的润湿剂是纯化水和乙醇。

(1)纯化水:适用于对水稳定的药物。在处方中水溶性成分较多时会出现润湿不均匀、结块、干燥后颗粒发硬等现象,此时最好选择适当浓度的乙醇-水溶液,以克服上述不足。其溶液的混合比例根据物料性质与试验结果而定。

(2)乙醇:可用于遇水易分解的药物或遇水黏性太大的药物。中药浸膏的制粒常用乙醇-水溶液作润湿剂,随着乙醇浓度的增大,润湿后产生的黏性降低,应根据物料的性质选择适宜浓度。

黏合剂系指对无黏性或黏性不足的物料给予黏性,从而使物料聚结成颗粒的辅料。黏合剂的种类与用量可通过试验进行优化,即根据颗粒脆碎度、片剂的硬度、崩解度、药物的溶出度等试验进行筛选。常用黏合剂如下。

(1)淀粉浆:常用的是玉米淀粉浆,为玉米淀粉在水中受热后糊化而得。淀粉浆的制法有两种:煮浆法和冲浆法。①煮浆法:将淀粉混悬于全量水中,边加热边搅拌,直至糊化。②冲浆法:将淀粉混悬于少量(1~1.5倍)水中,然后根据浓度要求冲入一定的沸水,不断搅拌糊化而成。淀粉浆由于价廉易得,且黏合性良好,因此是制粒中首选的黏合剂。

(2)纤维素衍生物:

①甲基纤维素(MC):纤维素甲基醚,含甲氧基27%~32%,可因取代度不同而具有不同的黏性,2%甲基纤维素的水溶液所产生的标示黏度应在100 mPa·s左右,干燥失重不得超过5%。本品为无臭、无味、白色或类白色的颗粒状粉末,在冷水中溶解,在热水及乙醇中几乎不溶。将甲基纤维素溶解于水中制备黏合剂时,先将甲基纤维素分散于热水中,然后冷却至20℃以下,可得到澄明的甲基纤维素胶状溶液。或用乙醇润湿后加入水中分散,溶解。不能把甲基纤维素直接放入冷水中溶解,因为容易结块。

②羟丙基纤维素(HPC):纤维素的聚(羟丙基)醚的部分取代物。本品为无臭、无味、白色或类白色粉末。在低于38℃的水中可混溶形成润滑透明的胶状溶液,加热至50℃形成高度溶胀的絮状沉淀。可溶于甲醇、乙醇、异丙醇和丙二醇中。本品既可作为湿法制粒的黏合剂,也可作为粉末直接压片的干黏合剂。

③羟丙基甲基纤维素（HPMC）：系 2-羟丙基醚甲基纤维素。本品为无臭、无味、白色或类白色纤维状或颗粒状粉末，溶于冷水，不溶于热水与乙醇，但在水和乙醇的混合液中可溶解。湿法制粒用浓度为 2%，制备 HPMC 水溶液的方法类似甲基纤维素水溶液的制备。

④羧甲基纤维素钠（CMC-Na）：纤维素的聚羧甲基醚钠盐。本品为无味、白色至微黄色纤维状或颗粒状粉末，在任何温度的水中易分散、溶解，形成透明的胶状溶液，几乎不溶于乙醇。不同规格的 CMC-Na 具有不同的黏度，1% 水溶液的黏度为 5～13000 mPa·s。在高湿条件下可以吸收大量的水分，这一性质在片剂的贮存过程中会改变片剂的硬度和崩解时间。

⑤乙基纤维素（EC）：纤维素乙基醚。本品为无臭、无味、白色颗粒状粉末，不溶于水，溶于乙醇、乙醚等有机溶剂。乙基纤维素的乙醇溶液可作为对水敏感药物的黏合剂。本品的黏性较强，且在胃肠液中不溶解，会对片剂的崩解及药物的释放产生阻滞作用，常用作缓释、控释制剂的包衣材料。

（3）聚维酮（PVP）：乙烯吡咯烷酮的聚合物。其聚合度不同，分子量不同，则黏度不同。根据分子量不同可分为多种规格，如聚维酮 K30、K60、K90 等。本品为白色或乳白色粉末，无臭或稍有特臭，无味，既溶于水，又溶于乙醇，有引湿性，含水量不得超过 5%。制备黏合剂时，根据药物的性质选用水溶液或乙醇溶液作为溶剂，使用较灵活。缺点是吸湿性强。

（4）明胶：明胶是动物胶原蛋白的水解产物，为无臭、无味、微黄色或黄色、透明或半透明、微带光泽的薄片或粉粒。浸在水中时会膨胀变软，能吸收其自身质量 5～10 倍的水。本品在乙醇中几乎不溶，在酸和碱中溶解，在水中膨胀和软化，在热水中可溶，冷却到 35～40 ℃时就会形成胶冻或凝胶，故制粒时明胶溶液应保持较高温度。缺点是制粒物干燥后比较硬。适用于松散且不易制粒的药物以及在水中不需要崩解或需要延长作用时间的口含片等。

（5）聚乙二醇（PEG）：PEG 是环氧乙烷与水聚合而成的混合物，根据分子量不同有多种规格，其中常用作黏合剂的型号为 PEG4000、PEG6000。本品为白色或近白色蜡状固体薄片或颗粒状粉末，略有特臭。PEG 溶于水和乙醇中，制备黏合剂时，可根据药物的性质选用不同浓度的水溶液或乙醇溶液作为溶剂，使用较灵活，制得的颗粒压缩成型性好，片剂不变硬。

（6）其他黏合剂：50%～70% 的蔗糖溶液、海藻酸钠溶液、桃胶等。制粒时主要根据物料的性质以及实践经验选择适宜的黏合剂，并决定其浓度及用量等，以确保颗粒与片剂的质量。

三、崩解剂

崩解剂是使片剂在胃肠液中迅速裂碎成细小颗粒的物质。除了缓（控）释片、口含片、咀嚼片、舌下片等某些特殊要求的片剂以外，一般都需要加入崩解剂。由于其具有很强的吸水膨胀性，能够瓦解片剂的结合力，使片剂裂碎成许多细小的颗粒，从而提高药物的溶解速度。

崩解剂的主要作用是瓦解因黏合剂或高度压缩产生的结合力。片剂的崩解经历润湿、吸水膨胀、瓦解过程。崩解剂的作用机制有如下 4 种。

（1）毛细管作用：崩解剂在片剂中形成易于润湿的毛细管，当将片剂置于水中时，水能迅速通过毛细管进入片剂内部，使整个片剂被水浸润而瓦解结合力。

（2）膨胀作用：崩解剂自身具有很强的吸水膨胀性，从而瓦解片剂的结合力。

（3）润湿热：有些物料在水中溶解时产生热，使片剂内部残存的空气膨胀，促使片剂崩解。

（4）产气作用：借助化学反应产生气体，使片剂膨胀、崩解。

崩解剂的加入方法有外加法、内加法和内外加法。①外加法：将崩解剂加入压片前的干燥颗粒中，这时，片剂的崩解将发生在颗粒之间。②内加法：将崩解剂加入制粒前的混合物料中，这时，片剂的崩解将发生在颗粒内部。③内外加法：将一部分崩解剂内加，一部分外加，可以使片剂的崩解发生在颗粒之间和颗粒内部，从而达到良好的崩解效果。常用的崩解剂有以下 6 种。

（1）干淀粉：在 100～105 ℃下干燥 1 h，含水量在 8% 以下。干淀粉的吸水膨胀性较强，其吸水膨胀率为 186% 左右。适用于水不溶性或微溶性药物的片剂，而对易溶性药物的崩解作用较差。这是因为易溶性药物遇水溶解，堵塞毛细管，不易使水分通过毛细管渗入片剂的内部，也就妨碍了片剂内部淀粉的吸水膨胀作用。

(2)羧甲基淀粉钠(CMS-Na):吸水膨胀作用非常显著,吸水后可膨胀至原体积的近300倍,属于超级崩解剂。

(3)低取代羟丙基纤维素(L-HPC):近年来在国内应用较多的一种崩解剂。由于表面积和孔隙率很大,具有快速大量吸水的能力。其吸水膨胀率为500%~700%,具有超级崩解剂之称。

(4)交联聚维酮(PVPP):在水中表现出毛细管活性和优异的吸水能力,最大吸水量为60%,无胶凝倾向,崩解性能十分显著,具有超级崩解剂之称。

(5)交联羧甲基纤维素钠(CCNa):能吸收数倍于本身质量的水而膨胀,膨胀体积为原体积的4~8倍,亦具有超级崩解剂之称。与羧甲基淀粉钠合用时,崩解作用会增强,但与干淀粉合用时崩解作用会降低。

(6)泡腾崩解剂:由碳酸氢钠与枸橼酸组成的混合物,遇水时,两种物质反应生成CO_2气体,使片剂在几分钟之内迅速崩解,是专用于泡腾片的特殊崩解剂。泡腾片应妥善包装,避免受潮造成崩解剂失效。

四、润滑剂

润滑剂是一个广义的概念,是助流剂、抗黏剂和润滑剂(狭义)的总称。

(1)助流剂:降低颗粒之间摩擦力,改善粉末流动性的物质,直接作用是减少片剂的质量差异。

(2)抗黏剂:防止压片时物料黏附于冲头与冲模表面,不仅保证压片操作的顺利进行,而且使片剂表面光洁。

(3)润滑剂:降低压片和推片时药片与冲模壁之间的摩擦力,以保证压片时应力分布均匀、防止裂片、从模孔推片顺利等。

在实际应用中应根据需要,选择适宜的润滑剂。

润滑剂的作用机制比较复杂,概括起来有以下几种:①改善粒子表面的静电分布;②改善粒子表面的粗糙度,减少摩擦力等;③改善气体的选择性吸附,减弱粒子间的范德华力等。总之,润滑剂的作用就是改善物料粒子的表面特性,因此润滑剂颗粒需粒径小,表面积大。目前常用的润滑剂有以下6种。

(1)硬脂酸镁:白色轻质无沙砾性的细粉,微有特臭,与皮肤接触有滑腻感。易黏附于颗粒表面,减少颗粒与冲模之间的摩擦力,片面光洁美观,为优良的润滑剂。一般用量为0.1%~1%,用量过大时,其疏水性影响片剂的润湿性,从而使片剂的崩解(或溶出)迟缓。另外,镁离子的催化作用会影响部分药物的稳定性,如乙酰水杨酸(阿司匹林)等。

(2)微粉硅胶:轻质白色粉末,触摸有细腻感,比表面积大,常用量为0.1%~0.3%,为优良的助流剂和润滑剂,可用于粉末直接压片。

(3)滑石粉:经过纯化的含水硅酸镁,触感柔软,比表面积大,黏附于颗粒表面填平凹陷处,降低颗粒表面的粗糙度,减少颗粒间的摩擦力,改善颗粒流动性,常用量一般为0.1%~3%,最多不超过5%。主要作为助流剂使用,也可作为抗黏剂和润滑剂。

(4)氢化植物油:白色或淡黄色的块状物或粉末,加热熔融后呈透明、淡黄色液体。在水或乙醇中不溶,溶于石油或热的异丙醇。应用时,将其溶于轻质液状石蜡或乙烷中,然后喷于干燥颗粒上,以利于均匀分布。在片剂和胶囊剂中用作润滑剂,常用量为1%~6%,常与滑石粉合用。

(5)聚乙二醇类(PEG4000,PEG6000):水溶性润滑剂,具有良好的润滑效果,片剂的崩解与溶出不受影响。

(6)十二烷基硫酸钠:阴离子型表面活性剂,触摸有光滑感。本品为无色或微黄色结晶或粉末,有特臭。在水中易溶,在乙醚中几乎不溶。在片剂的制备中具有良好的润滑效果。不仅能增强片剂的机械强度,而且促进片剂的崩解和药物的溶出。十二烷基硫酸镁也具有同样效果。

五、着色剂与矫味剂

根据需要可在口服固体制剂中加入一些着色剂、矫味剂等辅料改善其外观和口味。口服固体制剂所用色素必须是药用级,色素的最大用量一般不超过0.05%。注意色素在干燥过程中颜色的迁移,将色素先吸附于硫酸钙、三磷酸钙、淀粉等主要辅料中可有效地防止颜色的迁移。香精的加入方法是先将香精溶解于乙醇中,然后均匀喷洒在已经干燥的颗粒上。

扫码看答案

→ 同步练习

一、单项选择题

1.口服固体制剂吸收快慢的一般顺序是(　　　)。

A.溶液剂＞混悬剂＞散剂＞颗粒剂＞胶囊剂＞片剂＞丸剂

B.溶液剂＞颗粒剂＞散剂＞混悬剂＞胶囊剂＞片剂＞丸剂

C.片剂＞混悬剂＞散剂＞颗粒剂＞胶囊剂＞溶液剂＞丸剂

D.片剂＞混悬剂＞散剂＞丸剂＞胶囊剂＞溶液剂＞颗粒剂

2.片剂辅料中既可作填充剂又可作黏合剂与崩解剂的是(　　　)。

A.淀粉　　　　　　　B.糖粉　　　　　　　C.微晶纤维素　　　　　D.滑石粉

3.下列关于润滑剂的叙述错误的是(　　　)。

A.增加颗粒流动性　　　　　　　　　B.阻止颗粒黏附于冲头或冲模

C.促进片剂在胃内润湿　　　　　　　D.使片剂易于从冲模中被顶出

4.下列可作润滑剂的是(　　　)。

A.低取代羟丙基纤维素(L-HPC)　　　　　B.羧甲基淀粉钠(CMS-Na)

C.微粉硅胶　　　　　　　　　　　　D.淀粉

二、多项选择题

1.口服固体制剂常用辅料有(　　　)。

A.稀释剂　　　　B.黏合剂　　　　C.崩解剂　　　　D.润滑剂　　　　E.以上都是

2.下列属于崩解剂的是(　　　)。

A.低取代羟丙基纤维素(L-HPC)　　B.羧甲基淀粉钠(CMS-Na)　　　C.干淀粉

D.交联聚维酮(PVPP)　　　　　E.交联羧甲基纤维素钠(CCNa)

三、简答题

请分析复方磺胺甲基异噁唑片(复方新诺明片)处方中各成分的作用。

【处方】制成1000片(每片含SMZ 0.4 g)

磺胺甲基异噁唑(SMZ)　　　　400 g

三甲氧苄氨嘧啶(TMP)　　　　80 g

淀粉　　　　　　　　　　　　40 g

10%淀粉浆　　　　　　　　　24 g

干淀粉　　　　　　　　　　　23 g(4%左右)

硬脂酸镁　　　　　　　　　　3 g(0.5%左右)

口服固体制剂生产

小李需要购买布洛芬制剂,但是他发现有布洛芬混悬剂、布洛芬散剂、布洛芬颗粒、布洛芬胶囊和布洛芬片,面对这么多剂型,他产生了困惑,同一种药物为什么可以制成这么多种剂型,它们的疗效和副作用有区别吗?

同一种药物可以根据其自身的理化性质与临床需求制成不同剂型,比如布洛芬混悬剂、布洛芬散剂、布洛芬颗粒适合吞咽功能较弱的儿童和老年人,布洛芬胶囊和布洛芬片适合吞咽功能良好的人群;另外,胶囊剂和片剂由于使用了黏合剂或经过压片机的压缩,其崩解和溶出速度较慢,起效较慢。

任务一 散 剂

扫码看课件

一、概述

散剂系指一种或多种药物与适宜的辅料经粉碎、筛分、均匀混合制成的干燥粉末状制剂,可供内服或外用。散剂是我国传统中药剂型之一,古书《五十二病方》中已有散剂的记载。至今散剂仍是中药常用的剂型。化学药散剂则由于颗粒剂、胶囊剂、片剂等的发展,其制剂品种日趋减少。

古人曰"散者,散也,去急病用之",指出了散剂容易分散和起效快的特点。归纳起来散剂具有以下优点:①散剂的粒径小,比表面积大,药物的溶出及吸收快、易于分散、起效快;②外用覆盖面积大,可同时发挥保护和收敛等作用;③制备工艺简单,易于贮存、运输,携带方便;④易于控制剂量,便于婴幼儿服用。但也要注意由于分散度大而造成的吸湿性、稳定性、气味、刺激性等方面的不良影响。散剂的主要缺点:药物

知识链接

粉碎后比表面积增大,臭味、刺激性、吸湿性及化学活性等相应增大,挥发性成分容易散失。所以一些腐蚀性较强,遇光、湿、热容易变色的药物一般不宜制成散剂。剂量较大的散剂,有时不如片剂、胶囊剂、丸剂等容易服用。

二、制备工艺流程

散剂的生产各工序,应在 D 级洁净区完成,散剂的一般制备工艺流程如图 11-1 所示。

(一)物料预处理

在固体剂型中,通常是将药物与辅料总称为物料,散剂物料预处理是指将物料处理到符合粉碎要

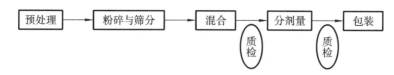

图 11-1　散剂的一般制备工艺流程

求的程度。如果是西药,应将原料、辅料充分干燥,以满足粉碎要求;如果是中药,则应根据处方中的各个药材的性状进行适当的处理,如炮制、干燥、浸出等。

(二)粉碎与筛分

制备散剂用的原料、辅料,除非已经达到了规定的要求,否则均需粉碎。粉碎的目的是保证物料混合均匀,增加药物的比表面积,促进药物的溶解吸收,以及减少外用时由于颗粒大带来的刺激性等。药物粉碎后,还需进行过筛分级,分离出符合规定细度的粉末才可以使用。《中国药典》规定,一般散剂应通过六号筛,儿科及外用散剂需通过七号筛,眼用散剂应通过九号筛。

(三)混合与分剂量

混合是散剂制备的重要工序之一,混合的目的是使散剂特别是复方散剂中各组分分散均匀,色泽一致,以保证剂量准确,用药安全有效。混合方法有搅拌混合、研磨混合以及过筛混合等。

课 堂 活 动

含特殊药物的散剂,如毒性药品、麻醉药品、精神药品等特殊药品,一般用药剂量小,称取、使用不方便,易损耗。因此,常在特殊药品中添加一定比例量的稀释剂制成倍散。稀释倍数由剂量而定:剂量为 0.01~0.1 g,可配成十倍散(即 9 份稀释剂与 1 份药物均匀混合的散剂);剂量为 0.001~0.01 g,可配成百倍散;剂量在 0.001 g 以下可配成千倍散。配制倍散时应采取等量递加法(配研法)。常用的稀释剂有乳糖、糖粉、淀粉、糊精、沉降碳酸钙、磷酸钙、白陶土等惰性物质。采用等量递加法时,有时为便于观察混合是否均匀,可加入少量色素。请问,制备硫酸阿托品百倍散 50 g,需加多少乳糖?

将混合均匀的散剂,按重量要求分成等重分数的过程称作分剂量。常用的方法有以下 3 种。

1. 目测法(估分法)　称总重量的散剂,以目测分成若干等份的方法。这种方法操作简单,但准确性差。药房临时调配少量普通药物的散剂时可以应用此方法。

2. 容量法　用固定容量的容器进行分剂量的方法。这种方法效率较高,但准确性也不够好。药房大量配制普通药物的散剂时所用的散剂分量器,药厂使用的自动分包机、分量机等都采用的容量法。

3. 重量法　用天平逐份称重的方法。这种方法分剂量准确,但操作烦琐、效率低。主要用于含剧毒药物、贵重药物散剂的分剂量。

(四)包装与贮存

散剂的包装与贮存的重点在于防潮,因为散剂的分散度大,所以其吸湿性和风化性较显著。散剂吸湿后会发生很多变化,如结块、潮解、变色、分解、霉变等一系列不稳定现象,严重影响散剂的质量以及用药的安全性。所以在包装和贮存的过程中主要应解决好防潮的问题。包装时注意选择包装材料和方法,贮存过程中应注意一般散剂须密闭贮存,含挥发性或易吸湿性药物的散剂须密封贮存。除防潮、防挥发外,温度、微生物或光照等对散剂的质量均有一定的影响,应予以重视。

三、散剂的质量控制

1. 粒径　除另有规定外,局部用散剂按单筛分法依法检查,通过七号筛(120 目)的细粉重量不应低于95%。用于烧伤或严重创伤的外用散剂,按单筛分法依法检查,通过六号筛(100目)的粉末重量不得少于95%。

2.外观均匀度 取供试品适量,置光滑纸上,平铺约5 cm²,将其表面压平,在亮处观察,应色泽均匀,无花纹与色斑。

3.干燥失重或水分 中药散剂须进行水分测定,水分测定的方法因散剂组分不同而不同。中药普通散剂水分含量按《中国药典》(2020年版)规定的烘干法测定,含挥发油成分的散剂按甲苯法测定,除特殊规定外,含水量一般不得超过9%。化学药散剂需进行干燥失重测定,除另有规定外,供试品在105℃干燥至恒重,减失重量不得超过2%。

4.装量差异 单剂量包装的散剂,依法检查,装量差异限度应符合规定。散剂装量差异限度要求见表11-1。凡规定检查含量均匀度的散剂,一般不再进行装量差异检查;而多剂量包装的散剂应照最低装量检查法检查装量,结果应符合规定。

表 11-1 散剂装量差异限度

平均装量或标示装量	装量差异限度(中药、化学药)	装量差异限度(生物制品)
0.1 g 及 0.1 g 以下	±15%	±15%
0.1 g 以上至 0.5 g	±10%	±10%
0.5 g 以上至 1.5 g	±8%	±7.5%
1.5 g 以上至 6.0 g	±7%	±5%
6.0 g 以上	±5%	±3%

此外,还应按《中国药典》(2020年版)四部通则0115对一般散剂进行微生物限度检查,对用于深部组织创伤的散剂做无菌检查。

四、散剂的制备举例

硫酸阿托品百倍散。

【处方】硫酸阿托品　　　　1.0 g
　　　　胭脂红乳糖(1%)　　0.5 g
　　　　乳糖　　　　　　　　98.5 g

【制法】①1%胭脂红乳糖的制备(共制备50 g备用):取胭脂红0.5 g于乳钵中,加90%乙醇10~20 mL,搅匀,再加入少量乳糖研磨均匀,至乳糖全部加入混匀,并于50~60℃干燥后,过六号筛即得;②取少量乳糖研磨使乳钵内壁饱和后倾出;③将硫酸阿托品与胭脂红乳糖置乳钵中研合均匀;④按等量递加法逐渐加入所需量的乳糖,充分研合,至全部色泽均匀,过六号筛即得。

【作用与用途】胆碱受体阻断药。可解除平滑肌痉挛,抑制腺体分泌,散大瞳孔。本品主要用于胃肠、肾、胆绞痛等。

案 例 分 析

案例1 硫酸阿托品百倍散为什么用胭脂红乳糖制备?制备时为什么先饱和乳钵内壁?

分析 制成倍散后使用,加胭脂红乳糖有利于检查其均匀性;制备时先饱和乳钵内壁,可减少硫酸阿托品被吸附损耗。

案例2 口服补液盐散Ⅰ处方中有氯化钠、氯化钾、碳酸氢钠、葡萄糖4种药物,其制法:①取葡萄糖、氯化钠分别粉碎成细粉,过六号筛,取已筛出部分,称取处方量,混合均匀,分装于大袋中;②将氯化钾、碳酸氢钠分别粉碎成细粉,过六号筛,取已筛出部分,称取处方量,混合均匀,分装于小袋中;③将大、小袋同装一包。请问,为什么要将药品分开包装?

分析　因散剂的特点为比表面积大,产品易吸湿,特别是本处方中的氯化钠、葡萄糖较易吸湿,若混合包装,易造成吸湿溶解后碱性增大,所以应分开包装。

同步练习

扫码看答案

一、单项选择题

1.不符合散剂一般制备规律的是(　　)。

A.各组分比例量差异大者,采用等量递加法

B.剂量小的剧毒药,一般应先制成倍散

C.含低共熔成分,若共熔后药理作用减弱,则应避免共熔

D.各组分比例差异大者,体积小的先放入容器,体积大的后放入容器

2.密度不同的药物在制备散剂时,最好的混合方法是(　　)。

A.等量递加法　　　　　　　　　　B.多次过筛法

C.将密度小的加到密度大的上面　　D.将密度大的加到密度小的上面

3.下列剂型中,服用后起效最快的是(　　)。

A.颗粒剂　　　　B.散剂　　　　C.胶囊剂　　　　D.片剂

4.一般应制成倍散的是(　　)。

A.含毒性药品散剂　B.含液体成分散剂　C.含共熔成分的散剂　D.眼用散剂

5.散剂中所含的水分不得超过(　　)。

A.9.0%　　　　B.5.0%　　　　C.3.0%　　　　D.8.0%

6.痱子粉属于(　　)。

A.散剂　　　　B.粉剂　　　　C.颗粒剂　　　　D.搽剂

二、多项选择题

1.散剂的质量检查项目主要有(　　)。

A.外观　　B.粒度　　C.干燥失重　　D.融变时限　　E.脆碎度

2.影响散剂混合效果的因素有(　　)。

A.各组分的比例　　　　B.各组分的密度差异　　　　C.含有色素组分

D.含有液体组分　　　　E.含有吸湿性组分

3.下列所述混合操作应掌握的原则,正确的有(　　)。

A.组分比例相似者,可直接混合

B.组分比例差异较大者,应采用等量递加法混合

C.密度差异大的,混合时先加密度小的,再加密度大的

D.色泽差异较大者,混合时应采用套色法

E.含有液体或吸湿性成分,不会影响散剂的混合效果

4.散剂混合时,产生润湿与液化现象的相关条件有(　　)。

A.药物的结构性质　　　　B.共熔点的高低　　　　C.药物组成比例

D.药物的粉碎度　　　　　E.药物的密度

任务二　颗　粒　剂

扫码看课件

一、概述

1.概念与特点　颗粒剂(granule)系指药物与适宜的辅料制成具有一定粒径的干燥颗粒状制剂。

颗粒剂可直接吞服,也可冲入水中饮服。

颗粒剂与散剂相比具有以下特点:①飞散性、附着性、团聚性、吸湿性等均较小;②多种成分混合后用黏合剂制成颗粒,故可防止各种成分的离析;③贮存、运输方便;④必要时对颗粒进行包衣,根据包衣材料的性质可使颗粒具有防潮性、缓释性或肠溶性等。

2.颗粒剂的分类 可分为可溶颗粒(统称为颗粒)、混悬颗粒、泡腾颗粒等。

(1)可溶颗粒:绝大多数为水溶性,以热水(70~80℃)冲服,如感冒退热颗粒、板蓝根颗粒等;个别品种可以酒溶,如野木瓜颗粒,有祛风止痛、舒筋活络的作用,用少量饮用酒调服,效果更好。

(2)混悬颗粒:难溶性固体药物与适宜的辅料制成的具有一定粒径的干燥制剂。临用前加水或其他适宜的液体振摇即可分散成混悬液,如头孢拉定颗粒等。

(3)泡腾颗粒:含有泡腾崩解剂碳酸氢钠和有机酸,遇水可放出大量 CO_2 而呈泡腾状的颗粒剂。其药物应是可溶性的,加水产生气泡后应能溶解。泡腾颗粒应溶解或分散于水中后服用。如维生素C泡腾颗粒、小儿咳喘灵泡腾颗粒等。

(4)其他:①肠溶颗粒,系采用肠溶材料包裹或其他适宜的方法制成的颗粒剂,能耐胃酸,而在肠液中释放出活性成分,可防止药物在胃内分解失效,避免对胃的刺激和控制药物在肠道内定位释放。②缓释、控释颗粒,系指在水或规定的介质中缓慢地非恒速地释放药物或接近恒速地释放药物的颗粒剂。这两种常作为中间剂型,装胶囊或压片后使用。

近年来还研制了无糖颗粒剂。药材浸出液经低温浓缩、喷雾干燥、以少量辅料及非糖甜味剂制成颗粒,大大减少了服用剂量,单剂量一般仅 3~6 g,对于禁糖患者尤为适宜,如银黄颗粒(无蔗糖)等。

颗粒剂的生产工艺流程见图 11-2。

图 11-2 颗粒剂的生产工艺流程

二、制粒技术

制粒技术是药物制剂生产过程中较重要的技术之一,根据制粒时采用的润湿剂或黏合剂的不同,将制粒技术分为湿法制粒技术、干法制粒技术两大类。不同制粒技术所制得的颗粒的形状、大小、松紧、溶解度等均有所差异,生产上应根据制粒目的、物料性质等来选择合适的制粒技术。

知识链接

(一)湿法制粒技术

湿法制粒技术是指物料中加入润湿剂或液体黏合剂进行制粒的方法,是目前国内医药企业应用最广泛的方法。根据制粒时采用的设备不同,湿法制粒技术有以下 4 种。

1.挤压制粒技术 将药物粉末用适当的黏合剂制备软材后,用强制挤压的方式使其通过具有一定大小筛孔的孔板或筛网而制粒的方法。

(1)挤压制粒技术是比较传统的制粒技术,物料的混合、制粒、干燥分别由槽型混合机、摇摆式制粒机(图 11-3、图 11-4)、烘箱完成。对厂房设施的要求较低,设备比较简单,颗粒质量较好。但属于间断操作,生产效率较低。挤压制粒技术的一般工艺流程见图 11-5。

(2)挤压制粒过程中常见的问题及其原因:①颗粒过粗、过细、粒度分布范围过大,主要原因是筛网选择不当;②颗粒过硬,主要原因是黏合剂的黏性过强或黏合剂的用量过多;③色泽不均匀,主要原因是物料混合不均匀或干燥时有色成分迁移等;④颗粒流动性差,主要原因是黏合剂或润滑剂使用不当,颗粒中细粉过多或颗粒含水量过高;⑤筛网"疙瘩"现象,主要原因是黏合剂的黏性过强或黏合剂的用量过多。

(3)挤压制粒技术的特点:①颗粒的粒径可由筛网的孔径大小调节,颗粒粒径范围在 0.3~30 mm,粒径分布范围窄,颗粒形状为圆柱形;②颗粒的松软程度可用不同黏合剂及其加入的量调节;③制粒过程步骤多、劳动强度大,不适合大批量和连续生产。

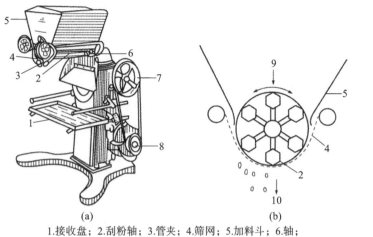

1.接收盘；2.刮粉轴；3.管夹；4.筛网；5.加料斗；6.轴；
7.皮带轮；8.电动机；9.物料；10.颗粒

图 11-3　摇摆式制粒机结构图

（a）设备外形图；（b）制粒过程示意图

图 11-4　摇摆式制粒机外观图

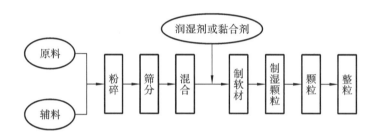

图 11-5　挤压制粒的一般工艺流程

2. 高速混合制粒技术　高速混合制粒技术是近年来生产上普遍应用的制粒技术，混合、制粒可由高速混合制粒机（图 11-6、图 11-7）同时完成，再配合使用沸腾干燥器，生产效率较高、粉尘少、物料混合的均匀性也较好。高速混合制粒机主要由容器、搅拌桨、切割刀、搅拌电机、制粒电机、电器控制器和机架等组成。将原料、辅料和黏合剂加入容器内，靠高速旋转的搅拌器的搅拌、剪切、压实等作用迅速完成混合和制粒的操作。这种机械制备一批颗粒所需时间仅 8～10 min，且制得的颗粒粒径范围为20～80 目，烘干后可以直接用于压片。但其对厂房设施的要求较高，颗粒质量不如传统技术稳定。适用于工艺成熟、产量较大的药物。

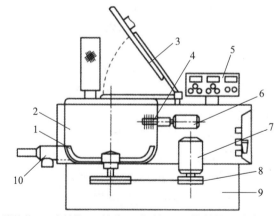

1.搅拌桨；2.盛料筒；3.筒盖；4.切割刀；5.控制器；6.切割刀电机；
7.搅拌电机；8.传动皮带；9.机座；10.控制出料门

图 11-6　高速混合制粒机结构图

（1）高速混合制粒技术的工艺流程：见图11-8。

图 11-7 高速混合制粒机外观图

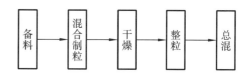

图 11-8 高速混合制粒技术的工艺流程

（2）高速混合制粒过程中容易出现的问题及其原因：①黏壁，主要原因有黏合剂选择不当或用量太多，搅拌时间太长等；②颗粒中细粉太多，主要原因有黏合剂选择不当或用量太少，搅拌速度与剪切速度不当等；③制出颗粒中有团块，主要原因有搅拌速度与剪切速度不当，制粒时间过长，黏合剂喷洒不均匀等。

（3）高速混合制粒技术的特点：①在一个容器中完成混合、制粒过程；②与挤压制粒技术相比，更加节省工序，操作简单、迅速；③可制出不同松紧度的颗粒；④不易控制颗粒制作过程。

3. 流化床制粒技术 流化床制粒是使粉粒物料在溶液的雾状气态中流化，使之凝集成颗粒的一种操作过程。流化床制粒机（图11-9、图11-10）主要由容器、气体分布装置（如筛板等）、喷嘴（雾化器）、气固分离装置（如袋滤器）、空气送入和排出装置、物料进出装置等组成。

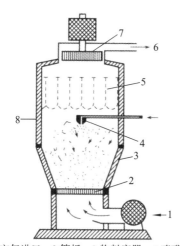

1.空气进口；2.筛板；3.物料容器；4.喷嘴；
5.袋滤器；6.空气出口；7.排风机；8.喷雾室

图 11-9 流化床制粒机结构图

图 11-10 流化床制粒机外观图

（1）流化床制粒技术的工艺流程：空气由送风机吸入，经空气过滤器和加热器，从流化床下部通过筛板吹入流化床内，热空气使床层内的物料呈流化状态，然后送液装置泵将黏合剂溶液送至喷嘴，由压缩空气将黏合剂均匀喷成雾状，散布在流态粉粒体表面，使粉粒体相互接触凝集成颗粒。经过反复的喷雾和干燥，当颗粒大小符合要求时停止喷雾，形成的颗粒继续在床层内送热风干燥，出料。集尘装置可以阻止未与雾滴接触的粉末被空气带出。尾气由流化床顶部排出后通过排风机放空。在一般的流化床制粒操作中，黏合剂的黏度通常受泵性能的限制，一般为 $0.3 \sim 0.5$ Pa·s。

案 例 分 析

案例 一天,某药厂门卫看到车间楼顶烟雾滚滚,以为是车间发生火灾,急忙拨打119电话并通知厂部。厂部紧急调查每一车间,发现没有任何车间起火,再仔细观察烟雾,发现原来是尘雾。再继续调查,发现尘雾来自正在工作中的流化床制粒机。停机检查,发现流化床制粒机的袋滤器严重破裂。

分析 流化床制粒机依靠袋滤器阻止药粉飞出,袋滤器破裂,药粉随气流从制粒机空气出口排出,进入车间排气管道,造成误会。

预防措施 药粉飞出,不仅造成浪费,还直接影响产品质量,所以在安装袋滤器之前,一定要认真检查其是否完好,有漏洞要补好,如果已经严重破损,则应更换新的袋滤器。

(2)流化床制粒过程中容易出现的问题及其原因:①沟流与死床,沟流的特征是床层不流化,气体通过床层时压力下降,床层内不流化称死床。沟流现象发生时,大部分气体没有与固体粒子很好地接触就通过床层的沟道,使床层内的颗粒的流化运动不均匀。发生这种现象的主要原因可能是物料潮湿易结块、物料颗粒太细、物料中颗粒的粒径分布不均匀,以及床层薄、气体分布板开孔率不均匀等,可根据实际情况进行处理。②大气泡与腾涌,当气体流速较高时,小气泡合并成大气泡,甚至大气泡连成一片气带,形成活塞流,气体把固体颗粒托到一定高度后突然崩裂,大量颗粒淋洒而下,影响颗粒质量。发生这种现象的主要原因可能是流化床床高与床径之比过大、颗粒的粒径分布及气体分布板开孔率不均匀,需要对设备的相关工艺参数进行调整。

(3)流化床制粒技术的特点:使用流化床制粒机,使物料的混合、制粒及干燥等过程在同一设备内一次完成。该技术既简化了工序和设备,又节省了厂房和人力,制得的颗粒大小均匀、外观圆整、流动性好,是一种较为先进的制粒技术。缺点是动力消耗较大,另外处方中含有密度差别较大的多种组分时,可能会造成各组分含量的不均匀。

4. 喷雾干燥制粒技术 喷雾干燥制粒是将待制粒的药物、辅料与黏合剂溶液混合,制成含固体量为50%～70%的混合浆状物,用泵输送至离心式雾化器的高压喷嘴,在喷雾干燥器的热空气流中雾化成大小适宜的液滴,热风气流将其迅速干燥而得到细小的近似球形的颗粒并落入干燥器的底部。此法进一步简化了操作,成粒过程只有几秒到几十秒,速度较快、效率较高。一般需要离心式雾化器,并由其转速等控制液滴大小。该技术采用的设备为喷雾干燥制粒机,其结构见图11-11。

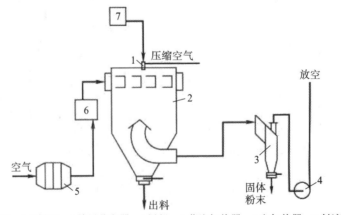

1.雾化器;2.干燥室;3.旋风分离器;4.风机;5.蒸汽加热器;6.电加热器;7.料液贮槽

图 11-11 喷雾干燥制粒机结构图

(1)喷雾干燥制粒技术的工艺流程见图 11-12。

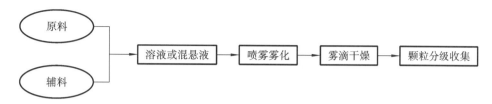

图 11-12 喷雾干燥制粒技术的工艺流程

(2)喷雾干燥制粒过程中容易出现的问题及其原因:①黏壁,主要原因有药液浓度太高、干燥温度过高、药液流量不稳定、设备安装不当(如气体通道与液体通道的轴心不重合,喷嘴轴线不在干燥室的中心垂线上)等;②喷头堵塞,主要原因是药液未过滤或过度浓缩、药液的黏性过大;③结块,主要原因是干燥温度太低。

(3)喷雾干燥制粒技术的特点:可由液态物料直接得到干燥的颗粒;干燥速度快、物料受热时间短,适合热敏性物料的干燥和制粒;所得颗粒多为中空球形粒子,具有良好的溶解性、分散性和流动性。缺点是设备费用高、耗能大、成本高、黏性大的料液容易黏壁。

知识链接

(二)干法制粒技术

干法制粒技术是把药物粉末直接压缩成较大片剂或片状物后,重新粉碎成所需大小颗粒的方法。常用压片法(重压法)和滚压法。

1.压片法(重压法) 将固体粉末先用重型压片机压制成直径为 20～25 mm 的胚片,再将胚片粉碎成所需大小颗粒的方法。此法所用设备是压片机和粉碎机。压片机工作时需用巨大压力,故冲模等机械部件损耗率大。粉碎时产生的细粉较多,需要反复加压、粉碎,故生产效率较低。

2.滚压法 利用转速相同的两个滚动圆筒之间的缝隙,将药物粉末滚压成片状物,然后通过颗粒机粉碎制成一定大小颗粒的方法。片状物的形状由压轮表面的凹槽花纹决定。干法制粒机(图 11-13、图 11-14)可完成滚压、碾碎、整粒过程,操作简单,可全部实现自动化,生产效率高,设备投资少,经济

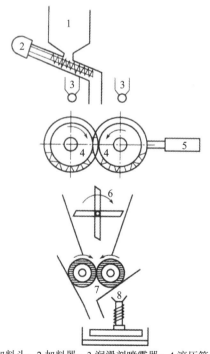

1.加料斗;2.加料器;3.润滑剂喷雾器;4.滚压筒;
5.液压缸;6.粗粉碎装置;7.滚碎装置;8.整粒装置

图 11-13 干法制粒机结构图

图 11-14 干法制粒机外观图

效益好,因此应用越来越广。

干法制粒不加入任何液体,避免物料受湿和热的影响,提高了产品的质量,又解决了防爆问题和废气排放问题,常用于热敏性药物、遇水易分解的药物以及容易压缩成型的药物制粒。但采用干法制粒时,应注意由压缩引起的晶型转变及药物活性降低等问题。

三、颗粒剂的生产

(一)物料前处理

具体内容参见项目九口服固体制剂单元操作。

(二)制粒

1. 生产环境 无特殊要求时,制粒操作在 D 级洁净区内进行。温度应控制在 $18\sim26$ ℃,相对湿度应控制在 $45\%\sim65\%$。根据药品生产工艺要求,洁净室(区)内设置的称量室或备料室,空气洁净度等级与生产要求一致。制粒操作间应有捕尘和防止交叉污染的措施,空气净化系统不得利用回风。生产区应有与生产规模相适应的面积和空间用于安置设备、物料,便于生产操作,避免差错和交叉污染。贮存区应有与生产规模相适应的面积和空间用于存放物料、中间产品、待验品和成品,避免差错和交叉污染。

2. 物料

(1)主药:根据制剂处方需要所投入的起治疗作用的成分。与医师处方不同的是制剂处方中的主药不单指起主要治疗作用的药物。在复方制剂中,只要是有药理作用,在处方中为保证药物的有效性而加入的成分均可称为主药。

(2)辅料:颗粒剂常用的辅料有稀释剂、吸收剂、润湿剂与黏合剂 4 类。

(3)粉头:在生产中颗粒质量检查时因粒径过细或过粗而导致质量不合格,需要返工的废粒称为粉头,是制粒岗位必须处理的物料。粉头应重新粉碎成 100 目粉末后与处方中其他固体成分混合备用。由于粉头中已含部分主药,为保证制粒的质量,必须根据粉头中主药含量以及处方规定的投料量进行物料衡算。

3. 制粒操作 以 SHL-250 高效湿法混合制粒机为例。

(1)准备过程。

①查验清场是否合格,人流、物流通道要畅通无阻,现场杂物清理干净。

②查看本岗位所需的工器具是否齐全。

③核对原料、辅料名称、规格、合格证。

④开启压缩空气的三通球阀并旋转至通气位置,调节阀门开启度,使气压为 0.5 MPa。

⑤接通总电源并观察电器操作屏,当信号指示灯亮时,方可打开物料盖。

⑥检查搅拌浆、切碎刀中心部的进气气流,根据实际情况调节气流操作板上的流量计。用手转动搅拌浆及切碎刀,转动应无异常,然后关闭物料盖和出料盖。

⑦打开观察盖,点动两个电机,观察搅拌浆和切碎刀的旋转方向,应为逆时针旋转(面向零件)。否则通知电工重新连接电源线。

⑧操作出料和停止按钮,出料活塞的进退应灵活,运动速度应适中。否则可调节气缸下面的接头或单向节流阀。最后关闭出料活塞。

⑨先开启总水阀,然后将三通球阀旋转到通水位置,通水至切碎轴承的上沿。打开物料盖,观察搅拌浆和切碎刀中心部水位,检查各密封处应无渗漏现象。

⑩将三通球阀旋转到通气位置。关闭物料盖。开启搅拌和切碎电机,通过观察口查看空载运行情况及密封情况。

⑪控制出料活塞,放净存水,并擦干料锅。

⑫检查运转部分,开启后应运转自如。安全联锁装置各程序应正确无误。

⑬物料盖设有联锁和延时装置。只有在电源接通、电机停止,且门信号灯亮时,才可能打开物料

盖。如果在开盖延时时间内,没有开盖,则物料盖重新被锁住,门信号灯关闭。此时不可强行打开物料盖,应按一下急停按钮并恢复,门信号灯亮时,方可打开物料盖。

(2)生产操作。

①接通气源、水源、电源。将气、水转换阀旋转到通气位置。检查气的压力($P_气 \geqslant 0.5$ MPa)。

②观察信号灯亮,打开物料盖。

③按产品工艺规程的配料比例和加料次序,将所要加工的药粉倒入锅内,然后关闭物料盖。

④按产品工艺规程要求调整时间继电器,开启搅拌和切碎电机,干混 1 min,再按工艺规程要求加入黏合剂,快速制粒 2 min,关闭电机。

⑤将料槽或料盘放在出料口,打开出料活塞,启动搅拌浆,将颗粒分次排出。用排刷刷净,关闭出料活塞。

(3)清洗。

制粒结束后,按清洗规程认真清洗设备。

(4)日常维护与保养。

①该机延长时间从最后一个电机关闭开始计算 10 s。因此使用该机前应检查延长时间,只能由专业人员进行联锁调节,不得任意改变联锁时间。

②物料盖上的排气孔和观察孔配有防护条,不能随便取下防护条。

③更换产品或批号时,对密封进行清洗(在物料锅清洗完毕后)。清洗密封步骤如下:

a.旋下中心体(向左旋)。

b.拆掉垫,用取浆器取下搅拌浆。

c.松开并退下螺钉后,再退下密封组件。进行清洗,并检查组件,应完好无损,否则更换。

d.用刷子和水将密封腔冲洗干净。

e.在密封件干燥后或新换密封后,在轴密封环上的凸缘处涂上与产品相符的润滑剂。

f.按上述相反顺序组装。

④每周检查一次 B 型三角带应无严重磨损,张紧适度,否则更换三角带或用螺钉调节张紧度。减速器使用 90♯机油,启用运转 1500 h 后将减速器内油彻底更换一次,以后每半年更换一次。

⑤切碎部分每月拆开清洗,加润滑油一次,步骤如下:

a.在物料盖内拆下螺母、刀片、垫套等。

b.旋下通水、通气管。

c.旋下螺钉,卸下电机。

d.旋下螺钉,将法兰连同其他零件一起取下。

e.清洗密封腔,并对两个轴承加润滑油。

f.按上述相反顺序安装,安装时要注意保护好密封圈,防止损坏。

⑥应经常观察设备后下板上的两个漏水孔,这两个孔与搅拌密封和切碎密封的排水管相连,当漏水孔出现漏水时,表明搅拌和切碎的密封圈有损坏,应及时更换。

(5)注意及时规范地填写生产记录、清场记录。

4.干燥 以 FL-5 型沸腾干燥制粒机为例。

(1)准备过程。

①检查生产现场、设备、容器的清洁状态,检查清场合格证,并核对其有效期。取下"已清洁"标志牌,挂上"生产状态"标志牌,按岗位工艺指令填写工作状态。

②检查设备各部件、紧固件有无松动,发现问题及时排除。

③按岗位工艺指令核对物料品名、规格、批号、数量、合格标签等。

(2)生产操作。

①安装捕集袋。

②接通电源、气源,打开送风阀门。

③将物料加入原料容器中,推至喷雾室下方。

④安装好物料传感器及喷枪。

⑤在操作屏上按下"按此键进入操作画面",即进入设备操作画面。

⑥按下"参数设定"进入参数设定页面,设定好相应的参数。

⑦按下"操作画面"回到操作主页面。

⑧操作步骤:程序启→容器升→风机启→手动→加热→干燥→喷雾。操作过程中随时检查物料变化情况,及时调整参数。

⑨生产结束后,停止加热,待温度降到一定程度,风机停止。降下容器,取下物料传感器,推出原料容器出料。

(3)干燥结束。

①工作完毕,断开电源,关闭水阀和空气压缩阀。

②按 FL-5 型沸腾干燥制粒机清洁标准操作程序进行清洁,经 QA 检查合格后,挂上"已清洁"标志牌。

③按 FL-5 型沸腾干燥制粒机维护与保养标准操作程序进行维护和保养。

(4)注意事项。

①只有在升降气缸降到位后才能推动原料容器。

②原料容器及扩散室就位后升降气缸才能顶升,顶升时任何人不得进入设备。

③拆卸过滤袋时设备下严禁站人,以防坠落伤人。

④推出原料容器前,务必取出物料传感器。

⑤注意及时规范地填写生产记录、清场记录。

5.整粒与分级　整粒是指在干燥过程中,某些颗粒可能发生粘连甚至结块,因此,要对干燥后的颗粒进行适当的整理,使粘连、结块的颗粒散开,得到大小均匀一致的颗粒。一般采用过筛的方法整粒,所用筛网要比制粒时的筛网稍细一些;但如果干颗粒比较疏松,宜选用稍粗一些的筛网整粒,此时如果选用细筛,则颗粒易被破坏,产生较多的细粉。

分级是指根据不同制剂工艺的要求去除过粗或过细的颗粒,如颗粒剂要求不能通过一号筛和能通过五号筛的颗粒和粉末的总和不得超过供试量的 15%。

6.分剂量与包装　将各项质量检查合格的颗粒按剂量装入适宜的包装材料中进行包装。

四、颗粒剂的质量控制

颗粒剂质量检查的主要项目如下。

1.外观　颗粒应干燥、均匀、色泽一致,无吸潮、软化、结块、潮解等现象。

2.粒度　除另有规定外,一般取单剂量包装的颗粒剂 5 包或多剂量包装的颗粒剂 1 包,称重,置药筛内轻轻筛动 3 min,不能通过一号筛和能通过五号筛的颗粒和粉末总和不得超过供试量的 15%。

3.干燥失重或水分　除另有规定外,化学药颗粒剂干燥失重照《中国药典》(2020 年版)四部干燥失重测定法(通则 0831)测定,于 105 ℃干燥(含糖颗粒应在 80 ℃减压干燥)至恒重,减失重量不得超过 2.0%。中药颗粒剂水分照《中国药典》(2020 年版)四部水分测定法(通则 0832)测定,水分不得超过 8.0%。

4.溶化性　参照《中国药典》(2020 年版)颗粒剂(通则 0104)项下检查。

(1)可溶颗粒检查法:中药颗粒剂取供试品 1 包(多剂量包装取 10 g),化学药颗粒剂取 10 g,加热水(70~80 ℃)200 mL,搅拌 5 min,立即观察,应全部溶化,允许有轻微浑浊,但不得有异物。

(2)混悬颗粒检查法:应能混悬均匀,已规定检查溶出度或释放度的,可不检查溶化性。

(3)泡腾颗粒检查法:单剂量包装的颗粒剂取 3 包,分别置于盛有 200 mL 水(15~25 ℃)的烧杯中,应迅速产生气体而呈泡腾状,5 min 内颗粒应全部分散或溶解在水中,均不得有焦屑等异物。

5.装量差异　单剂量包装的颗粒剂,其装量差异限度应符合表 11-2 的规定。

表 11-2 颗粒剂的装量差异限度

平均装量标示装量	装量差异限度
1.0 g 及 1.0 g 以下	±10%
1.0 g 以上至 1.5 g	±8%
1.5 g 以上至 6.0 g	±7%
6.0 g 以上	±5%

五、颗粒剂的制备举例

布洛芬泡腾颗粒剂。

知识链接

【处方】
布洛芬	60 g	苹果酸	165 g
交联羧甲基纤维素钠	3 g	碳酸氢钠	50 g
聚维酮	1 g	无水碳酸钠	15 g
糖精钠	2.5 g	橘型香料	14 g
微晶纤维素	15 g	十二烷基硫酸钠	0.3 g
蔗糖细粉	350 g		

【制法】将布洛芬、微晶纤维素、交联羧甲基纤维素钠、苹果酸和蔗糖细粉过 16 目筛后置于混合器中与糖精钠混合。混合物用聚维酮异丙醇液制粒,干燥过 30 目筛整粒后与处方中剩余的成分混匀。混合前,碳酸氢钠过 30 目筛,无水碳酸钠、十二烷基硫酸钠和橘型香料过 60 目筛。制成的混合物装于不透水的袋中,每袋含布洛芬 600 mg。

【注释】处方中微晶纤维素和交联羧甲基纤维素钠为不溶性亲水聚合物,可以改善布洛芬的混悬性,十二烷基硫酸钠可以加快药物的溶出。

【用途】本品具有消炎、解热、镇痛作用,用于类风湿性关节炎、风湿性关节炎等的治疗。

案 例 分 析

案例 上述布洛芬泡腾颗粒剂处方中黏合剂是聚维酮异丙醇液,可否用聚维酮水溶液?如用水溶液则生产工艺流程有何变化?

分析 不可用水溶液,因为处方中含有泡腾崩解剂(苹果酸＋碳酸氢钠),遇水会发生反应,如用水溶液制粒,应分别制备酸粒和碱粒。

 同步练习

一、单项选择题

扫码看答案

1.泡腾颗粒剂遇水能产生大量气泡,是由于颗粒剂中酸与碱发生反应产生气体,此气体是(   )。

A.氢气   B.二氧化碳   C.氧气   D.氮气

2.颗粒剂的粒度检查结果要求不能通过一号筛和能通过五号筛的总和不能超过(   )。

A.10%   B.15%   C.20%   D.25%

3.下列不属于湿法制粒技术的是(   )。

A.挤压制粒   B.滚压法制粒   C.流化床制粒   D.喷雾干燥制粒

4.流化床制粒机内能完成的工序顺序正确的是(   )。

A.混合→制粒→干燥   B.过筛→混合→制粒→干燥

C.制粒→混合→干燥   D.粉碎→混合→干燥→制粒

5. 不适用于对湿热不稳定的药物进行制粒的技术是（　　）。

A. 过筛制粒　　　　B. 重压法制粒　　　　C. 喷雾干燥制粒　　　　D. 滚压法制粒

6. 制出的颗粒多为中空、球状的制粒技术是（　　）。

A. 挤压制粒　　　　B. 滚压法制粒　　　　C. 高速混合制粒　　　　D. 喷雾干燥制粒

7. 制粒前，需将原辅料配成溶液或混悬液的制粒技术是（　　）。

A. 挤压制粒　　　　B. 滚压法制粒　　　　C. 流化床制粒　　　　D. 喷雾干燥制粒

二、多项选择题

1. 制粒常用的辅料有（　　）。

A. 填充剂　　　B. 黏合剂　　　C. 润滑剂　　　D. 矫味剂　　　E. 润湿剂

2. 下列有关颗粒剂的叙述正确的是（　　）。

A. 药物和适宜的辅料制成的干燥颗粒状制剂

B. 据溶解性不同，一般可分为可溶颗粒剂、混悬颗粒剂、泡腾颗粒剂

C. 服用、携带比较方便

D. 可直接吞服，也可溶于溶剂中服用

E. 颗粒剂容易吸潮，故在外观检查时允许有少量结块颗粒存在

3.《中国药典》规定的颗粒剂质量检查项目有（　　）。

A. 外观　　　B. 粒度　　　C. 干燥失重　　　D. 融变时限　　　E. 溶化性

4. 湿法制粒技术包括（　　）。

A. 挤压制粒　　　　　　B. 高速混合制粒　　　　　　C. 流化床制粒

D. 喷雾干燥制粒　　　　E. 滚压法制粒

任务三　胶　囊　剂

扫码看课件

子任务一　胶囊剂概述

一、胶囊剂的含义

胶囊剂是指将药物或与适宜辅料充填于硬质或弹性软质囊材中制成的固体制剂。一般供口服，或用于其他部位，如直肠、阴道等。

二、胶囊剂的特点

（1）药物封于胶囊内，可掩盖药物不良臭味和刺激性，外形整洁、美观，便于识别、携带，使用方便。

（2）胶囊剂制备时无须黏合剂、不受压，药物分散、溶出快，一般口服后数分钟内即可释放药物，血药达峰时间比片剂短，有较高的生物利用度。

（3）对光线、湿气和空气不稳定的药物，如维生素、抗生素等，装入胶囊后可提高稳定性。

（4）药物可以粉末、颗粒、小丸、油溶液等不同形态装入胶囊，以适应不同性质药物的吸收和使用。

（5）药物颗粒或小丸可按不同比例，用不同性质的高分子材料包衣，使之具有不同释放性能，按一定比例混合后装入胶囊，可起到缓释、控释作用；制成肠溶胶囊、直肠用胶囊和阴道用胶囊可起到定位释放作用；对于在结肠内吸收较好的蛋白质、多肽类药物，可制成结肠靶向胶囊剂。

但以下几种药物不能制成胶囊剂。

（1）药物的水溶液或乙醇溶液，因水和乙醇能使胶囊壳溶解。

（2）易溶性药物，如溴化物、碘化物等以及小剂量的刺激性药物，因胶囊在胃中溶解后局部药物浓度高而刺激胃黏膜。

（3）易风化的药物，其风化时释放出的水分可使胶囊壳变软。

(4)吸湿性药物,可使胶囊壳失去水分而变脆。

三、胶囊剂的分类

胶囊剂有多种分类方法。依胶囊的大小,分为普通胶囊、微囊和分子囊;依释药速度快慢,分为速释胶囊与缓释、控释胶囊;依药物释放部位,分为胃溶胶囊与肠溶胶囊;依囊材性质,分为硬胶囊和软胶囊等。

1.硬胶囊(hard capsule) 以下述制剂技术,将药物充填于空心胶囊中(图11-15)。

(1)将一定量的药物加适宜的辅料,如稀释剂、助流剂、崩解剂等制成均匀的粉末或颗粒。

(2)取一种或多种速释小丸或缓释、控释小丸,单独填充或混合后填充,必要时加入适量空白小丸作填充剂。

(3)将药物粉末或颗粒直接进行填充。

2.软胶囊(soft capsule) 也称胶丸,系指将一定量的液体药物直接包封,或将固体药物溶解或分散在适宜的赋形剂中制备成溶液、混悬液、乳状液或半固体状物,密封于球形或椭圆形的软质囊壳中制成的胶囊剂(图11-16)。

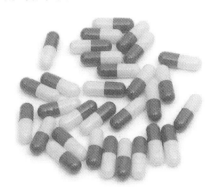

图11-15 硬胶囊

图11-16 软胶囊

按制备方法不同又可分两种:用压制法制成的,中间多有压缝,称为有缝胶丸;用滴制法制成的,呈圆球形而无缝,称为无缝胶丸。

3.肠溶胶囊 系指硬胶囊或软胶囊经适宜方法或药用高分子材料处理加工而成,亦可用适宜的肠溶材料制备而得,其囊壳不溶于胃液,但能在肠液中崩解而释放活性成分。

子任务二 硬 胶 囊

一、概述

硬胶囊系将药物(包括药材粉末与提取物)或加辅料制成均匀的粉末或颗粒,充填于硬质空心胶囊中制成,如头孢氨苄胶囊、速效感冒胶囊等。硬胶囊由空胶囊和内容物构成。

(一)内容物的形式

硬胶囊的内容物以固体粉末或颗粒为主,归纳起来有以下几种:①直接用药物粉末;②将药物与适宜辅料均匀混合后制成粉末、颗粒或小片;③将药物制成包合物、固体分散体、微囊或微球;④溶液、混悬液、乳状液等;⑤普通小丸、速释小丸、缓释小丸、控释小丸或肠溶小丸单独填充或混合后填充,必要时加入适量空白小丸。

近年来,内容物为液体的硬胶囊得到了广泛的关注,如将难溶性药物溶解在 PEG300、PEG400 等液体溶剂中,装入硬胶囊中,不但降低了难溶性药物固体分散体的制备难度,而且提高了难溶性药物的生物利用度。

(二)空胶囊的组成与规格

1.空胶囊的组成 空胶囊的囊材主要是明胶、增塑剂和水,根据需要还可加入其他成分。

(1)明胶是胶囊的主要材料。由动物的骨、皮水解而得,有 A 型与 B 型两种。

A 型明胶:在酸性溶液中水解而得,等电点为 7～9;

B 型明胶:在碱性溶液中水解而得,等电点为 4.7～5.2。

以骨骼为原料制得的骨明胶,质地坚硬,脆,而且透明度差;以猪皮为原料制得的猪皮明胶富有可塑性,透明度好。为兼顾囊壳的强度和可塑性,常采用骨皮混合明胶。

(2)增塑剂增加明胶的韧性与可塑性。常用的有甘油、山梨醇、羧甲基纤维素钠(CMC-Na)、羟丙基纤维素(HPC)、油酸酰胺磺酸钠等。

(3)其他成分:①增稠剂,如琼脂等,可减小流动性、增加胶冻力;②遮光剂,如二氧化钛(2%～3%)等,适用于对光敏感的药物;③色素,可增加美观、便于识别;④防腐剂,如尼泊金等,可防止霉变。当然,并不是所有胶囊都含有以上附加成分,应根据具体需要加以选择。

2. 空胶囊的规格 空胶囊共有 8 种规格,但常用的为 0～5 号,000 号、00 号常用于动物用药品。随着号数的增加,容积由大到小(表 11-3)。

表 11-3 空胶囊的号数与容积

胶囊号数	0	1	2	3	4	5
容积/mL	0.75	0.55	0.40	0.30	0.25	0.15

二、硬胶囊的生产

(一)硬胶囊的一般生产工艺

硬胶囊生产工艺流程见图 11-17,硬胶囊车间工艺布局见图 11-18。

图 11-17 硬胶囊生产工艺流程

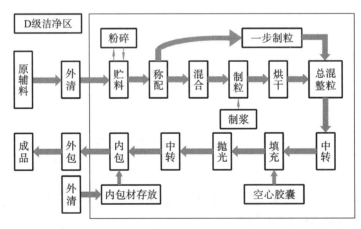

图 11-18 硬胶囊车间工艺布局

(二)硬胶囊的生产

1. 空胶囊的选择 有些药物对光敏感,可选择含有遮光剂的囊壳;另外可根据药物的功能主治选择囊壳颜色,一般治疗急症或有毒副作用的可选红色、黄色囊壳,治疗普通慢性疾病的可选蓝色、白色囊壳。药物的填充多用空胶囊容积控制,故应按药物规定剂量所占容积选择最小的空胶囊。由于药物的密度、晶态、颗粒大小不同,所占的容积亦不同,因此,一般宜先测定待填充物料的密度,然后根据应装剂量计算该物料的容积,以决定选用胶囊的规格。也可用图解法找到所需空胶囊的号数,空胶囊号数与装量关系如图 11-19 所示。

2. 内容物的制备 药物粉碎至适当粒径能满足硬胶囊填充要求时,可以直接填充;但是更多的情况是添加适量的辅料制备成不同形式后填充,以满足生产或治疗的需求。硬胶囊内容物的常见形式

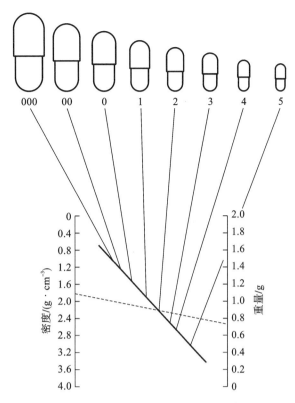

图 11-19 空胶囊号数与装量关系示意图

有粉末、颗粒、小丸、小片、液体或半固体。胶囊剂的常用辅料有稀释剂,如淀粉、微晶纤维素、乳糖等;润滑剂,如硬脂酸镁、微粉硅胶等。

(1)粉末形式:当主药剂量小于所选用空胶囊填充量的 1/2 时,常须加入稀释剂。当主药为粉末或针状结晶、引湿性药物时,因流动性差给填充操作带来困难,常须加入微粉硅胶或滑石粉等改善流动性。

(2)颗粒或小丸形式:许多胶囊剂是将药物制成颗粒或小丸后再填充入胶囊内。颗粒或小丸可以根据需要制成普通、速释、缓释、控释或肠溶等不同的溶解性能后单独或混合填充入胶囊内,必要时可加入适量空白颗粒、小丸混合后填充。以浸膏为原料的中药颗粒,引湿性强,富含黏液质及多糖类物质,可加入无水乳糖、微晶纤维素、预胶化淀粉等辅料改善其引湿性。

(3)液体或半固体形式:溶液、混悬液、乳液等也可以用特制灌囊填充机填充于空心胶囊中,必要时密封。往硬胶囊内填充液体药物,需要解决的是液体从囊体和囊帽接合处泄漏的问题,一般采用增加填充物黏度的方法,可加入增稠剂如硅酸衍生物等使液体变为非流动性软材,然后灌装于胶囊中。

(三)胶囊填充

1. 生产环境 硬胶囊填充在 D 级洁净区内完成,胶囊填充岗位对湿度与温度要求较严格,应保持干燥,并设置湿度计进行监控,温度在 25 ℃左右,相对湿度为 35%~45%。

2. 人员 胶囊填充工作主要分为备料、填充、抛光三个任务。一般情况下,填充与抛光由一个班组人员完成。不同的胶囊剂对物料处理的方法与要求不同,备料任务的复杂程度有很大差别。如只需简单地粉碎、混合,则备料任务可以由填充岗位同班组人员完成。如需将药物进行包囊或用其他的工艺进行处理,则备料任务应由另一岗位的人员完成。填充岗位人员通过物料中转、传递的方式进行交接完成工艺衔接。

知识链接

3. 填充设备 目前,生产上主要采用全自动胶囊填充机进行硬胶囊填充。全自动胶囊填充机的工作台面上设有可绕轴旋转的工作盘,工作盘可带动胶囊板作周向旋转。围绕工作盘设有空胶囊排序与定向、拔囊、体帽错位、药物填充、废囊剔除、胶囊闭合、出囊和清洁结构,如图 11-20 所示。工作台下的机壳内设有传动系统,将运动传递给各结构,以完成以下工序操作。

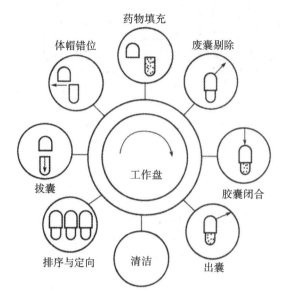

图 11-20　全自动胶囊填充机工艺操作全过程

(1)空胶囊排序与定向:自贮囊斗落下的杂乱无序的空胶囊经排序与定向装置后,被排列成胶囊帽在上、胶囊体在下的状态,并逐个落入主工作盘上的囊板孔中。

(2)拔囊:在真空吸力的作用下,胶囊体落入下囊板孔中,而胶囊帽则留在上囊板孔中。

(3)体帽错位:上囊板连同胶囊帽一起移开,胶囊体的上口置于定量填充装置的下方。

(4)药物填充:药物由药物定量填充装置填充进胶囊体中。

(5)废囊剔除:将未拔开的空胶囊从上囊板孔中剔除。

(6)胶囊闭合:上、下囊板的轴线对齐,并通过外加压力使胶囊帽与胶囊体闭合。

(7)出囊:闭合胶囊被出囊装置顶出囊板孔,并从胶囊滑道进入包装工序。

(8)清洁:清洁装置将上、下囊板孔中的药粉、胶囊皮屑等污染物清除。

完成以上工序操作后,进入下一个工序操作循环。

由于每一区域的工序操作均要占用一定的时间,因此工作盘被设计成间歇转动的运动方式。全自动胶囊填充机外形如图 11-21 所示。

(a)

(b)

图 11-21　全自动胶囊填充机外形
(a)NJP-1200 型;(b)NJP-2000 型

4. 填充的生产操作 以 NJP-1200 型全自动胶囊填充机为例。

(1)准备过程。

①检查生产现场、设备、容器的清洁状态。

②检查压缩空气管路、吸尘机管路、真空泵管路是否与主机接通。

③检查复合物料品名、规格,并将空胶囊加入胶囊罐中,将药粉加入粉斗中。

(2)操作过程。

①接通电源,用手柄转动主电机轴,机器运转 1~3 个循环后将电源开关由"0"位置转至"1"位置。

②状态选择:调试机器时将功能开关置于"点动"位置,待机器运转正常后,将功能开关置于"自动"位置。

③机器运行:打开除尘机开关。在点动状态时,先按"真空泵工作"键,真空泵电机开始运转。在自动状态时,先按"真空泵工作"键,再按"主机运行"键,机器开始自动运行,打开送空胶囊开关,开始生产。

④紧急开关的使用:须立即停机时,按紧急开关,机器立刻停机并自锁。

⑤变频调速:电源打开后,按调速器上的交换键"FUNC/DATE",显示窗口会显示电流(R)、频率(F)和产量(U),按对应项目键显示该项值。按调速器上的"∧"键,电机频率提高,转速加快,产量增高;按"∨"键则相反。

⑥供料电机操作:点动状态加料按"供料点动"键;自动状态加料时,要将电机箱左侧的"自动加料"旋钮转至"开"位置(注:调试状态此旋钮要转至"关"位置)。

(3)结束过程。

①工作完毕,断开电源,关闭吸尘器。

②按 NJP-1200 型全自动胶囊填充机清洁标准操作规程进行清洁。

③按 NJP-1200 型全自动胶囊填充机维护与保养规程进行维护与保养。

(4)注意事项。

①启动前检查确认各部件完整可靠,电路系统安全完好。

②检查各润滑点润滑情况,检查各螺钉是否拧紧。

③检查上下模板是否运动灵活顺畅,配合良好。

④启动主机前确认变频调速频率为 0。

⑤在机器运转时,手不得接近任何一个运动的机器部位,安装或更换部件时,应关闭总电源,并由专人进行操作,防止发生危险。

⑥机器运转时操作人员不得离开,并经常检查设备运转情况,有异常现象应立即停机,并排除故障。

⑦严格执行全自动胶囊填充机操作规程,发现问题及时处理。

5. 常见故障及排除 常见故障及排除见表 11-4。

表 11-4 常见故障及排除

故障现象	可能原因	排除方法
胶囊帽体分离不良	1.胶囊尺寸不合格,预锁过紧 2.上下模板错位 3.模板孔中有异物 4.真空度太小,管路堵塞或漏气 5.真空吸板不贴模板	1.目视检查胶囊 2.用模板调试杆调节模板位置,并检查盘凸盘对中销位置情况 3.观察模板孔中是否有异物,如有,需用钳子、毛刷清理 4.检查真空表的气压,同时检查真空管道,清理过滤器 5.仔细调节真空吸板位置,同时检查真空管道及过滤器

故障现象	可能原因	排除方法
运行中突然停机	1.料粉用完 2.料粉中混入异物阻塞出料口 3.电控系统元器件损坏 4.机械传动零件松动、损坏卡住，电机过载	1.添加料粉 2.检查料粉中是否混入异物，如有，需取出 3.检查料斗电控系统，电机接触器是否良好 4.检查机械传动部分是否有零件松动，造成运动干涉、电机过载，如属此类问题，应仔细检查修复，并对机器进行调试
不自动加料	1.电路接触不良 2.料位传感器或供料电器损坏 3.上料开关跳闸	1.参考电器原理图检查相应的电路，由电工排除故障 2.检查传感器灵敏度，清理传感器接近开关，调整传感器灵敏度 3.检查是否由上料开关保护引起，如属此类问题，将其复位
成品抛出不畅	1.胶囊有静电 2.异物堵塞 3.出料口仰角过大 4.固定出料口螺钉松动突起	1.检查出料口是否有胶囊贴留现象，如有，加清洁压缩空气吹出成品 2.检查推杆和导引器的位置 3.清理出料口 4.如属于出料口仰角过大问题，通过调整螺钉减小出料口仰角

已填充好的硬胶囊应及时除粉打光，硬胶囊的抛光使用胶囊抛光机。胶囊抛光机借助无级变速机的驱动，能清洁附着于胶囊上的粉尘，提高药品表面的光洁度。

三、硬胶囊制备举例

速效感冒胶囊。

【处方】对乙酰氨基酚　　　　300 g

　　　　维生素 C　　　　　　100 g

　　　　猪胆汁粉　　　　　　100 g

　　　　咖啡因　　　　　　　3 g

　　　　氯苯那敏　　　　　　3 g

　　　　10%淀粉浆　　　　　适量

　　　　食用色素　　　　　　适量

　　　　共制成硬胶囊 1000 粒

【制法】①取上述各药物，分别粉碎，过 80 目筛；②将 10%淀粉浆分为 A、B、C 3 份，A 加入少量食用胭脂红制成红糊，B 加入少量食用橘黄（最大用量为万分之一）制成黄糊，C 不加色素为白糊；③将对乙酰氨基酚分为 3 份，一份与氯苯那敏混匀后加入红糊，一份与猪胆汁粉、维生素 C 混匀后加入黄糊，一份与咖啡因混匀后加入白糊，分别制成软材后，过 14 目尼龙筛制粒，于 70 ℃干燥至水分含量在 3%以下；④将上述 3 种颜色的颗粒混合均匀后，填充入空胶囊中，即得。

【用途】本品用于感冒引起的鼻塞、头痛、咽喉痛、发热等。

案例分析

案例 上述处方为何要制粒,并且将颗粒制成不同颜色?

分析 本品为一种复方制剂,所含成分的性质、数量各不相同,为防止混合不均匀和填充不均匀,采用适宜的制粒方法使制得颗粒的流动性良好,经混合均匀后再进行填充。另外,加入食用色素可使颗粒呈现不同颜色:一方面可直接观察混合的均匀程度;另一方面若选用透明胶囊壳,可使制剂看上去比较美观。

子任务三 软 胶 囊

一、概述

软胶囊是指将一定量的药液直接包封,或将固体药物溶解或分散在适宜的赋形剂中制备成溶液、混悬液、乳状液或半固体状物,密封于球形或椭圆形的软质胶囊壳中制成的胶囊剂,也称胶丸。

> **小资料**
>
> 18世纪30年代,法国药剂师 Mothesh 和 DuBlanc 发明了软胶囊剂型,但直到19世纪,软胶囊制备及技术才被正式提出,即平模式软胶囊机的发明与应用。1933年 Robert P. Scherer 发明了滚模式全自动软胶囊机。

1.软胶囊的囊材 软胶囊的囊材主要是胶料、增塑剂、附加剂和水。胶料、增塑剂和水是软胶囊成型的基础,三者的比例可影响软胶囊囊壳及成品的质量。

1)胶料 一般为明胶、阿拉伯胶。

(1)明胶:一直以来,明胶因来源于动物而存在残留有害物质和污染的潜在风险问题而被研究者们所重视,研究者们也一直在研究开发非动物性来源的明胶。来源于动物的明胶胶囊正在逐渐被天然无污染的以绿色植物为原料的空心胶囊所取代。近年也出现了褐藻胶、海洋生物胶、甲基纤维素、聚乙烯醇等材料制备的软胶囊。

(2)阿拉伯胶:1.5%浓度的胶浆 pH 为2.6,5%乙醇溶液的 pH 为4.5~5.0,相对密度为1.35~1.49。本品溶液经长时间加热或放置黏度降低,且易受细菌和酶的作用而降解。

2)增塑剂 常用的增塑剂有甘油、山梨醇或二者的混合物。增塑剂的作用:一方面调节软胶囊囊壳的可塑性与弹性,另一方面防止囊壳在放置过程中损失水分。若增塑剂用量过低或过高,则会造成囊壳过硬或过软,因此明胶与增塑剂的比例对软胶囊的制备及质量的保证有着十分重要的意义。

3)附加剂 通常包括防腐剂、着色剂、矫味剂、遮光剂等。防腐剂常用4份对羟基苯甲酸甲酯与1份对羟基苯甲酸丙酯的混合物,使用量为明胶量的0.2%~0.3%。着色剂常用食用规格的水溶性染料。香料常用0.1%的乙基香兰素或2%的香精。遮光剂常用二氧化钛,每千克明胶原料加2~12 g。此外,还可加入1%的富马酸以增加胶囊的溶解性。

2.软胶囊的内容物 多数是液体状物质,如油性药物、混悬液或乳剂等。近年来,出现了固体内容物的软胶囊,即把药物混悬于热熔的巧克力中,按软胶囊的制备工艺制备,冷却后内容物固化,即形成含固体内容物的软胶囊。

3.软胶囊的附加剂 除以上基质外,软胶囊中填充混悬液时,还应添加助悬剂。助悬剂的选用分为两种情况:对于油状基质,通常使用的助悬剂为10%~30%的油蜡混合物,其组成为氢化大豆油1份,黄蜡1份,短链植物油(熔点33~38 ℃)4份;对于非油状基质,则常用1%~15%的 PEG4000 或 PEG6000 作助悬剂。有时还可

知识链接

加入表面活性剂或润湿剂,如十二烷基硫酸钠、聚山梨酯80等。

二、软胶囊的生产

(一)软胶囊的一般生产工艺流程

软胶囊制备不同于硬胶囊先制成胶壳、后灌装的两步生产方式,软胶囊是通过旋转模具进行胶囊成型灌封,是一个连续的一步操作。由明胶与甘油制得的胶皮经由两个连续对转的转辊,通过转辊上的模腔成型,胶囊尺寸与形状由模腔决定,在向腔体内灌装产品的同时对胶皮进行密合,灌装恰好在密封前结束。

根据成型工艺与设备来看,软胶囊分无缝滴丸、平模有缝压丸和滚模有缝压丸3种类型。制备方法分为压制法和滴制法,根据制备方法的不同,与其相匹配的设备也有区别。软胶囊一般生产工艺流程如图11-22所示。

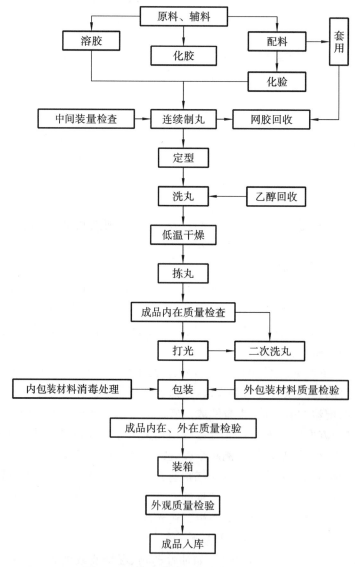

图 11-22 软胶囊的一般生产工艺流程

(二)软胶囊的生产

软胶囊制备流程中常见的工序包括溶胶、内容物配制、制丸、干燥和包装等。各工序均在D级洁净区完成,环境温度除特殊要求外应控制在18~26 ℃。环境相对湿度除特殊要求外应控制在45%~65%。环境灯光不能低于300 lx,灯罩应密封完好。电源应在操作间外,确保安全生产。

1. 溶胶 明胶、甘油和水按一定比例混合,加适量抑菌防腐剂,如山梨酸钾、尼泊金等,根据生产需要,将以上物料加入化胶罐熔化成胶浆备用。明胶原料质量的优劣决定了软胶囊产品质量的优劣及各生产工序能否顺利进行,因此要重视明胶原料的质量。明胶原料的主要检验指标:黏度、凝冻能力、含水量、透明度、pH等,并应保证产出的胶液中间体的微生物含量在控制范围之内。

2. 配料 软胶囊内容物配制是指将药物及辅料利用调配罐、胶体磨、乳化罐等设备制成符合质量标准的溶液、混悬液或乳液形式的内容物的操作。若药物为液体,只需加入适量抑菌防腐剂,或再添加一定量的玉米油等,混匀即得;若药物为固体,可将其溶解或均匀分散在适宜的赋形剂中制备成溶液、混悬液、乳状液或半固体状物。

3. 制丸 软胶囊的制法有两种:滴制法和压制法。

(1)滴制法:采用滴制式软胶囊机(图11-23)生产软胶囊,将油料加入料斗中;将明胶浆加入胶浆斗中,并保持一定温度;盛软胶囊器中放入冷却液(必须安全无害,和明胶不相混溶,一般为液状石蜡、植物油、硅油等),根据每一胶丸内含药量,调节好出料口和出胶口,明胶浆、油料先后以不同的速度从同心管出口滴出,明胶浆在外层,药液从中心管滴出,明胶浆先滴到液状石蜡上并展开,油料立即滴在刚刚展开的明胶表面,由于重力加速度的原理,胶皮继续下降,使胶皮完全封口,油料便被包裹在胶皮里面,再加上表面张力的作用,使胶皮成为圆球形,由于温度不断下降,逐渐凝固成软胶囊,将制得的胶丸在室温(20～30 ℃)下冷风干燥,再经石油醚洗涤两次,再经过95%乙醇洗涤后于30～35 ℃烘干,直至水分合格为止,即得软胶囊。制备过程中必须控制药液、明胶浆和冷却液三者的密度以保证胶囊有一定的沉降速度,同时有足够的时间冷却。滴制法设备简单,投资少,生产过程中几乎不产生废胶,产品成本低。

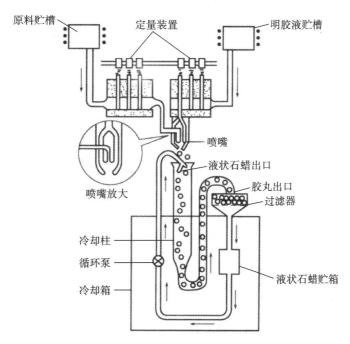

图11-23 滴制式软胶囊机结构图

(2)压制法:此法是采用滚模式软胶囊机(结构见图11-24,外观见图11-25)生产胶囊,将明胶与甘油、水等溶解制成胶板或胶带,再将药物置于两块胶板之间,调节好出胶皮的厚度和均匀度,用钢模压制而成。连续生产采用自动旋转扎囊机,两条机器自动制成的胶带向相反方向移动,到达旋转模前,一部分已加压结合,此时药液从填充泵中经导管进入胶带间,旋转进入凹槽,后胶带全部轧压结合,将多余胶带切割即可。制出的胶丸,先冷却固定,再用乙醇洗涤去油,干燥即得。压制法产量大,自动化程度高,成品率也较高,计量准确,适合工业化大生产。

软胶囊压制生产中常见问题及排除方法如表11-5所示。

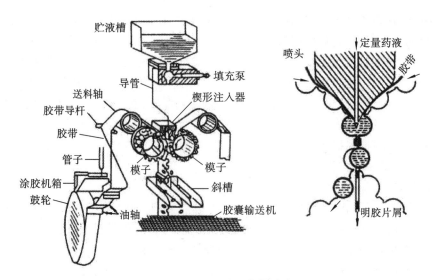

图 11-24　压制法制备软胶囊

图 11-25　RG2-180A 型滚模式软胶囊机外观

表 11-5　软胶囊压制生产中常见问题及排除方法

序号	故障现象	发生原因	排除方法
1	喷体漏液	接头漏液	更换接头
		喷体内垫片老化,弹性下降	更换垫片
2	机器震动过大或有异常声音	泵体箱内液状石蜡不足,导致润滑油不足	在泵体箱内添加液状石蜡
3	胶皮有线状凹沟或割裂	胶盒出口处有异物或硬块	清除异物或硬块
4	胶皮厚度不稳定	胶盒和上层胶液水分蒸发后与浮子黏结在一起,阻碍浮子运动,使盒内液面高度不稳定	清除黏结的胶液
5	胶皮高低不平,有斑点	胶皮轮上有油或异物	用清洁布擦净胶皮轮,无须停机
		胶皮轮划伤或磕碰	停机修复或更换胶皮轮
6	单侧胶皮厚度不一致	胶盒端盖安装不当,胶盒出口与胶皮轮母线不平行	调整端盖,使胶盒在胶皮轮上摆正

续表

序号	故障现象	发生原因	排除方法
7	胶皮在油滚系统与转模之间弯曲、堆积	胶皮过重	校正胶皮厚度,无须停机
		喷体位置不当	升起喷体,校正位置,无须停机
		胶皮润滑不良	改善胶皮润滑,无须停机
		胶皮温度过高	降低冷风温度或胶盒温度
8	胶皮粘在胶皮轮上	冷风量偏小、风温或胶盒温度过高	增大冷风量,降低风温及胶盒温度,无须停机
9	胶盒出口处有胶块拖曳	开机后短暂停机使胶液结块或开机前胶盒清洗不彻底	清除胶块,必要时停机重新清洗胶盒
10	胶丸内有气泡	料液过稠,夹有气泡	排除料液中气泡
		供液管路密封不良	更换密封件
		胶皮润滑不良	改善润滑
		喷体变形,使喷体与胶皮间进入空气	更换喷体
		喷体位置不正确,使喷体与胶皮间进入空气	摆正喷体
		加料不及时,使料斗内料液排空	关闭喷体并加料,待输液管内空气排出后继续压丸
11	胶丸夹缝处漏液	胶皮太厚	减小胶皮厚度
		转模间压力过小	调节加压手轮
		胶液不合格	更换胶液
		喷体温度过低	升高喷体温度
		两转模模腔未对齐	停机,重新校对转模同步
		内容物与胶液不适宜	检查内容物与胶液接触是否稳定并进行调整
		环境温度太高或湿度太大	降低环境温度和湿度
12	胶丸夹缝质量差(夹缝太宽、不平、张口或重叠)	转模损坏	更换转模
		喷体损坏	更换喷体
		胶皮润滑不足	改善胶皮润滑
		胶皮温度低	升高喷体温度
		两转模模腔未对齐	停机,重新校对转模同步
		两侧胶皮厚度不一致	校正两侧胶皮厚度,无须停机
		供料泵喷注定时不准	停机,重新校正喷注同步
		转模间压力过小	调节加压手轮
13	胶皮过窄引起破囊	胶盒出口有阻碍物	除去阻碍物
		胶皮轮过冷	降低空调冷气,以增加胶皮宽度
14	胶丸形状不对称	两侧胶皮厚度不一致	校正两侧胶皮厚度,使之一致
15	胶丸表面有麻点	胶液不合格,存在杂质	更换胶液
		胶皮轮划伤或磕碰	停机修复或更换胶皮轮

序号	故障现象	发生原因	排除方法
16	胶丸崩解迟缓	胶皮过厚	调节胶皮厚度
		干燥时间过长,使胶壳含水量过低	缩短干燥时间
17	胶丸畸形	胶皮太薄	调节胶皮厚度
		环境温度低、喷体温度不适宜	调节环境温度和喷体温度
		内容物温度高	调节内容物温度
		内容物流动性差	改善内容物流动性
		两转模模腔未对齐	停机,重新校对转模同步
18	胶丸装量不准	内容物中有气体	排出内容物中气体
		供液管路密封不严,有气体进入	更换密封件
		供料泵泄漏药液	停机,重新安装供料泵
		供料泵柱塞磨损,尺寸不一致	更换柱塞
		料管或喷体有杂物堵塞	清洗料管、喷体等供料系统
		供料泵喷注定时不准	停机,重新校对喷注同步
19	胶皮缠绕下丸器六方轴或毛刷	胶皮温度过高	降低喷体温度
20	胶网拉断	拉网轴压力过大	调松拉网轴紧定螺钉
		胶液不合格	更换胶液
21	转模对线错位	主机后面对线机构紧定螺钉未锁紧	停机,重新校对转模同步,并将螺钉锁紧
22	胶丸干燥后丸壳过硬/过软	配制明胶液时增塑剂用量不足/过多	调整增塑剂用量

4. 干燥、洗丸

(1)软胶囊的干燥:软胶囊在压制成型后胶皮水分含量较高,没有固定形状,为使软胶囊囊壳定型,必须进行初步干燥(定型)工序。定型后的软胶囊水分含量仍在30%以上(各企业和工艺等不同存在差异),如果直接进行干燥,则软胶囊外表附有一层油膜,导致水分穿透比较困难、干燥较慢,同时不利于整理。所以,软胶囊干燥前应先脱脂洗丸。

软胶囊干燥整理的目的就是快速有效地将制备出的半成品软胶囊囊壳中的多余水分除去,达到12%～14%的含水量成品标准,并使成品内在和外在质量符合产品的相应质量标准。

(2)软胶囊的清洗:软胶囊在压制过程中,其表面会黏附润滑剂液状石蜡,必须在干燥后清洗干净。清洗工序最开始常使用四氯乙烯,之后使用石油醚和乙醇,随着近年来不脱脂技术的诞生,现主要使用挥发性清洗剂。

这几种溶剂中,石油醚脱脂效果最好,容易回收再利用,回收的质量也很不错。目前软胶囊行业基本都使用60 ℃石油醚。石油醚常温下易挥发,在环境中与空气混合,达到一定浓度时,遇到电火花等明火,就会爆炸,属于易燃易爆危险品。乙醇脱脂效果比石油醚差,晾干挥发的速度也相对较慢,且乙醇回收后一般纯度明显降低,质量逐步变差,但危害性也相对较轻。乙醇也属于易燃易爆危险品,所以使用以上两种溶剂作脱脂剂时,应按国家消防及厂房建设标准防爆间设计和施工,并通过验收。

5. 拣丸　灯检拣丸的目的,主要是将软硬度不符、油腻不光滑、大小异常、形状异常、有黑点、有明显皮泡和油泡、粘连、接缝异常的胶丸及瘪丸、杂品和异物(包括可能的混批品)等剔除。

灯检拣丸,有上照明和下照明泛光两类:灯检上照明,就是在一个工作台上相对较低的位置安置一日光灯型白光光源,将胶丸铺摊在工作台面上,手工挑拣和翻动,达到剔除废次品获得合格品的目的。灯检下照明泛光,就是在一个工作台的台面下安置一日光灯型白光光源,工作台台面镂空,覆以透明玻璃或白色半透明玻璃,透明玻璃朝下一面蒙上白布或白色半透光布,亮而不刺眼,也没有颗粒光影,胶丸在玻璃上能看出是否有细小的杂质或微小的皮泡与油泡等,同样也是手工挑拣。

6.包装 经上述过程制成成品后,为了便于贮存和运输需进行适当的包装。包装又分为内包装和外包装,根据药物的性质选择包装材料和容器。一般内包装常用铝塑包装,外包装常用纸盒包装。

三、胶囊剂的质量控制

胶囊剂的外观性状、鉴别、含量、溶出度、释放度、含量均匀度、微生物限度等应符合要求,除各产品具体要求检查的项目外,一般均应做以下检查。

1.外观 胶囊外观应整洁,不得有黏结、变形、渗漏或囊壳破裂现象,并应无异臭。

2.装量差异 参照《中国药典》(2020 年版)四部通则 0103 进行检查,除另有规定外,取供试品 20 粒,分别精密称定重量,倾出内容物(不得损失囊壳),硬胶囊用小刷或其他适宜的用具拭净,软胶囊用乙醚等易挥发性溶剂洗净,置通风处使溶剂自然挥尽;再分别精密称定囊壳重量,求出每粒内容物的装量与平均装量。每粒内容物的装量与平均装量相比较,按表 11-6 的规定,超出装量差异限度的不得多于 2 粒,并不得有 1 粒超出限度的 1 倍。注意胶囊编号,避免混淆。凡规定检查含量均匀度的胶囊剂,可不进行装量差异检查。

表 11-6 胶囊剂装量差异限度

平均装量或标示装量	装量差异限度
0.30 g 以下	±10.0%
0.30 g 及 0.30 g 以上	±7.5%(中药±10%)

3.崩解时限 按《中国药典》(2020 年版)四部通则 0921 的规定,取胶囊 6 粒,置崩解仪吊篮的玻璃管中(如浮于液面,可加挡板),启动崩解仪进行检查,硬胶囊应在 30 min 内全部崩解,软胶囊应在 1 h 内全部崩解。以明胶为基质的软胶囊可在人工胃液中进行检查。如有 1 粒不能完全崩解,应另取 6 粒复试,均应符合规定。

肠溶胶囊:除另有规定外,取供试品 6 粒,用上述装置和方法,先在盐酸(9→1000)中不加挡板检查 2 h,每粒的囊壳均不得有裂缝或崩解现象;继将吊篮取出,用少量水洗涤后,每管加入挡板,再按上述方法,改在人工肠液中进行检查,1 h 内应全部崩解。如有 1 粒不能完全崩解,应另取 6 粒复试,均应符合规定。

凡规定检查溶出度或释放度的胶囊剂,可不进行崩解时限检查。

四、软胶囊制备举例

维生素 AD 胶丸(胶囊)。

【处方】维生素 A   3000 单位

    维生素 D   300 单位

    明胶   100 份

    甘油   55~66 份

    水   120 份

    鱼肝油或精炼食用植物油 适量

【制法】取维生素 A 与维生素 D,加鱼肝油或精炼食用植物油(在 0 ℃左右脱去固体脂肪),溶解,并调整浓度至每丸含维生素 A 应为标示量的 90.0%～120.0%,含维生素 D 应为标示量的 85.0%以上,作为药液待用;另取甘油及水加热至 70～80 ℃,加入明胶,搅拌溶化,保温 1～2 h,除去上浮的泡沫,过滤(维持温度),加入滴丸机滴制,以液状石蜡为冷却液,收集冷凝的胶丸,用纱布拭去黏附的冷却液,在室温下吹冷风约 4 h,放于 25～35 ℃下烘干约 4 h,再经石油醚洗涤两次(每次 3～5 min),除去胶丸外层液状石蜡,再用 95%的乙醇洗涤一次,最后在 30～35 ℃烘干约 2 h,筛选,质检,包装即得。

【注释】①本品中维生素 A、维生素 D 的处方比例为《中国药典》所规定。②本品主要用于防治夜盲、角膜软化、眼干燥、表皮角化、佝偻病和软骨病等,亦用以增长体力,助长发育,但长期大量服用可引起慢性中毒。一般剂量:1 次 1 丸,1 日 3～4 次。③在制备胶液的"保温 1～2 h"过程中,可采取抽真空的方法以便尽快除去胶液中的气泡、泡沫。

 案 例 分 析

案例 布洛伪麻软胶囊。

处方:布洛芬,盐酸伪麻黄碱,聚乙二醇 400,丙二醇,聚山梨酯 80。

本处方中聚乙二醇 400 和丙二醇分别有什么作用?

分析 聚乙二醇 400 在处方中主要作为软胶囊的基质,但对囊壳有硬化作用,处方中的丙二醇可改善此作用。

▷ 同步练习

扫码看答案

一、单项选择题

1.下列对胶囊剂的叙述,错误的是(　　)。

A.可掩盖药物不良臭味　　　　B.可提高药物稳定性　　　　C.可改善制剂外观

D.生物利用度比散剂高　　　　E.控制药物的释放速度

2.以下可作为肠溶衣材料的是(　　)。

A.淀粉　　　　B.蔗糖　　　　C.CAP　　　　D.明胶　　　　E.以上都可以

3.下列宜制成软胶囊的是(　　)。

A.O/W 型乳剂　　　　B.硫酸锌溶液　　　　C.维生素 E

D.药物的稀乙醇溶液　　　　E.药物的水溶液

4.制备空胶囊时加入的甘油是(　　)。

A.成型材料　　　　B.增塑剂　　　　C.胶冻剂　　　　D.溶剂　　　　E.保湿剂

5.硬胶囊的崩解时间是(　　)。

A.15 min　　　　B.30 min　　　　C.45 min　　　　D.60 min　　　　E.120 min

6.制备空胶囊时加入的明胶是(　　)。

A.成型材料　　　　B.增塑剂　　　　C.增稠剂　　　　D.保湿剂　　　　E.遮光剂

二、多项选择题

1.软胶囊常用的制备方法是(　　)。

A.滴制法　　　　B.熔融法　　　　C.压制法　　　　D.乳化法　　　　E.塑型法

2.胶囊剂的质量要求有(　　)。

A.外观　　　　B.水分　　　　C.装量差异　　　　D.硬度　　　　E.崩解度与溶出度

3.根据囊壳的柔硬性不同,通常将胶囊分为(　　)。

A.软胶囊　　　　B.滴制胶囊　　　　C.肠溶胶　　　　D.硬胶囊　　　　E.缓控释胶囊

4.胶囊剂具有的特点有(　　)。

A.能掩盖药物不良臭味、提高稳定性

B.可弥补其他固体剂型的不足

C.可将药液密封于软胶囊中,提高生物利用度

D.可延缓药物的释放速率和定位释药

E.融变时限短

5.一般不宜制成胶囊剂的药物有（　　）。

A.药物的水溶液　　　　　B.药物的油溶液　　　　　C.药物的稀乙醇溶液

D.刺激性强的药物　　　　E.易风化的药物

6.空胶囊可能含有的成分为（　　）。

A.明胶　　　　B.增塑剂　　　　C.增稠剂　　　　D.防腐剂　　　　E.崩解剂

任务四　片　剂

扫码看课件1　扫码看课件2

一、概述

1.概念与特点　片剂(tablet)系指药物与适宜辅料均匀混合后压制而成的圆片状或异形片状的固体制剂,是现代药物制剂中应用较广泛的剂型之一。

知识链接

片剂具有以下优点。

(1)患者按片服用,剂量准确。

(2)质量稳定。片剂是干燥固体剂型,受外界空气、水分、光线等的影响小。

(3)体积小,服用、携带、运输和贮存方便。

(4)药片上可以压上主药名和含量的标记,也可以将片剂染成不同颜色,便于识别。

(5)成本低廉。片剂生产的机械化、自动化程度较高,可大量生产,卫生易控制,包装成本亦较低。

(6)可以制成不同类型的片剂,如分散片、控释片、肠溶包衣片、咀嚼片及口含片等,也可以制成两种或两种以上药物的复方片剂,从而满足临床医疗或预防的不同需要。

但片剂也有如下缺点:①幼儿及昏迷患者不易吞服;②压片时加入的辅料有时可影响药物的溶出和生物利用度;③片剂的制备较其他固体制剂有一定的难度,需要周密的处方设计;④如含有挥发性成分,则不宜长期保存。

2.片剂的分类　为了最大限度地满足临床的实际需要,片剂可归纳为三大类,即口服用片剂、口腔用片剂、外用片剂。

1)口服用片剂

(1)普遍压制片:药物与辅料混合压制而成的未包衣的常释片剂。

(2)包衣片:压制片(常称片芯)外面包有衣膜的片剂。按照包衣物料或作用的不同,可分为糖衣片、薄膜衣片及肠溶衣片等。

(3)泡腾片:含有泡腾崩解剂的片剂。泡腾崩解剂是指碳酸氢钠与枸橼酸等有机酸成对构成的混合物,遇水时两者反应产生大量的 CO_2,从而使片剂迅速崩解。该片剂的药物应是水溶性的,应用时将片剂放入水杯中迅速崩解后饮用。适用于儿童、老年人及吞服药片有困难的患者。

(4)咀嚼片:在口中嚼碎后再咽下去的片剂。常加入蔗糖、薄荷、食用香料等调整口味,适用于儿童。将崩解困难的药物制成咀嚼片有利于药物吸收。

(5)分散片:遇水可迅速崩解并均匀分散的片剂。水中分散后饮用,也可于口中含服或吞服。药物应是难溶性的,如罗红霉素分散片。

(6)缓释片:在规定的释放介质中缓慢地非恒速释放药物的片剂。与其相应的普通制剂相比具有服药次数少、作用时间长等优点。

(7)控释片:在规定的释放介质中缓慢地恒速释放药物的片剂。与相应的缓释片相比,其血药浓度更加平稳,如硝苯地平控释片。

(8)多层片:有两层或多层的片剂。一般由两次或多次加压制成,每层含有不同的药物或辅料,这样可以避免复方制剂中不同药物之间的配伍变化,或者可达到缓释、控释的效果。如维 U 铝镁双层片。

2)口腔用片剂

(1)舌下片:药物通过舌下黏膜的快速吸收而发挥速效作用,可避免肝脏对药物的首过作用,如硝酸甘油片。

(2)口含片:又称含片,是指含在口腔内缓慢溶解而发挥局部或全身治疗作用的片剂。常用于口腔及咽喉疾病的治疗,如复方草珊瑚含片。

(3)口腔贴片:贴在口腔黏膜上,药物直接由黏膜吸收,并经黏膜吸收后起局部或全身治疗作用的片剂。适用于肝脏首过作用较强的药物。

(4)口腔崩解片:服用时不需用水或只需少量水,无须咀嚼,将片剂置于舌面,遇唾液迅速崩解后,借助吞咽动力,进入消化道的片剂。主要用于吞咽困难、卧床不起、缺水条件下的患者或儿童。

3)外用片剂

(1)溶液片:临用前能溶解于水的非包衣片。一般用于漱口、消毒、洗涤伤口等,如复方硼砂漱口片。

(2)阴道片与阴道泡腾片:置于阴道内发挥作用的片剂。主要起局部消炎、杀菌、杀精子及收敛等作用,也适用于性激素类药物。

(3)注射用片:临用前用注射用水溶解后供注射用的无菌片剂,可供皮下或肌内注射。因溶液不能完全保证无菌,现已少用。

(4)植入片:用特殊注射器或手术埋置于皮下产生持久药效(数年或数月)的无菌片剂,适用于需要长期使用的药物。如避孕药制成植入片已获得较好效果。

3. 片剂的质量要求　《中国药典》(2020年版)要求片剂在生产与贮藏期间应符合下列规定。

(1)原料药与辅料混合均匀。含药量小或含剧毒药物的片剂应采用适宜方法使药物分散均匀。

(2)凡属挥发性或对光、热不稳定的药物,在制片过程中应遮光、避热,以避免成分损失或失效。

(3)压片前的物料或颗粒应控制水分,以适应制片工艺的需要,防止片剂在贮存期间发霉、变质。

(4)口含片、口腔贴片、咀嚼片、分散片、泡腾片等根据需要可加入矫味剂、芳香剂和着色剂等附加剂。

(5)为增加稳定性、掩盖药物不良臭味、改善片剂外观等,可对片剂进行包衣。

(6)片剂的外观应完整光洁,色泽均匀,有适宜的硬度和耐磨性。除另有规定外,对于非包衣片,应符合片剂脆碎度检查法的要求,防止包装、运输过程中发生磨损或破碎。

(7)片剂的溶出度、释放度、含量均匀度、微生物限度等应符合要求。必要时,薄膜包衣片应检查残留溶剂含量。

(8)除另有规定外,片剂应密封贮存。

二、片剂的制备方法及生产设备

1. 片剂的制备方法　制备片剂的基本单元操作有粉碎、筛分、混合、制粒、干燥、整粒、压片等。为了适应不同物料特性,片剂的制备工艺有多种,如图11-26所示,根据压片的工艺路线不同,压片方法可分为两大类或四小类。

无论采用何种工艺路线,压片前的物料必须具备3个条件,即良好的流动性、压缩成型性和润滑性。①良好的流动性可使物料顺利地流入并填充于压片机的模孔,避免片剂重量差异过大;②良好的压缩成型性可使物料压缩成具有一定形状的片剂,防止裂片、松片等不良现象;③良好的润滑性可防止片剂的黏冲,使片剂从冲模孔中顺利推出,可得到完整、光洁的片剂。

固体制剂的第一道工序是将药物进行粉碎、筛分,获得小而均匀的粒子,以便与各种辅料混合得尽可能均匀。在制粒压片法中,制粒是压片前的关键步骤:可改善流动性、减少片重差异,提高压缩成型性,减少劣质片剂的产生。

2. 片剂的生产设备　压片机按结构主要分为单冲压片机和旋转式多冲压片机,按压缩次数分为一次压制压片机和二次或三次压制压片机等。

知识链接

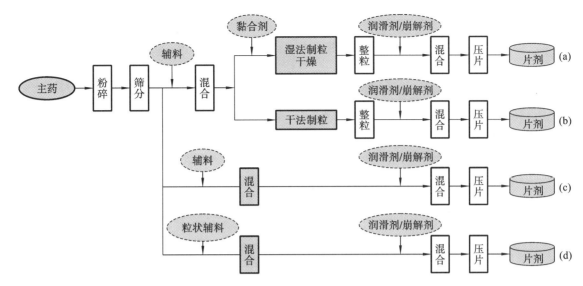

图 11-26 制备片剂的各种工艺流程

(a)湿法制粒压片法;(b)干法制粒压片法;(c)直接压片法;(d)半干式颗粒压片法

(1)单冲压片机:只有 1 副冲模,利用偏心轮及凸轮机构等的作用,在其旋转 1 周即完成填充、压片和出片 3 个程序,一般为手动和电动兼用。单冲压片机(图 11-27、图 11-28)结构简单,其工作原理如下:出片调节器用以调节下冲抬起的高度,使其恰好与模圈的上缘相平;片重调节器用以调节下冲下降的深度,借以调节模孔的容积而调节片重;压力调节器则用于调节上冲下降的距离,上冲下降多,上下冲间的距离近,则压力大,反之则小。

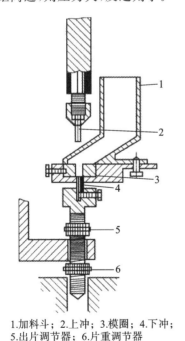

1.加料斗;2.上冲;3.模圈;4.下冲;
5.出片调节器;6.片重调节器

图 11-27 单冲压片机结构图

图 11-28 单冲压片机外观图

单冲压片机压片流程如图 11-29 所示:首先上冲抬起,饲粉器移动到模孔之上,下冲下降到适宜的深度,饲粉器在模孔上移动,颗粒填满模孔后,饲粉器从模孔上移开,使模孔中的颗粒与模孔的上缘相平;然后上冲下降并将颗粒压缩成片,上冲再抬起,下冲随之上升到与模孔相平时,饲粉器再移到模孔上,将压成的药片推开,药片落于接收器中,同时下冲又下降,进行第二次饲粉,如此反复进行。

(2)旋转式多冲压片机(结构见图 11-30,外观见图 11-31):目前制药工业中片剂生产最主要的压片设备,主要由动力部分、传动部分及工作部分组成。工作部分有绕轴旋转的机台,机台的上层装有

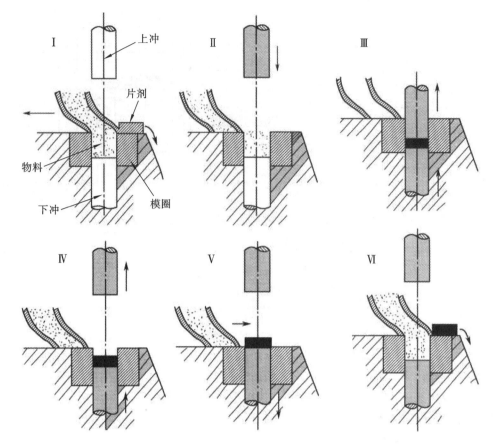

图 11-29 单冲压片机压片流程示意图

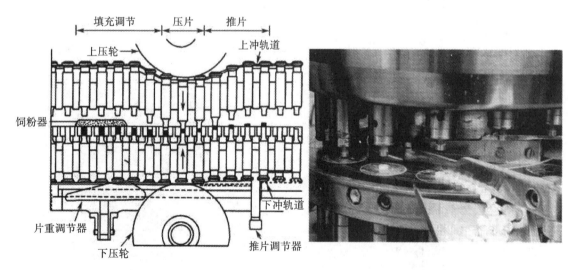

图 11-30 旋转式多冲压片机的结构与工作原理示意图

上冲,中层装有模圈,下层装有下冲;另有固定不动的上下压轮、片重调节器、压力调节器、饲粉器、刮粉器、推片调节器、吸粉器和防护装置等。机台装于机器的中轴上并绕轴转动,机台上层的上冲随机台转动并沿固定的上冲轨道有规律地上下运动;下冲也随机台转动并沿下冲轨道做上下运动;在上冲上面及下冲下面的适当位置装有上压轮和下压轮,在上冲和下冲转动并经过各自的压轮时,被压轮推动使上冲向下,下冲向上运动并加压;机台中层之上有一固定不动的刮粉器,固定位置的饲粉器的出口对准刮粉器,颗粒可源源不断地流入刮粉器中,并由此流入模孔。压力调节器用于调节下压轮的高度,下压轮的位置高,则压缩时下冲抬得高,上下冲间的距离越小,压力越大,反之则压力越小。片重调节器装于下冲

知识链接

轨道上,调节下冲经过刮板时的高度以调节模孔的容积。

旋转式多冲压片机的工作原理如图 11-30 所示。当下冲转到饲粉器之下时,其位置较低,颗粒流满模孔;下冲转动到片重调节器时,再上升到适宜的高度,经刮粉器将多余的颗粒刮去;当上冲和下冲转动到两个压轮之间时,上冲和下冲之间的距离最小,将颗粒压制成片。当下冲继续转动到推片调节器时,下冲抬起并与机台中层的上缘相平,药片被刮粉器推开。

图 11-31 旋转式多冲压片机外观图

三、片剂的生产

(一)物料的粉碎、筛分、混合

具体内容参见项目九口服固体制剂单元操作。

(二)制粒

具体内容参见颗粒剂的制粒操作。

(三)压片前物料混合——总混

1.加入润滑剂与崩解剂 一般将润滑剂过 100 目筛,外加崩解剂预先干燥过筛,然后加入整粒后的干燥颗粒中,置 V 形混合筒或三维运动混合机内进行总混。

2.加入挥发性成分 处方中含有挥发性成分时,一般在颗粒干燥后加入,以免该成分挥发损失。挥发油可加在润滑剂与颗粒混合后筛出的部分细粉中,或直接用 80 目筛从干燥颗粒中筛出适量的细粉以吸收挥发油,再与全部的干燥颗粒混合。若挥发性成分为固体(如薄荷脑、樟脑等)时可将该固体用适量乙醇溶解,或与其他成分混合研磨共溶后喷入干燥颗粒中混合均匀,密闭数小时,使挥发性药物在颗粒中渗透均匀。

3.加入小剂量或对湿热不稳定的主药 有些情况下,可先制成不含主药的空白干颗粒或将稳定性好的药物与辅料制成颗粒,然后将小剂量或对湿热不稳定的主药加入整粒后的上述干燥颗粒中混匀。

(四)压片

1.生产环境 压片间洁净度一般要求为 D 级。室内相对室外呈正压,温度 18~26 ℃,相对湿度 45%~65%。

2.片重计算

(1)按主药含量计算:尽管在物料的混合阶段主药是按照处方准确计量后投料的,但在制备过程中存在损耗,或加入黏合剂、润滑剂、崩解剂等,主药的含量还会有变化,因此在压片前必须测定物料中主药的实际含量,然后根据标示量计算片剂的重量,计算公式如下:

$$片重 = \frac{每片主药含量}{测得颗粒中主药的百分含量}$$

例:某片剂每片主药含量为 0.2 g,测得颗粒中主药的百分含量为 50%,片重范围应为多少?

答:片重=0.2/50%=0.4 g。

因为片重为 0.4 g>0.3 g,片剂的重量差异限度为±5%,所以本品的片重范围为 0.38~0.42 g。

(2)按干燥颗粒总重计算:如果制备成分复杂、没有含量测定方法的中草药片剂时,可按干燥颗粒总重计算片重:

$$片重 = \frac{干燥颗粒总重+压片前加入的辅料量}{预定压片总数}$$

3.压片生产(以 ZP8 旋转式多冲压片机为例)

1)开机前准备工作

(1)检查:检查设备各部分是否正常,电源是否接通,检查冲模质量,是否有缺边、裂缝、变形及卷边情况。

（2）消毒：按设备清洁规程要求消毒。

（3）冲模安装：

①先将下压轮压力调为 0。

②中模的安装。将转台上中模的紧定螺钉逐个旋出至转台外沿 2 mm 左右,中模装入时勿碰到紧定螺钉的头部。中模放置时要平稳,将钉棒穿入上冲孔,向下捶击中模将其轻轻打入,中模进入孔后,其平面不高出转台平面为合格,然后将紧定螺钉固紧。

③上冲的安装。首先将上冲外罩、上平行盖板和嵌轨拆下,然后将上冲杆插入模圈内,用大拇指和食指旋转冲杆,检验头部进入中模情况,上下滑动灵活、无卡阻现象为合格。再转动手轮至冲杆颈部接触平行轨,按此方法安装其余上冲杆,后将嵌轨、上平行盖板、上冲外罩装上。

④下冲的安装。打开机器正面、侧面的不锈钢面罩,先将下冲平行轨盖板移出,小心从盖板孔下方将下冲送至下冲孔内,并摇动手轮使转盘向前进方向转动,将下冲送至平行轨上,按此法依次将下冲装完,安装完最后一支下冲后将盖板盖好并锁紧,确保其与平行轨相平,摇动手柄确保顺畅旋转 1 周,合上手柄,盖好不锈钢面罩。

⑤注意事项。安装冲头和冲模的顺序：中模—上冲—下冲。拆除冲头和冲模的顺序：上冲—下冲—中模。以确保上下冲头不接触。安装异形冲头和冲模时必须以上冲为基准确定中模的安装位置,即安装时应将上冲套在中模孔中一起放入中模转盘再固定中模。

（4）安装加料部件：安装加料斗和月形栅式回流加料器。先将月形栅式回流加料器置于中模转盘上并用螺钉匀称锁紧,其底平面与转台间隙应为 0.03～0.1 mm,再将加料斗从机器上部放入并将螺钉固定,将颗粒流旋钮调至中间位置并关闭加料闸板。

2）开机压片

（1）打开动力电源总开关,检查触摸屏显示内容(包括主压力、出片压力、出片角、转速等),先点动操作,每次转动 90°,共旋转 2 周,再低速空转 5 min 左右,无异常现象才可进行正常运行。开机前,上下压轮、油杯要加机油,轴承补充润滑脂,机器运转时不得加油。

（2）试压前,将片厚调节至较大位置,填充量调节至较小位置,将颗粒加入料斗内,点动 2～3 周,试压时先调节填充量,调至产品工艺要求的片重,然后调节压力至产品工艺要求的硬度。

（3）压力设定到挡,预压力的设定应使预压片厚为要求片厚的 2 倍。

（4）进行正式压片,将振动除粉器连至压片机的出片口并启动,开启真空阀。

（5）运行时,必须关闭所有玻璃窗,不得用手触摸运转件。

（6）换状态标志,挂上"正在运行"标志牌。

（7）注意机器是否正常,不得开机离岗。

（8）压片完毕后,关闭主电机电源、总电源、真空泵开关。

（9）清洁并保养设备。

（五）压片过程中可能出现的问题及解决方法

受片剂的处方、生产工艺技术及机械设备等综合因素的影响,在压片过程中可能出现某些问题,需要做到具体问题具体分析,查找原因,加以解决。常见问题如下。

1. 裂片 裂片又称顶裂,是指片剂由模孔中推出后,易因振动等使面向上冲的一薄层裂开并脱落,甚至由片剂腰部裂为两片。产生裂片的原因很多,如黏合剂选择不当、细粉过多、压力过大和冲头与模圈不符等,而最主要的原因是压片时压力分布不均匀和片剂的弹性复原,需要及时处理解决。

2. 松片 松片是指虽用较大压力,但片剂硬度小,松散易碎；有的药片初压时有一定的硬度,但放置不久即变松散。松片的主要原因如下。

（1）原辅料的压缩成型性不好：原辅料有较强弹性,片剂易弹性复原。

（2）含水量的影响：片剂的颗粒中应有适宜的含水量,过分干燥的颗粒往往不易压制成合格的片剂。原辅料在完全干燥的状态下,其弹性较大,含适量水分,可增强其可塑性。

(3)润滑剂的影响:硬脂酸镁对一些片剂的硬度有不良影响。

(4)压缩条件:压力大小与片剂的硬度密切相关,压缩时间也有重要意义。塑性变形的发展需要一定的时间,如果压缩速度太快,塑性很强的材料的弹性变形趋势也会增大,导致松片。

3.黏冲 黏冲是指冲头或冲模上黏有细粉,导致片剂表面不平整或有缺损的现象。刻有药名和模线的冲头更易发生黏冲。其原因有冲头表面粗糙、原辅料的熔点低、颗粒含水量过高、润滑剂使用不当和工作场所湿度过大等,应查找原因,并及时处理解决。

4.崩解迟缓 崩解迟缓是指片剂不能在规定的时间内完全崩解或溶解。其原因有崩解剂选用不当、用量不足,润滑剂用量过多,黏合剂黏性太大,压力太大导致片剂硬度过大等,需要进行针对性处理。

5.片重差异过大 片重差异过大是指片重差异超过《中国药典》规定的限度。其原因是颗粒大小不均匀,在压片时流速不一致,颗粒时多时少地填入模圈以及下冲升降不灵活等,应及时停机检查,若为颗粒的原因,应重新制粒。

6.片剂中药物含量不均匀 所有造成片重差异过大的因素,皆可造成片剂中药物含量的不均匀。此外,对于小剂量的药物来说,混合不均匀和可溶性成分在颗粒间的迁移是片剂含量均匀度不合格的两个主要原因。

(1)混合不均匀造成片剂中药物含量不均匀的情况有以下3种:①主药量与辅料量相差悬殊时,一般不易混匀,可采用将小剂量主药先溶于适宜的溶剂中再均匀喷洒到大量辅料或颗粒中的方法,确保混合均匀;②主药粒子大小与辅料相差悬殊,极易造成混合不均匀,应将主药和辅料进行粉碎,使各成分的粒子都比较小并力求一致,才可确保混合均匀;③粒子的形态如果比较复杂或表面粗糙,则粒子间的摩擦力较大,一旦混合均匀后不易再分离;而粒子的表面光滑,则易在混匀后的加工过程中相互分离,难以保持其均匀的混合状态。

(2)可溶性成分在颗粒间的迁移是造成片剂中药物含量不均匀的重要原因之一。水溶性小剂量主药与辅料混合均匀,当用黏合剂的水溶液制粒时,在湿颗粒中药物分布均匀,但用厢式干燥器干燥过程中,将颗粒铺成一层并与干热空气接触时,在颗粒层的上表面的水分汽化,使颗粒层下部与表面产生湿度差,水分向表层扩散并继续在表层汽化,下层水分继续向表层扩散,从而将可溶性成分迁移到表层颗粒,造成颗粒间含量的差异。

7.变色与色斑 片剂表面的颜色发生改变或出现色泽不一致的斑点。其原因有颗粒过硬、混料不均匀、接触金属离子及压片机的油污等,需要针对各原因进行处理。

8.麻点 片剂表面产生许多小凹点。其原因是润滑剂和黏合剂用量不当、颗粒引湿受潮、颗粒大小不均匀、粗颗粒或细粉量过多、冲头表面粗糙或刻字太深、有棱角及机器异常发热等,可针对不同原因进行处理。

四、片剂的包衣

片剂包衣是指在片剂表面包裹适宜材料的操作。被包的片剂称片芯,包衣的材料称衣料,包成的片剂称包衣片。

(一)包衣的目的

(1)提高美观度。包衣层中可添加着色剂,最后抛光,可显著改善片剂的外观。

(2)避光、防潮,以提高药物的稳定性。

(3)掩盖药物不良臭味,具有苦味、腥味的药物可包糖衣,如盐酸小檗碱片、氯霉素片等。

(4)控制药物释放部位。易在胃液中被酸或胃酶破坏,对胃有刺激性并影响食欲,甚至引起呕吐的药物都可包肠溶衣,使其在胃中不溶解,而在肠中溶解。近年来还用包衣法定位给药,如结肠给药。

(5)避免药物的配伍变化,使有配伍变化的药物相互隔离,可将两种有化学性配伍禁忌的药物分别置于片芯和衣层,或制成多层片等。

(6)控制药物的释放速度,可制成药物的缓释片等。

(7)采用不同颜色的包衣,增加患者对药物的识别能力,提高用药的安全性。

(二)包衣的分类

根据包衣材料的不同,片剂的包衣可分为糖衣和薄膜衣两种。

(三)包衣材料与包衣过程

1. 包糖衣 糖衣片是指以蔗糖为主要包衣材料制成的包衣片。糖衣有一定的防潮、隔绝空气的作用,可掩盖药物的不良气味,改善片剂外观,使药物易于吞服。糖衣层能迅速溶解,对片剂崩解的影响不大。包糖衣生产工艺流程如图 11-32 所示,各个步骤的操作目的不同,所用的材料亦不同。

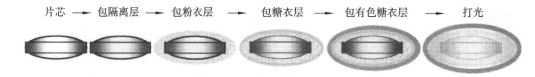

片芯 → 包隔离层 → 包粉衣层 → 包糖衣层 → 包有色糖衣层 → 打光

图 11-32 包糖衣生产工艺流程

(1)隔离层:指在片芯外包一层起隔离作用的衣层。其作用是防止包衣中的水分透入片芯等,隔离层对降低糖衣片的吸潮性有重要作用。包隔离层选用水不溶性材料,防水性能应较好。

操作过程:将一定量片芯置于包衣锅中,开动包衣锅,随之加入适宜温度的胶浆并使其均匀黏附于片芯上,吹 40～50 ℃热风干燥后,再重复包数层,直至片芯全部包严为止。

注:胶浆常用 10%～15%明胶浆、30%～35%阿拉伯胶浆、10%玉米蛋白乙醇溶液等,现用现配。

(2)粉衣层:将片芯边缘的棱角包圆的衣层。

操作过程:片剂继续在包衣锅中滚动,加入润湿黏合剂(如糖浆、明胶浆、阿拉伯胶浆或胶糖浆),使片剂表面均匀润湿后,撒适量粉(如滑石粉、蔗糖粉、白陶土、糊精等),使其黏附在片剂表面,片剂继续滚动,并吹风(30～40 ℃热风)干燥。重复上述操作若干次,直到片芯棱角消失为止,一般需要包15～18 层,操作的关键是做到层层干燥。

(3)糖衣层:以浓糖浆作为包衣材料,当糖浆受热后,在片芯表面缓慢干燥,可形成光滑、细腻的表面和坚实的薄膜。

操作过程:与包粉衣层相同,加热温度控制在 40 ℃以下,一般需要包 10～15 层。

(4)有色糖衣层:在包完糖衣层,表面已平整光滑的片剂外,选用食用色素的蔗糖溶液润湿黏附于表面,干燥而成。一般需要包 8～15 层,并注意层层干燥。

(5)光亮层:指在糖衣片外涂上极薄的蜡层,以增加其光泽,且有防潮作用。国内一般用虫蜡,也可以用其他蜡。

操作过程:片剂间和片剂与锅壁间的摩擦作用使糖衣表面产生光泽。如在川蜡中加入 2%硅油(保光剂)则可以使片面更加光亮。取出包衣片后,放置于灰缸或硅胶干燥器中贮存 12～24 h,除去水分,即可包装。

2. 包薄膜衣 薄膜衣是指在片芯外包上一层比较稳定的高分子材料。此类材料对片芯可以起到防止水分、空气侵入,掩盖片芯药物特殊气味的作用。与包糖衣相比,包薄膜衣具有生产周期短、效率高、片重增加小(仅 2%～4%)、包衣过程可实现自动化、对崩解影响小等特点。此外,压在片芯上的标志在包薄膜衣后仍清晰可见。包薄膜衣的工艺流程如图 11-33 所示。

1)成膜材料 分成胃溶性和肠溶性两类。

(1)胃溶性成膜材料:指在 pH 较低的水或胃液中可以溶解的包衣材料,常用的材料见表 11-7。

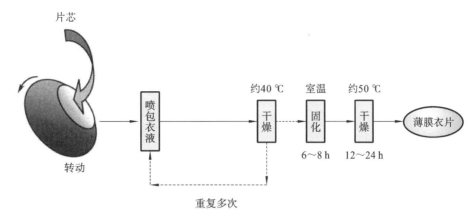

图 11-33 包薄膜衣工艺流程

表 11-7 常用的胃溶性包衣材料

名称	主要特点	应用
羟丙基甲基纤维素（HPMC）	可溶于某些有机溶剂和水；成膜性能好，衣膜透明坚韧；包衣时没有黏结现象等	为广泛使用的纤维素包衣材料，一般浓度为 2%～5%
羟丙基纤维素（HPC）	与 HPMC 相似，能溶于胃肠液中；最大的缺点是有较强的黏性	常与其他薄膜衣材料混合使用
乙基纤维素（EC）	不溶于水，有良好的成膜性	现在广泛使用的是乙基纤维素的水分散体，可避免包衣时有机溶剂的损害
聚乙二醇（PEG）	可溶于水及胃肠液，相对分子量在 4000～6000 者可成膜，形成的衣层对热敏感，温度高时易熔融	常与其他薄膜衣材料如 CAP 等混合使用
聚维酮（PVP）	性质稳定，防潮性能好，形成的膜比较坚固，久贮也不影响崩解性能	可用作胃溶性薄膜衣材料
聚丙烯酸树脂Ⅳ	一种安全、无毒的药用高分子材料	分胃溶性和肠溶性树脂

（2）肠溶性成膜材料：指在胃液中不溶解，但可在 pH 较高的水中及肠液中溶解的包衣材料。

①虫胶：本品在 pH 6.4 以上的溶液中能迅速溶解，可制成 15%～30% 的乙醇溶液包衣，并应加入适宜的增塑剂（如蓖麻油等）。操作中注意包衣层的厚度，太薄不能对抗胃液的酸性，太厚则影响其在肠液中的崩解。

②醋酸纤维素酞酸酯（CAP）：本品在 pH 6.0 以上的缓冲液中可溶解，是目前国际上应用较广泛的肠溶性包衣材料。本品为酯类，贮存时一定要防止水解。

③丙烯酸树脂：肠溶性的丙烯酸树脂是甲基丙烯酸-甲基丙烯酸甲酯的共聚物。此类物质在 pH 6.0 以上的缓冲液中可以溶解，安全无毒。因形成的膜脆性较强，所以需添加适宜的增塑剂。

2）溶剂 应能溶解或分散高分子成膜材料及其他添加剂，并使包衣材料均匀分布在片剂表面。常用的有水和有机溶剂。用有机溶剂包衣时包衣材料用量少，形成的包衣片表面光滑、均匀，但易燃并有一定的毒性，故应严格控制有机溶剂的残留量。水作为包衣用溶剂克服了有机溶剂的缺点，可用于不溶性高分子材料，通常是将不溶性高分子材料制成水分散体进行包衣。

3）添加剂 包括增塑剂、着色剂、遮光剂、释放速度调节剂、固体粉料等。

（1）增塑剂：系指能增加成膜材料的可塑性的材料。加入增塑剂可使衣层的柔韧性增加。常用的水溶性增塑剂有甘油、聚乙二醇、丙二醇；水不溶性增塑剂有蓖麻油、乙酰化甘油酸酯、邻苯二甲酸酯类、硅油等。

（2）着色剂与避光剂：应用着色剂与避光剂的目的是易于识别不同类型的片剂，改善片剂外观，并可遮盖有色斑的片芯,或减少不同批号的片芯间色调的差异。常用的着色剂有水溶性、水不溶性和色淀3类。避光剂可提高片芯内药物对光的稳定性,如二氧化钛(钛白粉)。

(3)释放速度调节剂:又称致孔剂,在薄膜衣材料中加入蔗糖、氯化钠、聚乙二醇等水溶性物质,遇水后,这些水溶性物质迅速溶解,使薄膜衣成为微孔薄膜衣,从而调节药物的释放速度。

(4)固体粉料:用于增加薄膜衣层的牢固性,在包衣过程中加入滑石粉、硬脂酸镁等可以防止因高分子包衣材料黏性过大而引起颗粒或片剂粘连。

(四)包衣方法与包衣设备

常用的包衣方法有滚转包衣法(锅包衣法)、流化床包衣法及压制包衣法(干压包衣法)等。

1. 滚转包衣法 本法是经典且广泛使用的包衣方法,可用于包糖衣、包薄膜衣,设备包括普通滚转包衣机、埋管包衣机和高效水平包衣机。

(1)普通滚转包衣机:包衣锅一般为不锈钢材质,有良好的导热性。包衣锅有莲蓬形和荸荠形(图11-34)等。包衣锅的轴与水平的夹角为30°~45°,可使片剂在包衣过程中既能随锅的转动方向滚动,又能沿轴的方向运动,混合作用更好。包衣锅的转动速度一般控制在20~40 r/min,以片剂在锅中随着锅的转动而上升到一定高度,随后作弧线运动而落下为度,使包衣材料能在片剂表面均匀分布,片剂与片剂之间又有适宜的摩擦力。近年多采用可无级调速的包衣锅。

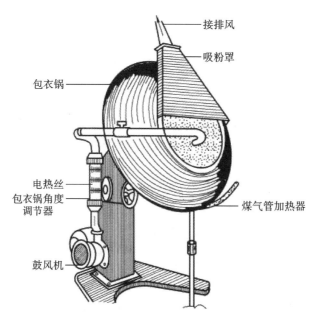

图 11-34　普通滚转包衣机

包衣锅用电炉或煤气加热锅壁,并通入干热空气加速包衣液中溶剂的蒸发。装有排风装置和吸粉罩,可加速水蒸气的排出并吸去粉尘,既加速干燥,又利于劳动防护。

(2)埋管包衣机:为克服普通滚转包衣机的气路不封闭、有机溶剂污染环境等问题而改良的包衣机(图11-35)。其改良方式是在物料层内插入喷头和空气入口,使包衣液的喷雾在物料层内进行,热空气通过物料层,不仅能防止喷液的飞扬,还能加快物料的运动速度和干燥速度。

(3)高效水平包衣机(图11-36):为改善传统的倾斜型包衣机的干燥能力差的缺点而开发的新型包衣机,其干燥速度快、包衣效果好,已成为主流的包衣设备。

2. 流化床包衣法 流化床包衣与流化床制粒的原理基本相似,是将片芯置于流化床中,通入空气流,借急速上升的空气流的动力使片芯悬浮于包衣室内,上下翻动处于流化(沸腾)状态;然后将包衣材料的溶液或混悬液以雾化状态喷入流化床,使片芯表面均匀分布一层包衣材料,并通入热空气使之干燥,如此反复包衣,直至达到规定的要求(图11-37)。

流化床包衣片剂的运动主要依靠热气流推动,干燥能力强,包衣时间短,装置密闭,安全卫生;但

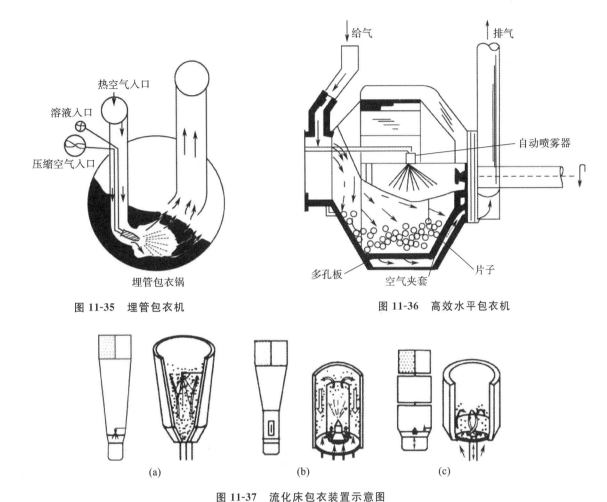

图 11-35　埋管包衣机

埋管包衣锅

图 11-36　高效水平包衣机

给气　　排气

自动喷雾器

多孔板　空气夹套　片子

图 11-37　流化床包衣装置示意图

(a)流化型包衣装置;(b)喷雾型包衣装置;(c)流化转动型包衣装置

大片剂较难运动,小片剂包衣易粘连。

3.压制包衣法　压制包衣机是将两台旋转式压片机用单传动轴配成的一套机器。包衣时先用一台压片机将物料压成片芯后,由传递装置将片芯传递到另一台压片机的模孔中,在传递过程中由吸气泵将片剂外的细粉除去。在片芯到达第二台压片机之前,模孔中已填入部分包衣材料作为底层,然后片芯置于其上,再加入其余包衣材料填满模孔,进行第二次压制,制成包衣片。该法可以避免水分、高温对药物的不良影响,生产流程短、自动化程度高、劳动条件好,但对压片机械的精度要求较高。

(五)包衣生产操作

1.生产环境　包衣间洁净度要求一般为 D 级。室内相对室外呈正压,温度 18~26 ℃,相对湿度 45%~65%。

2.包衣生产过程(以 BG-D 型高效包衣机为例)

1)开机前准备工作

(1)检查整机各部件是否完整、干净,开启总电源,检查主机及各系统能否正常运转。

(2)按设备清洁规程进行消毒。

(3)安装蠕动泵管。

①先将 3 个白色旋钮松开,取出活动夹钳,再将天然橡胶管(亦称食品管)或硅胶管塞入滚轮下,边旋转滚轮盘,边塞入胶管,使滚轮压缩管子,不能过紧,也不能过松(管壁间有缝隙),松紧程度可通过移动泵座的前后位置来调整,调好后用扳手紧固六角螺母。

②将泵座两侧的活动夹钳放下,使胶管在夹钳中,拧紧白色旋钮,拉动胶管至稍处于拉伸状态,否则泵工作时会将胶管拉断,还要注意胶管安装要平整,不能扭曲。

知识链接

③将胶管的一端(短端)套在吸浆不锈钢管上,将胶管的另一端(长端)穿入包衣机旋转臂长孔内,与喷浆管连接。

(4)片芯预热。将筛净粉尘的片芯加入包衣滚筒内,关闭进料门。开启包衣滚筒,调整转速为1～3 r/min,启动风机,向主机送风,然后设定较高加热温度,开始加热。

(5)安装调整喷嘴(包薄膜衣)。

①将喷浆管安装在旋转长臂上,调整喷嘴位置使其位于片芯流动时片床的上1/3处,喷雾方向尽量平行于进风风向,并垂直于流动片床,喷枪与片床距离20～25 cm。

②将旋转臂同喷雾管移出滚筒外面并进行试喷。

③打开喷雾空气管道上的球阀,压力调至0.3～0.4 MPa。开启喷浆、蠕动泵,调整蠕动泵转速及喷枪顶端的调整螺钉,使喷雾达到理想要求,然后关闭喷浆及蠕动泵。

(6)安装滴管(白糖衣)。将滴管安装在旋转长臂上,调整滴管位置使其位于片芯流动时片床的上1/3处(即片床流速最大处),使滴管嘴垂直于片床,滴管与片床距离20～30 cm。

(7)出风温度升至工艺要求值时,降低进风温度,稳定至规定值时开始包衣。

2)包衣

(1)按"喷浆"键,开启蠕动泵,开始包衣,将转速缓慢升至工艺要求值。

(2)按工艺要求进行包衣,在包衣过程中根据情况调节各包衣参数。

(3)开机过程中随时注意设备运行情况。

(4)结束操作后将输液管从包衣液容器中取出,再按"喷浆"键关闭。

(5)降低转速,待药片完全干燥后依次关闭热风、排风和匀浆。

(6)打开进料口门,将旋转臂转出。装上卸料斗,按"点动"键,滚筒转动,药片从卸料斗卸出。

3)清洁程序

(1)取下输液管,将管中残液弃去,将输液管浸入合适溶剂清洗数遍,至溶剂无色,另取适量新鲜溶剂冲洗输液管,最后将清洗干净的输液管浸入75%乙醇中消毒后取出晾干。

(2)清洗喷枪。每次包衣结束后,取下输液管,装上洁净输液管,将喷枪转入滚筒内,开机,用适宜的溶剂冲洗喷枪,此时可转动滚筒,对滚筒进行初步润湿、冲洗。带"雾"无色后,关闭喷浆,从喷枪上拔出压缩空气管,待喷枪上滴下的清洗液清澈透明,则说明喷枪清洗结束,泵入75%乙醇对喷枪消毒,完成后喷枪接上压缩空气管,按喷浆键,用压缩空气吹干喷枪。

(3)清洗滴管。可直接开机用热水将滴管冲洗至清澈透明,消毒,吹干。

(4)打开进料口,开机转动滚筒,用适宜的溶剂冲洗滚筒,并用洗净的毛巾擦拭滚筒至洁净,喷枪旋转臂须一同进行清洗,清洗后停止转动滚筒。

(5)当滚筒内壁清洗干净后,打开主机两边侧门,拆下排风口,用适宜的溶剂清洗滚筒外壁,外壁清洗干净后,再次清洗内壁,拆下排风管清洗干净,待晾干后装回原位,然后关上侧门。

(6)擦洗进料口门内侧,卸料斗。

(7)用湿布擦拭干净设备外表面。

(8)每周清洗一次进风口。

(六)包衣过程中可能出现的问题及解决方法

包衣质量直接影响包衣的外观和片芯的质量。如果由于片芯的质量较差、所用包衣材料或配方组成不合适、包衣工艺操作不当等原因,致使包衣片在生产过程中或贮存过程中出现一些问题,应当分析具体原因,并采取适当的措施加以解决。

1.包糖衣容易出现的问题和解决方法

(1)糖衣片吸潮:糖衣片有时防潮性不好。尤其是中药浸膏包糖衣后,在空气相对湿度高时易吸潮、发霉。糖衣片的糖衣层和粉衣层的防潮性并不好,起到防潮作用的关键衣层是隔离层。一般认为用玉米蛋白等水不溶性材料作为隔离层的效果较好,但用量应适宜,否则会影响其崩解性。

（2）糖衣层龟裂：当包衣处方不当时，糖衣片常因气温变化等出现糖衣层龟裂现象。其原因可能是糖衣层太脆而缺乏韧性，必要时应调节配方，可加入塑性较强的材料或加入适宜增塑剂；糖衣层龟裂多发生在北方严寒地区，可能由片芯和衣层的膨胀系数有较大差异，低温时衣层收缩程度大，且衣层脆性强所致。

2. 包薄膜衣容易出现的问题和解决方法

（1）起泡：由工艺条件不当、干燥速度过快所致，应控制成膜条件，降低干燥温度和速度。

（2）皱皮：由衣料选择不当、干燥条件不当所致，应更换衣料，改变成膜温度。

（3）剥落：由衣料选择不当、两次包衣间隔时间太短所致，应更换衣料，延长包衣间隔时间，调节干燥温度并适当降低包衣溶液的浓度。

（4）花斑：因增塑剂、色素等选择不当，干燥时溶剂将可溶性成分带到衣膜表面。操作时应改变包衣处方，调节空气温度和流量，减慢干燥速度。

3. 包肠溶衣容易出现的问题和解决方法

（1）不能安全通过胃部：由衣料选择不当、衣层太薄、衣层机械强度不够造成，应注意选择适宜衣料，重新调整包衣处方。

（2）肠溶衣片肠内不溶解（排片）：由衣料选择不当、衣层太厚，贮存变质所致，应查找具体原因，并合理解决。

（3）片面不平，色泽不均，龟裂和衣层剥落等：产生原因及解决方法与包糖衣片相同。

五、片剂的质量控制

1. 外观 片剂的外观应该完整光洁，边缘整齐，片形一致，色泽均匀，字迹清晰。

2. 重量差异 在片剂生产过程中，影响片剂重量的因素有很多。重量差异大，意味着每片片剂的主药含量不一致。因此，必须将各种片剂的重量差异控制在规定的限度内。《中国药典》（2020年版）规定的片剂重量差异限度见表11-8。

表11-8 片剂的重量差异限度

平均片重或标示片重	重量差异限度
0.3 g 以下	±7.5%
0.3 g 及 0.3 g 以上	±5%

糖衣片、肠溶衣片的片芯应检查重量差异并符合规定，包糖衣后不再检查重量差异。薄膜衣片在包薄膜衣后检查重量差异并符合规定。

3. 硬度与脆碎度 《中国药典》没有明确规定片剂的硬度，只提出硬度适宜，以免片剂在包装和运输过程中被破坏。硬度的检查贯穿于实际生产过程中，常用的方法是将片剂置于中指与食指之间，以拇指轻压，根据片剂的抗压能力来判断片剂的硬度。在检测工作中使用孟山都硬度计测量片剂的硬度，一般认为，普通片剂的硬度在 $5 \ \mathrm{kg/cm^2}$ 以上，抗张强度在 $1.5 \sim 3.0 \ \mathrm{MPa}$ 较好。

脆碎度是指片剂经过振荡、碰撞而引起的破碎程度。脆碎度测定是《中国药典》规定的非包衣片的检查项目。

4. 崩解时限 崩解是指口服固体制剂在规定条件下全部崩解溶散或成碎粒，除不溶性包衣材料或破碎的胶囊壳外，应全部通过筛网。如有少量不能通过筛网，但已软化或轻质上漂且无硬芯者，可作符合规定论。除另有规定外，照《中国药典》崩解时限检查法（通则0921）检查，应符合规定。

除另有规定外，凡规定溶出度、释放度或融变时限的制剂，不再进行崩解时限检查。口含片、咀嚼片、溶液片、缓释片、控释片不需要做崩解时限检查。

5. 溶出度 片剂的溶出度是指药物在规定介质中从片剂溶出的速度和程度。片剂口服后一般都应崩解，药物从崩解形成的细颗粒中溶出后才能被吸收而发挥疗效。多数情况下，片剂崩解的速度快,药物的溶出也快。影响药物溶出的重要因素是药物本身的理化性质,如溶解度等。但是药物的溶出也受其他因素的影响,如制剂处方中对辅料的选用、加工工艺中药物分散于辅料中的技术、压片力的大小等。

6.含量均匀度 含量均匀度是指小剂量口服固体制剂、粉雾剂或注射用无菌粉末中的每片(个)含量偏离标示量的程度。除另有规定外,片剂、胶囊剂或注射用无菌粉末,每片(个)标示量小于 10 mg 或主药含量小于每片(个)重量 5%者;其他制剂,每片标示量小于 2 mg 或主药含量小于每片(个)重量 2%者,均应检查含量均匀度。复方制剂仅检查符合上述条件的组分。凡检查含量均匀度的制剂,不再检查重量差异。

六、片剂的制备举例

1.化学性质稳定、易压缩成型药物的片剂 复方磺胺甲噁唑片(复方新诺明片)(每片含 SMZ 0.4 g)。

【处方】

磺胺甲噁唑(SMZ)	400 g
三甲氧苄氨嘧啶(TMP)	80 g
淀粉	40 g
10%淀粉浆	24 g
干淀粉(4%左右)	23 g
硬脂酸镁(0.5%左右)	3 g
制成	1000 片

【制法】将 SMZ、TMP 过 80 目筛,与淀粉混匀,加 10%淀粉浆制软材,用 14 目筛制粒后置 70～80 ℃干燥,用 12 目筛整粒,加入干淀粉及硬脂酸镁混匀,压片,即得。

【注释】这是最普通的湿法制粒压片的实例,处方中 SMZ 为主药,TMP 为抗菌增效剂,常与磺胺类药物联合应用使药物对革兰阴性杆菌(如痢疾杆菌、大肠杆菌等)有更强的抑菌作用。淀粉主要作为填充剂;淀粉浆作为黏合剂;干淀粉作为外加崩解剂;硬脂酸镁作为润滑剂。

2.化学性质不稳定的药物的片剂 复方乙酰水杨酸片。

【处方】

乙酰水杨酸(阿司匹林)	268 g
对乙酰氨基酚(扑热息痛)	136 g
咖啡因	33.4 g
淀粉	266 g
淀粉浆(15%～17%)	85 g
5%滑石粉	25 g
轻质液状石蜡	2.5 g
酒石酸	2.7 g
制成	1000 片

【制法】将咖啡因、对乙酰氨基酚与 1/3 量的淀粉混匀,加含酒石酸的淀粉浆(15%～17%)制软材,过 14 目或 16 目尼龙筛制湿颗粒,于 70 ℃干燥,干燥颗粒过 12 目尼龙筛整粒,然后将此颗粒与乙酰水杨酸混合均匀,最后加剩余的淀粉(预先在 100～105 ℃干燥)及吸附有轻质液状石蜡的 5%滑石粉,共同混匀后,再过 12 目尼龙筛,颗粒经含量测定合格后,用 12 mm 冲压片,即得。

【注释】处方中的液状石蜡含量为滑石粉的 10%,可使滑石粉更易于黏附在颗粒的表面,在压片振动时不易脱落。车间中的湿度亦不宜过高,以免乙酰水杨酸发生水解。淀粉的剩余部分作为崩解剂加入,但要注意混合均匀。乙酰水杨酸遇水易水解成对胃黏膜有较强刺激性的水杨酸和醋酸,长期服用会导致胃溃疡。因此,加酒石酸(约相当于乙酰水杨酸含量的 1%)于淀粉浆中,可在湿法制粒过程中有效地降低乙酰水杨酸的水解。

3.小剂量药物的片剂　硝酸甘油片(每片含硝酸甘油0.5 mg)。

【处方】
乳糖	88.8 g
糖粉	38.0 g
17%淀粉浆	适量
10%硝酸甘油乙醇溶液	0.6 g(硝酸甘油量)
硬脂酸镁	1.0 g
制成	1000 片

【制法】首先用乳糖、糖粉、17%淀粉浆制备空白颗粒,然后将硝酸甘油制成10%的乙醇溶液(按120%投料),拌于空白颗粒的细粉中(30目以下),过10目筛2次后,于40 ℃以下干燥50~60 min,再与事先制成的空白颗粒及硬脂酸镁混匀,压片,即得。

4.中药片剂　当归浸膏片。

【处方】
当归浸膏	262 g
淀粉	40 g
轻质氧化镁	60 g
硬脂酸镁	7 g
滑石粉	80 g
制成	1000 片

【制法】取当归浸膏加热(不用直火)至60~70 ℃,搅拌使熔化,将轻质氧化镁、滑石粉(60 g)及淀粉依次加入混匀,于60 ℃以下干燥至含水量3%以下。然后将烘干的片(块)状物粉碎成14目以下的颗粒,最后加入硬脂酸镁、滑石粉(20 g)混匀,过12目筛整粒,压片、质检、包糖衣,即得。

案 例 分 析

案例1　复方乙酰水杨酸片的3种主药为什么不直接混合?能否用硬脂酸镁作润滑剂?为什么采用尼龙筛制粒?为什么采用高浓度(15%~17%)淀粉浆作黏合剂?

分析　3种主药直接混合时,易产生低共熔现象,因此采用分别制粒的方法,不仅避免了低共熔物的生成,还避免了乙酰水杨酸与水(淀粉浆)的直接接触,从而保证了制剂的稳定性;乙酰水杨酸的水解受金属离子的催化,因此不但在处方中避免使用硬脂酸镁,而且在制备时尽量使用非金属器材,因而采用5%的滑石粉作润滑剂,采用尼龙筛制粒;乙酰水杨酸的可压性极差,因而采用了较高浓度的淀粉浆(15%~17%)作黏合剂。

案例2　硝酸甘油片处方中的稀释剂是哪些?为什么这样选择稀释剂?为什么要将硝酸甘油溶解在乙醇中?制备过程中要注意什么?

分析　稀释剂是乳糖和糖粉,硝酸甘油是一种通过舌下吸收治疗心绞痛的小剂量药物的片剂,不宜加入不溶性的辅料(除微量的硬脂酸镁作润滑剂外);为防止混合不均匀造成含量均匀度不合格,采用将主药溶于乙醇后再加入(或喷入)空白颗粒中的方法;在制备中应注意防止振动、受热和吸入,以免造成爆炸以及操作者剧烈头痛。另外,本品属于急救药,片剂不宜过硬,以免影响其舌下的速溶性。

案例3　当归浸膏片处方中滑石粉有什么作用?轻质氧化镁有什么作用?

分析　处方中含有较多糖类物质,引湿性较大,加入适量滑石粉(60 g)可以克服操作上的困难,另外,本品的物料易造成黏冲,另加入适量的滑石粉(20 g)可避免;当归浸膏中含有挥发油成分,加入轻质氧化镁吸收后有利于压片。

扫码看答案

一、单项选择题

1. 普通压制片剂的崩解时限要求为（   ）。

A. 15 min   B. 30 min   C. 45 min   D. 60 min

2. 湿法制粒压片的工艺流程为（   ）。

A. 原辅料→粉碎→混合→制软材→制粒→干燥→压片

B. 原辅料→粉碎→混合→制软材→制粒→干燥→整粒→压片

C. 原辅料→粉碎→混合→制软材→制粒→整粒→压片

D. 原辅料→混合→粉碎→制软材→制粒→整粒→干燥→压片

3. 片剂制粒的主要目的是（   ）。

A. 更加美观   B. 提高生产效率

C. 改善原辅料的可压性   D. 增加片剂的硬度

4. 冲头表面粗糙将造成片剂的（   ）。

A. 黏冲   B. 硬度不够   C. 花斑   D. 裂片

5. 单冲压片机调节药片硬度时应调节（   ）。

A. 上下压力盘的位置   B. 下冲头下降的深度   C. 上下冲头同时调节   D. 上冲头下降的位置

6. 片剂包糖衣时，包隔离层的目的是（   ）。

A. 为了片剂的美观和便于识别

B. 为了尽快消除片剂的棱角

C. 为了增加片剂的光泽和表面的疏水性

D. 为了形成一层不透水的屏障，防止糖浆中的水分侵入片芯

7. 包粉衣层的主要材料是（   ）。

A. 糖浆和滑石粉   B. 稍稀的糖浆   C. 食用色素   D. 川蜡

8. 下列关于包糖衣的工序顺序正确的是（   ）。

A. 粉衣层→隔离层→糖衣层→色糖衣层→打光

B. 粉衣层→色糖衣层→隔离层→糖衣层→打光

C. 粉衣层→隔离层→色糖衣层→糖衣层→打光

D. 隔离层→粉衣层→糖衣层→色糖衣层→打光

9. 为增加片剂的体积和重量，应加入的附加剂是（   ）。

A. 稀释剂   B. 崩解剂   C. 吸收剂   D. 润滑剂

10. 片剂不具有的优点是（   ）。

A. 剂量准确   B. 成本低   C. 溶出度高   D. 服用方便

11. 片剂辅料中润滑剂不具备的作用是（   ）。

A. 增加颗粒的流动性   B. 促进片剂在胃中润湿

C. 防止颗粒黏冲   D. 减少对冲头的磨损

12. 《中国药典》规定糖衣片的崩解时限为（   ）。

A. 15 min   B. 30 min   C. 45 min   D. 60 min

13. 下列可作片剂的泡腾崩解剂的为（   ）。

A. 枸橼酸与碳酸钠   B. 淀粉   C. 羧甲基淀粉钠   D. 预胶化淀粉

14. 下列关于肠溶衣片的叙述，错误的是（   ）。

A. 胃内不稳定的药物可包肠溶衣   B. 强烈刺激胃的药物可包肠溶衣

C. 驱虫药通常制成肠溶衣片   D. 在胃中崩解，而在肠中不崩解

15.可作为肠溶衣的高分子材料是(　　)。

A.丙烯酸树脂Ⅰ
B.羟丙基甲基纤维素(HPMC)

C.丙烯酸树脂Ⅳ
D.羟丙基纤维素(HPC)

二、简答题

请分析穿心莲内酯片各成分在处方中的作用。

穿心莲内酯	50 g
微晶纤维素	12.5 g
淀粉	3.0 g
微粉硅胶	2.0 g
硬脂酸镁	1.0 g
滑石粉	1.5 g
制成	1000 片

其他常用制剂生产技术

外用膏剂

扫码看课件

导学情景

　　隔壁寝室同学腹部长了带状疱疹,疼痛难忍,同时伴有腹泻,药学专业的小花给她推荐了阿昔洛韦软膏,该同学使用后,疼痛得以缓解。

学前导语

　　阿昔洛韦是一种抗病毒药,可用于治疗单纯疱疹病毒引起的皮肤感染。外用膏剂在我国具有悠久的历史,是一种古老的剂型,随着科学的发展,许多新的基质、新型吸收促进剂、新型药物载体不断涌现,生产的机械化和自动化程度不断提高,推动了外用膏剂的进一步发展。本项目我们将学习外用膏剂的基本知识和制备的基本操作。

任务一 软 膏 剂

一、概述

　　软膏剂是指药物和适宜基质均匀混合制成的半固体外用制剂。由于软膏剂有较好的附着性、涂展性、使用及携带方便等优点,因此广泛应用于皮肤科、骨科、眼科、耳鼻喉科等。根据药物在软膏剂基质中的分散状态可分为溶液型和混悬型。溶液型软膏剂是药物溶解(或共熔)于基质或基质组分中制成的软膏剂;混悬型软膏剂是药物以细粉的形式均匀分散于基质中制成的软膏剂。

　　软膏剂在临床上应用广泛,具有以下特点:避免肝脏的首过效应,药物有效成分利用度高;药物不受胃肠道 pH 和酶的影响,同时不对胃肠道造成刺激;释药速度缓慢,可延长作用时间。

二、软膏剂的基质

　　软膏剂主要由主药和基质两部分组成,基质的选择对软膏剂的理化特性、质量和药物疗效的发挥具有关键作用。基质的要求如下:①无药理活性,无刺激性、过敏性,无生理活性,不妨碍皮肤的正常生理代谢过程;②性质稳定,与主药不发生配伍变化;

知识链接

③稠度适宜,润滑,易于涂布,具有良好的释药性能;④具有吸水性,能吸收伤口分泌物;⑤易洗除,不污染衣服。目前尚无 1 种基质能同时满足以上要求,实际工作中应根据治疗目的与药物的性质,将不同种类的基质混合使用或加入附加剂加以改善。常用的软膏剂基质可分为油脂性基质和水溶性基质。

(一)油脂性基质

　　油脂性基质属于强疏水性物质,包括烃类、类脂类及动植物油脂等。其中以烃类基质凡士林最为常用,石蜡用以调节稠度,类脂中以羊毛脂和蜂蜡应用较多,羊毛脂可增加基质吸水性及稳定性。植物油与熔点较高的蜡类可制成适当稠度的基质。

此类基质的特点是润滑,无刺激性,涂于皮肤上能形成封闭性油膜,可促进皮肤的水合作用,对皮肤有保护、软化作用,不易长菌;较稳定,可与多种药物配伍。但释药性能差,不适用于有渗出液的创面,不易用水洗除。主要用于遇水不稳定的药物,如红霉素、金霉素等抗生素类药物。

(二)水溶性基质

水溶性基质是由天然或合成的水溶性高分子材料溶解于水中而制成的半固体软膏基质。此类基质易溶于水,无油腻性,能与水性物质或渗出液混合,易洗除,药物释放速度较快。该类基质可用于湿润或糜烂的创面,基质主要为聚乙二醇和纤维素类。

课 堂 活 动

我们常用的软膏剂与同学们经常使用的化妆品(如面霜、护手霜、洗面奶等)有哪些异同点?

三、软膏剂的附加剂

软膏剂根据需要可加入适宜的附加剂改善其性能、增加稳定性或改善药物的透皮吸收性,常用的附加剂有抗氧剂、抑菌剂、保湿剂、增稠剂和皮肤渗透剂等(表12-1)。

表 12-1　常用的附加剂和种类

附加剂	种类
抗氧剂	维生素E、没食子酸丙酯、抗坏血酸、枸橼酸、酒石酸
抑菌剂	苯甲酸、三氯叔丁醇、苯甲醇、苯酚、尼泊金酯
保湿剂	甘油、丙二醇、山梨醇
增稠剂	月桂醇、硬脂醇、亚油酸
皮肤渗透剂	月桂氮酮、二甲基亚砜、水杨酸

四、软膏剂的制备工艺流程

软膏剂生产的各工序应在D级洁净区完成,软膏剂的一般制备工艺流程如图12-1所示。

图 12-1　软膏剂的一般制备工艺流程

(一)软膏剂药物和基质的前处理

1. 药物的前处理

(1)药物不溶于基质或基质的任何组分时,宜先用适宜方法将药物粉碎成细粉。将药粉与少量基质或液体组分,如液状石蜡、植物油、甘油等研匀成糊状,再与其余基质混匀。

(2)药物溶于油脂性基质或水溶性基质时,可分别制备溶液型软膏。如果是油溶性药物,先将药物溶解在液体油中,然后与其余的油脂性基质混合均匀;如果药物溶解于水溶性基质(如PEG),可将药物溶解在少量水或液体水溶性基质中,然后加其余的水溶性基质混合均匀。

(3)药物溶于乳剂型基质的某一相时,油溶性药物溶解在油相,水溶性药物溶解在水相,然后分别与其他相混合制备乳剂型软膏剂。

(4)将水溶性药物掺和在油脂性基质时,先将水溶性药物溶解在少量水中,用羊毛脂或吸水性基质混匀,再与其余基质混匀。

(5)半固体黏稠性药物(如鱼石脂)不易与凡士林直接混合,可先加等量蓖麻油或羊毛脂混匀,再与其他基质混合。

(6)处方中有挥发性共熔成分(如樟脑、薄荷脑、麝香草酚等)共存时,先研磨至共熔后再与基质混匀。

2.基质的前处理 油溶性基质加热熔融,用细布或七号筛趁热过滤,继续加热至 150 ℃约 1 h。忌用直火加热,以防起火,多用蒸汽夹层锅加热。高分子水溶性基质应充分溶胀、溶解,制成溶液或胶性物,备用。

(二)软膏剂的配制

1.研和法 研和法是将基质的各组分与药物在常温下均匀混合的方法。主要用于基质的熔点和状态相近或含有不耐热药物的处方。由于研和法制备过程中不加热,适用于不耐热的药物。在实验室制备时可在乳钵中研磨,大量生产时可用电动研钵制备。

2.熔合法 由于基质熔点不同,基质的各组分与药物在常温下不能均匀混合,特别是含有固体基质等情况,是大量生产油脂性基质软膏剂常采用的方法。先将熔点较高的基质熔化,再按熔点高低依次加入,熔化、搅拌、混合均匀,直至冷凝。制备的软膏剂如果不够细腻,则需要通过研磨机进一步研匀,使之具有无颗粒的沙砾感。

(三)灌封和包装

生产小剂量软膏剂用手工进行灌封,而大剂量生产则采用灌封机。软膏剂常用的包装材料有金属盒、塑料盒等,大剂量生产时多采用锡、铝或塑料制作的软膏管。包装材料不能与药物或基质发生理化作用,包装的密闭性应良好。

五、软膏剂的质量控制

1.外观性状 要求色泽均匀,质地细腻,应具有适当的稠度,易涂布于皮肤或黏膜上,稠度随季节变化应很小。无酸败、异臭、变色、变硬等变质现象。

2.粒径 除另有规定外,混悬型软膏剂、含饮片细粉的软膏剂照下述方法检查,应符合规定。软膏剂置于载玻片上涂成薄层,薄层面积相当于盖玻片面积,共涂 3 片,照粒度和粒度分布测定法(《中国药典》(2020 年版)四部通则 0982 第一法)检查,均不得检出粒径大于 180 μm 的粒子。

3.装量 照最低装量检查法(《中国药典》(2020 年版)四部通则 0942)检查,应符合规定。

4.无菌 用于烧伤或严重创伤的软膏剂照无菌检查法(《中国药典》(2020 年版)四部通则 1101)检查,应符合规定。

5.微生物限度 除另有规定外,照非无菌产品微生物限度检查,应符合规定。

六、软膏剂的制备举例

清凉油。

【处方】

樟脑	160 g	薄荷脑	160 g
薄荷油	100 g	桉叶油	100 g
石蜡	210 g	蜂蜡	90 g
10%氨溶液	6.0 mL	凡士林	200 g
芳香油	适量		

【制法】先将樟脑、薄荷脑混合研磨使其共熔,然后与薄荷油、桉叶油混合均匀,另将石蜡、蜂蜡和凡士林加热至 110 ℃(除去水分),必要时过滤,放冷至 70 ℃,加入芳香油等,搅拌,最后加入 10%氨溶液,混匀即得。

【作用与用途】本品止痛止痒,适用于伤风、头疼和蚊虫叮咬。处方中油脂性基质石蜡、蜂蜡和凡士林用量配比应随原料熔点不同加以调整。

任务二 乳 膏 剂

一、概述

乳膏剂是指药物溶解或者分散在乳剂型基质中形成的均匀的半固体外用制剂。乳膏剂由于基质不同,可分为水包油型乳膏剂与油包水型乳膏剂。

乳膏剂不妨碍皮肤表面分泌物的分泌和水分蒸发,对皮肤正常功能影响较小。特别是水包油型乳膏剂基质中的药物释放和透皮吸收较快,基质易涂布于皮肤,不油腻,易于清洗,不污染衣物。但是水包油型基质制成的乳膏剂不宜用于分泌物较多的皮肤病,如湿疹时,分泌物被重新渗透吸收会引起炎症恶化,故须正确选择乳膏剂类型。

二、乳膏剂的基质

乳剂型基质是将固体或半固体的油相加热熔化后与水相混合,在乳化剂的作用下乳化,在室温下成为半固体的基质。形成基质的类型及原理与乳剂相似。常用的油相多数为固体,主要有硬脂酸、石蜡、蜂蜡、高级醇(如十八醇)等。调节稠度可加入液状石蜡、凡士林或植物油等。

乳剂型基质有水包油(O/W)型与油包水(W/O)型两类,乳化剂的作用对形成的乳剂型基质的类型起主要作用。O/W 型基质能与大量水混合,含水量较高。乳剂型基质不阻止皮肤表面分泌物的分泌和水分蒸发,对皮肤的正常功能影响较小。一般乳剂型基质特别是 O/W 型基质乳膏剂中药物的释放和透皮吸收较快。基质中水分的存在可增强其润滑性,使其易于涂布。但是,O/W 型基质外相含大量水,在贮存过程中可能霉变,常须加入防腐剂;同时水分也易蒸发失散而使乳膏剂变硬,故常需加入甘油、丙二醇、山梨醇等作保湿剂,一般用量为 5%～20%。遇水不稳定的药物不宜用乳剂型基质制备乳膏剂。还值得注意的是 O/W 型基质制成的乳膏剂在用于分泌物较多的皮肤病(如湿疹)时,其吸收的分泌物可重新透入皮肤(反向吸收)而使炎症恶化,故须正确选择适应证。

乳剂型基质常用的乳化剂有以下 4 种。

1. 皂类 有一价皂、二价皂、三价皂等。

(1)一价皂。O/W 型乳剂型基质,是一价金属离子钠、钾的氢氧化物或三乙醇胺等有机碱与脂肪酸作用生成的新生皂,其 HLB 为 15～18。硬脂酸是常用的脂肪酸,一般用量为基质总量的 15%～25%,与碱反应生成新生皂;大部分未皂化的硬脂酸作为油相被乳化分散,可调节基质的稠度。用硬脂酸制成的 O/W 型乳剂型基质油腻感小,水分蒸发后皮肤上留有一层硬脂酸薄膜,具有保护作用。

以新生钠皂为乳化剂制成的乳剂型基质较硬;以钾皂为乳化剂制成的则较软;以三乙醇胺生成的有机铵皂为乳化剂制成的乳剂型基质细腻、有光泽。新生皂作为乳化剂制成的基质应避免应用于酸、碱类药物,特别是忌与含钙、镁离子类的药物配伍,以免形成不溶性皂类而破坏其乳化作用。

(2)多价皂。由二、三价的金属(钙、镁、锌、铝)离子的氢氧化物与脂肪酸作用形成的多价皂,其 HLB<6,为 W/O 型乳剂型基质。新生多价皂较容易生成,且 W/O 型基质中油相的比例大,故其制成的基质的稳定性比用一价皂为乳化剂制成的乳剂型基质要高。

2. 硫酸化物类 常用的是十二烷基硫酸钠(又称月桂醇硫酸钠),为优良的阴离子型乳化剂,用于配制 O/W 型乳剂型基质,常用量为 0.5%～2%,对皮肤的刺激性小。不宜与阳离子型表面活性剂配伍,以免形成沉淀而失效。本品中常加入一些 W/O 型乳化剂作为辅助乳化剂以调节 pH,常用的有十六醇、十八醇、单甘油酯和脂肪酸山梨坦等。

3. 高级脂肪醇及多元醇酯类

(1)十六醇及十八醇:属弱的 W/O 型乳化剂,起辅助乳化和稳定的作用。

(2)硬脂酸甘油酯:单、双硬脂酸甘油酯的混合物,不溶于水,可溶于热乙醇及液状石蜡、脂肪油中,为白色固体,是一种较弱的 W/O 型乳化剂,与一价皂或十二烷基硫酸钠等较强的 O/W 型乳化剂合用时,可增加稳定性。

(3)脂肪酸山梨坦与聚山梨酯类:均属于非离子型表面活性剂。脂肪酸山梨坦类即司盘类,为 W/O 型乳化剂;聚山梨酯类即吐温类,为 O/W 型乳化剂。两者可单独使用,也可按不同比例与其他乳化剂合用以调节适宜的 HLB,增加乳剂型基质的稳定性。

4. 聚氧乙烯醚衍生物类 常用的有平平加 O 及乳化剂 OP,均属非离子型表面活性剂,前者 HLB 为 15.9,后者 HLB 为 14.5,两者均属 O/W 型乳化剂。

三、乳膏剂的附加剂

与软膏剂相似,乳膏剂根据制备需要可加入适宜的附加剂以改善其性能、增加稳定性或者改善药物的透皮吸收性,常用的附加剂有抗氧剂、保湿剂、抑菌剂、增稠剂和皮肤渗透剂等。

四、乳膏剂的制备工艺流程

乳膏剂生产的各工序,应在 D 级洁净区完成。乳膏剂的一般制备工艺流程如图 12-2 所示。

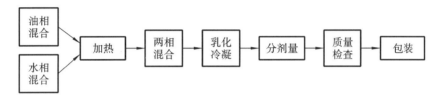

图 12-2 乳膏剂的一般制备工艺流程

乳膏剂制备常采用乳化法,将处方中的油脂性组分混合,加热熔化成液体,作为油相,保持油相温度在 70~80 ℃;另将水溶性组分溶于水中,并加热至与油相温度相同或略高于油相温度(可防止两相混合时油相中的组分过早凝结),混合油、水两相并不断搅拌,直至乳化完全,并冷凝成膏状物,即得。

五、乳膏剂的质量控制

1. 外观性状 要求色泽均匀,质地细腻,应具有适当的稠度,应易涂布于皮肤或黏膜上,不融化,稠度随季节变化应很小。无酸败、异臭、变色、变硬等变质现象,不得有油水分离及胀气现象。

2. 粒度 置于载玻片上涂成薄层,薄层面积相当于盖玻片面积,共涂 3 片,照粒度和粒度分布测定法(《中国药典》(2020 年版)四部通则 0982 第一法)测定,均不得检出大于 180 μm 的粒子。

3. 装量 照最低装量检查法(《中国药典》(2020 年版)四部通则 0942)检查,应符合规定。

4. 无菌 用于烧伤或严重创伤的乳膏剂照无菌检查法(《中国药典》(2020 年版)四部通则 1101)检查,应符合规定。

5. 微生物限度 除另有规定外,照非无菌产品微生物限度检查,应符合规定。

六、乳膏剂的制备举例

1. 含有机铵皂的乳剂型基质

【处方】

硬脂酸	100 g	蓖麻油	100 g
液状石蜡	100 g	三乙醇胺	8 g
甘油	40 g	羟苯乙酯	0.8 g
纯化水	452 g		

【制法】将硬脂酸、蓖麻油、液状石蜡置蒸发皿中,水浴加热(75~80 ℃)使熔化。另取三乙醇胺、甘油与纯化水混匀,加热至相同温度,缓缓加入油相中,边加边搅拌,直至乳化完全,放冷即得。

【注释】处方中部分硬脂酸与三乙醇胺生成硬脂酸胺,作为 O/W 型阴离子型乳化剂,其 HLB 为 12,还可加入 0.1%羟苯乙酯作为防腐剂。本处方忌与大分子阳离子药物配伍。

2.醋酸氟轻松乳膏

【处方】
醋酸氟轻松	0.25 g	甘油	50 g
羊毛脂	20 g	羟苯乙酯	1 g
三乙醇胺	20 g	硬脂酸	150 g
白凡士林	250 g	纯化水	适量
共制	1000 g		

【制法】①将醋酸氟轻松研细后过六号筛,备用。②取三乙醇胺、甘油、羟苯乙酯溶于水中,并加热至 70～80 ℃使其溶解为水相。③另取硬脂酸、羊毛脂和白凡士林加热熔化为油相,并保持在 70～80 ℃。④在相同温度下,将两相混合,搅拌至凝固呈膏状。⑤将已粉碎的醋酸氟轻松加入上述基质中,搅拌混合,使分散均匀。

【作用与用途】本品用于治疗萎缩性、接触性、脂溢性、神经性皮炎及湿疹等。

【注释】(1)醋酸氟轻松不溶于水,微溶于乙醇,也不能溶于处方中的油相成分,故须先粉碎,待乳膏型基质制好后分散于其中,由于其含量低,应混合均匀。

(2)本品为 O/W 型乳膏型基质,部分硬脂酸与三乙醇胺发生皂化反应生成三乙醇胺皂,作为 O/W 型乳化剂,剩余部分的硬脂酸作为油相起增稠和稳定作用。

(3)白凡士林用以调节稠度、增加润滑性,羊毛脂可增加油相的吸水性和药物的穿透性,羟苯乙酯为防腐剂,甘油为保湿剂。

任务三　凝　胶　剂

一、概述

凝胶剂系指药物与能形成凝胶的辅料制成溶液型、混悬型或乳状液型的稠厚液体或半固体制剂。凝胶剂有触变性,静止时形成半固体,而搅拌或振摇时成为液体。除另有规定外,凝胶剂限局部用于皮肤及体腔,如鼻腔、阴道和直肠。

乳状液型凝胶剂又称为乳胶剂。由高分子基质如西黄蓍胶制成的凝胶剂也可称为胶浆剂。小分子无机原料药(如氢氧化铝)凝胶剂是由分散的药物小粒子以网状结构存在于液体中,属两相分散系统,也称混悬型凝胶剂。

凝胶剂基质属单相分散系统,有水性与油性之分。水性凝胶基质一般由水、甘油或丙二醇与纤维素衍生物、卡波姆和海藻酸盐、西黄蓍胶、明胶、淀粉等构成;油性凝胶基质由液状石蜡与聚乙烯或脂肪油与胶体硅或铝皂、锌皂构成。

凝胶剂在生产与贮藏期间应符合下列有关规定:①混悬型凝胶剂中胶粒应分散均匀,不应下沉、结块。②凝胶剂应均匀、细腻,在常温时保持胶状,不干涸或液化。③凝胶剂根据需要可加入保湿剂、抑菌剂、抗氧剂、乳化剂、增稠剂和透皮促进剂等。除另有规定外,在制剂确定处方时,该处方的抑菌效力应符合抑菌效力检查法(《中国药典》(2020 年版)四部通则 1121)的规定。④凝胶剂一般应检查pH。⑤除另有规定外,凝胶剂应避光、密闭贮存,并应防冻。⑥凝胶剂用于烧伤治疗时如为非无菌制剂,应在标签上标明"非无菌制剂",产品说明书中应注明"本品为非无菌制剂",同时在适应证下应明确"用于程度较轻的烧伤(Ⅰ度或浅Ⅱ度)";注意事项下规定"应遵医嘱使用"。

二、水性凝胶基质

水性凝胶基质具有生物黏附性和生物相容性,能黏附在皮肤或黏膜上,易清洗,无油腻感,能吸收组织渗出液,不妨碍皮肤正常生理功能。凝胶剂黏滞度较小而药物释放快,但润滑作用差,易失水和霉变,常需要加入保湿剂和防腐剂。常用的水性凝胶基质有卡波姆、纤维素衍生物。

三、凝胶剂的制备工艺流程

凝胶剂生产的各工序,应在 D 级洁净区完成。

凝胶剂的制备通常是将基质材料在溶剂中溶胀,制备成凝胶基质,再加入药液及其他附加剂。水溶性药物可以先溶于水或甘油中,水不溶性药物粉末与水或甘油研磨后,再与凝胶基质混合,最后定量,搅拌均匀即可。

四、凝胶剂的质量控制

1. 粒度 除另有规定外,混悬型凝胶剂照下述方法检查,应符合规定。置于载玻片上涂成薄层,薄层面积相当于盖玻片面积,共涂 3 片,照粒度和粒度分布测定法(《中国药典》(2020 年版)四部通则 0982 第一法)测定,均不得检出大于 180 μm 的粒子。

2. 装量 按照最低装量检查法(《中国药典》(2020 年版)四部通则 0942)检查,应符合规定。

3. 无菌 除另有规定外,用于烧伤或严重创伤的凝胶剂照无菌检查法(《中国药典》(2020 年版)四部通则 1101)检查,应符合规定。

4. 微生物限度 除另有规定外,照非无菌产品微生物限度检查:微生物计数法(《中国药典》(2020 年版)四部通则 1105)、控制菌检查法(《中国药典》(2020 年版)四部通则 1106)及非无菌药品微生物限度标准(《中国药典》(2020 年版)四部通则 1107)检查,应符合规定。

五、凝胶剂的制备举例

卡波姆水溶性凝胶基质的制备。

【处方】

卡波姆 940	10 g	乙醇	50 g
甘油	50 g	聚山梨酯 80	20 g
羟苯乙酯	1 g	氢氧化钠	4 g
纯化水	适量		
共制	1000 g		

【制法】①将卡波姆 940 与聚山梨酯 80 及 300 mL 纯化水混合,氢氧化钠溶于 100 mL 水后加入上述溶液中,搅匀。②将羟苯乙酯溶于乙醇后逐渐加入上述溶液中,搅匀,加纯化水至全量,搅拌均匀,即得。

【注释】①氢氧化钠为 pH 调节剂,可提高稠度。②甘油为保湿剂,羟苯乙酯为防腐剂。

任务四 眼 膏 剂

一、概述

眼膏剂是指药物与适宜的基质均匀混合,制成无菌溶液型或混悬型膏状的眼用半固体制剂。眼膏剂常用于眼部损伤及眼部手术后。

眼膏剂较一般滴眼剂在用药部位滞留时间长,疗效持久,能减轻眼睑对眼球的摩擦,有助于角膜损伤的愈合;眼膏剂所用的基质刺激性小、不含水,更适用于遇水不稳定的药物。但眼膏剂使用后有油腻感,并在一定程度上造成视野模糊,所以多在睡前使用。

眼用半固体制剂的基质应过滤并灭菌,不溶性原料药应预先制成极细粉。眼膏剂、眼用乳膏剂、眼用凝胶剂应均匀、细腻、无刺激性,并易涂布于眼部,便于原料药分散和吸收。

二、眼膏剂的基质

眼膏剂的基质应纯净、细腻、对眼部无刺激性。常用的基质由 8 份黄凡士林、1 份羊毛脂和 1 份液状石蜡混合而成,根据季节与气温不同,可调整液状石蜡的用量,以调节软硬度。基质应加热熔化后用适当的滤材保温过滤,并在 150 ℃ 干热灭菌 1~2 h,放冷备用,也可将各组分分别灭菌后再混合。

三、眼膏剂的制备工艺流程

眼膏剂生产的各工序,应在C级洁净区完成。眼膏剂的一般制备工艺流程如图12-3所示。

图 12-3 眼膏剂的一般制备工艺流程

眼膏剂的制法与一般软膏剂的制法相同,但配制、灌装的暴露工序必须按照无菌药品的生产操作,必须在C级的洁净区环境中进行。所用的基质、药物、器械与包装材料等均应严格进行灭菌处理;配制的容器、乳化罐等用具需经热水、洗涤剂、纯化水反复清洗,最后用75%乙醇喷雾擦拭;包装用软膏管出厂时均须灭菌密封,使用时除去外包装后,对内包装袋可采用适当的方法进行灭菌处理。

四、眼膏剂的质量控制

1. 粒度 除另有规定外,含饮片原粉的眼用制剂和混悬型眼用制剂照下述方法检查,粒度应符合规定。取液体型供试品强烈振摇,或量取3个容器的半固体型供试品,将内容物全部挤于适宜的容器中,搅拌均匀;取适量(或相当于主药 $10~\mu g$)置于载玻片上,涂成薄层,薄层面积相当于盖玻片面积,共涂3片;照粒度和粒度分布测定法(《中国药典》(2020年版)四部通则0982第一法)测定,每个涂片中大于 $50~\mu m$ 的粒子不得超过2个(含饮片原粉的除外),且不得检出大于 $90~\mu m$ 的粒子。

2. 无菌 除另有规定外,照无菌检查法(《中国药典》(2020年版)四部通则1101)检查,应符合规定。

3. 装量 除另有规定外,每个容器的装量不应超过5 g。

4. 金属性异物 除另有规定外,眼用半固体制剂照下述方法检查,应符合规定。取供试品10个,分别将全部内容物置于底部平整光滑、无可见异物和气泡、直径为6 cm的平底培养皿中,加盖,除另有规定外,在85℃保温2 h,使供试品摊布均匀,室温放冷至凝固后,倒置于适宜的显微镜台上,用聚光灯从上方以45°角的入射光照射皿底,放大30倍,检视不小于 $50~\mu m$ 且具有光泽的金属性异物数。10个容器中每个含金属性异物超过8粒者不得超过1个,且其总数不得超过50粒;如不符合上述规定,应另取20个复试;初、复试结果合并计算,30个中每个容器中含金属性异物超过8粒者,不得超过3个,且其总数不得超过150粒。

5. 装量差异 除另有规定外,单剂量包装的眼用半固体制剂照下述方法检查,应符合规定。取供试品20个,分别称定内容物重量,计算平均装量,每个装量与平均装量相比较(有标示装量的应与标示装量相比较)超过平均装量±10%者,不得超过2个,并不得有超过平均装量±20%者。

五、眼膏剂的制备举例

红霉素眼膏。

【处方】
红霉素	50万U
液状石蜡	适量
眼膏基质	适量
共制	100 g

【制法】①取红霉素置于灭菌乳钵中研细,加入少量灭菌的液状石蜡,研成细腻的糊状物。②加入少量灭菌的眼膏基质研匀,再分次加入其余的基质,研匀即得。

【注释】红霉素不耐热,温度达60℃时即分解,故应待眼膏基质冷却后再加入。

扫码看答案

→ 同步练习

一、单项选择题

1. 主药遇水不稳定,配制其药物软膏应选用的基质是( )。

A. 油脂性基质　　　　B. W/O 型乳化剂　　　　C. O/W 型乳化剂　　　　D. 水溶性基质

2. ( )不是水溶性软膏的基质。

A. PEG　　　　　　　B. 纤维素衍生物　　　　C. 羊毛脂　　　　　　D. 甘油明胶

3. ( )是水溶性软膏的基质。

A. 凡士林　　　　　　B. 羊毛脂　　　　　　　C. 硬脂酸钠　　　　　D. 卡波姆

4. 在油脂性软膏的基质中,液状石蜡主要用于( )。

A. 作保湿剂　　　　　B. 作乳化剂　　　　　　C. 调节基质稠度　　　D. 改善吸水性

5. 软膏剂与眼膏剂的最大区别是( )。

A. 基质类型不同　　　B. 无菌要求不同　　　　C. 制备方法不同　　　D. 外观不同

6. 甘油常作为乳剂型基质的( )。

A. 防腐剂　　　　　　B. 保湿剂　　　　　　　C. 助悬剂　　　　　　D. 促进剂

7. 乳剂型基质中常加入羟苯酯类物质作为( )。

A. 防腐剂　　　　　　B. 抗氧剂　　　　　　　C. 乳化剂　　　　　　D. 防腐剂

8. 下列有关水性凝胶基质的叙述,错误的是( )。

A. 水性凝胶基质一般释药速度快　　　　　　　B. 吸水性强,不可用于糜烂创面

C. 易清洗,润滑作用好,且无须加保湿剂　　　　D. 能吸收组织渗出液

二、多项选择题

软膏剂制备的方法有( )。

A. 调和法　　　B. 研和法　　　C. 熔合法　　　D. 乳化法　　　E. 聚合法

三、简答题

常用软膏剂基质有几类?有哪些特点?

四、案例分析

醋酸氟轻松乳膏

【处方】

醋酸氟轻松	0.25 g	甘油	50 g
羊毛脂	20 g	羟苯乙酯	1 g
三乙醇胺	20 g	硬脂酸	150 g
白凡士林	250 g	纯化水	适量
共制	1000 g		

(1)说出该处方的制法。

(2)请对该处方进行分析。

栓剂

扫码看课件

　　小陈因长期便秘、饮酒、进食大量刺激性食物和久坐,引起了大便出血、血色鲜红、肛门灼热疼痛的症状。经医师诊断后为痔疮,建议使用麝香痔疮栓,直肠给药。小陈疑惑,它与治疗痔疮的内服药物有何区别?

　　栓剂是一种常见的外用剂型。采用腔道给药的方式,在常温下为固体,塞入腔道后,在体温下能迅速软化熔融或溶解于分泌液中,逐渐释放药物而产生局部或全身作用。

任务一　栓剂概述

一、栓剂的含义和分类

　　栓剂是将药物和适宜基质制成供腔道给药的固体制剂。栓剂按照给药途径不同,分为直肠、阴道、尿道、口腔、鼻腔等给药的栓剂,如肛门栓、阴道栓、尿道栓等,其中较为常用的是肛门栓和阴道栓。为适应机体的应用部位,栓剂的形状和重量各有不同(图13-1)。

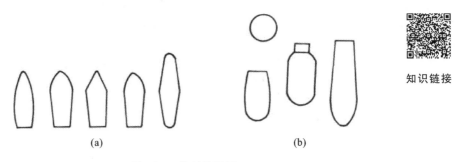

知识链接

图 13-1　栓剂外形图

(a)肛门栓;(b)阴道栓

二、栓剂的作用特点

　　栓剂在常温下为固体,有适宜的硬度和韧性,塞入腔道后,无刺激性,在体温条件下可熔融、软化或溶解,且易与分泌液混合,逐渐释放药物而产生局部或全身作用。

　　栓剂直肠给药用于全身治疗与口服给药相比具有以下优点:①不经胃肠途径,可使药物免受胃肠道 pH 或酶解作用的影响而导致的破坏或失活;②可避免药物对胃的直接刺激;③可使药物免除肝脏

知识链接

的首过效应,减少药物对肝的毒性和不良反应;④对于不能或不愿吞服药物的患者或儿童使用较为方便;⑤对伴有呕吐症状的患者,直肠给药也是一种有效的治疗途径。

三、栓剂常用的基质及附加剂

(一)栓剂常用的基质

栓剂主要由主药和基质两部分组成。栓剂的基质不仅是剂型的赋形剂,也是药物的载体,应符合下列要求:①室温下具有适宜的硬度,塞入腔道时不变形、不破碎;在体温下易软化、融化,能与体液混合或溶于体液中。②对黏膜无刺激性、毒性和过敏性。③性质稳定,不影响主药的作用,不干扰主药的含量测定。④适用于热熔法或冷压法制备,且易于脱模。

常用的栓剂基质有油脂性基质和水溶性基质两大类。

1.油脂性基质

(1)可可豆脂:系指从梧桐科植物可可树种仁中得到的一种固体脂肪。主要为含硬脂酸、棕榈酸、油酸、亚油酸和月桂酸的甘油酯。本品为天然产物,产量少,为白色或淡黄色脆性蜡状固体。有 a、β、β'、γ 四种晶型,其中以 β 型最稳定,熔点为 34 ℃左右。

(2)半合成或全合成脂肪酸酯:由脂肪酸与甘油酯化而成,经酯化后的熔点较适于用作栓剂基质。其是目前较理想的栓剂基质,生产中使用量达到 80%～90%。该类基质具有不同的熔点,熔距较短,抗热性能好,化学性质稳定。目前主要产品有半合成椰油脂、半合成脂肪酸酯和混合脂肪酸甘油酯、硬脂酸丙二醇酯等。

2.水溶性基质

(1)甘油明胶:由明胶、甘油与水制成,有弹性,不易折断,塞入腔道后可缓慢溶于分泌液中,延长药物的疗效。甘油能防止栓剂干燥,通常水∶明胶∶甘油的配比为 10∶20∶70。以本品为基质的栓剂贮存时应注意在干燥环境中的失水性。本品易滋生真菌等微生物,故需要加抑菌剂。

(2)聚乙二醇类(PEG):由环氧乙烷聚合而成的杂链聚合物。本类基质不需要冷藏,贮存方便。但吸湿性强,受潮易变形,对直肠黏膜有刺激性,需加水润湿使用或涂鲸蜡醇、使用硬脂醇膜改善。

(3)泊洛沙姆:由乙烯氧化物和丙烯氧化物组成的嵌段聚合物(聚醚),易溶于水。本品有多种型号,随聚合度增大,物态从液体、半固体至蜡状固体,均易溶于水,可用作栓剂基质。较常用的型号为 188 型,熔点为 52 ℃。本品能促进药物的吸收并起到缓释与延效的作用。

(4)聚氧乙烯(40):商品代号为 S-40,为单硬脂酸酯类,系聚乙二醇的单硬脂酸酯和二硬脂酸酯的混合物,为蜡状固体。熔点为 39～45 ℃;可溶于水、乙醇、丙酮等,不溶于液状石蜡。

(二)栓剂常用的附加剂

栓剂常用的附加剂包括吸收促进剂、吸收阻滞剂、增塑剂、抗氧剂和润滑剂等。

任务二　栓剂的制备

一、栓剂的制备工艺流程

制备方法有冷压法与热熔法两种,可根据基质种类及制备要求选择。一般水溶性基质制备栓剂多采用热熔法,油脂性基质制备栓剂两种方法均可采用。

1.冷压法　将药物与基质的粉末置于冷却的容器内混合均匀,然后装入压栓机内压制而成。冷压法可避免加热对药物的影响,但生产效率不高,使用较少。

2.热熔法　将基质用水浴或蒸汽浴加热熔化(温度不宜过高),然后加入药物混合均匀,倾入涂有润滑剂的栓模中冷却,待完全凝固后,削去溢出部分,开模取出,包装即得。热熔法是应用较广泛的制栓方法。其一般工艺流程见图 13-2。

栓模孔内涂的润滑剂分类:油脂性基质的栓剂,常选用软肥皂、甘油各 1 份与 95%乙醇 5 份混合

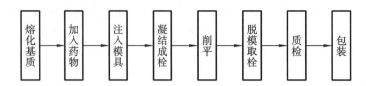

图 13-2　热熔法制备栓剂的一般工艺流程

所得;水溶性基质的栓剂,则用油溶性润滑剂,如液状石蜡或植物油;不沾模的基质(如可可豆脂或聚乙二醇类)可不用润滑剂。

二、栓剂的质量控制

栓剂的外观应光滑、无裂缝,不起霜或变色,纵切面观察应混合均匀。栓剂中有效成分的含量应符合标示量。按照《中国药典》(2020 年版)对栓剂质量的要求,除另有规定外,栓剂应该进行如下质量检查。

1. 重量差异　照下述方法检查,应符合规定。取供试品 10 粒,精密称定总重量,求得平均粒重后,再分别精密称定每粒的重量。每粒重量与平均粒重相比较(有标示粒重的中药栓剂,每粒重量应与标示粒重比较),按表 13-1 中的规定,超出重量差异限度的不得多于 1 粒,并不得超出限度的 1 倍。

凡规定检查含量均匀度的栓剂,一般不再进行重量差异检查。

表 13-1　栓剂重量差异限度

平均粒重或标示粒重	重量差异限度
1.0 g 及 1.0 g 以下	±10%
1.0 g 以上至 3.0 g	±7.5%
3.0 g 以上	±5%

2. 融变时限　此项是检查栓剂在体温(37.5±0.5)℃条件下融化、软化或溶解的情况。除另有规定外,取栓剂 3 粒,在室温放置 1 h 后,按片剂崩解时限规定的装置和方法(各加挡板一块)检查。除另有规定外,油脂性基质的栓剂应在 30 min 内全部融化或软化变形,水溶性基质的栓剂应在 60 min 内全部溶解。

3. 微生物限度　除另有规定外,照非无菌产品微生物限度检查:微生物计数法(《中国药典》(2020 年版)四部通则 1105)和控制菌检查法(《中国药典》(2020 年版)四部通则 1106)及非无菌药品微生物限度标准(《中国药典》(2020 年版)四部通则 1107)检查,应符合规定。

三、栓剂的制备举例

1. 酮康唑栓

【处方】酮康唑　　　　　10 g

　　　　甘油　　　　　　100 mL

　　　　S-40　　　　　　200 g

【制法】取 S-40 在水浴溶化后,依次加入酮康唑细粉(过 100 目筛)和甘油,边加边搅拌,稍冷后灌注于事先已涂有润滑剂的栓模中,冷却后削去溢出部分,开模,制成 100 粒,包装,即得。

【注释】酮康唑为咪唑类广谱高效的抗真菌药,主要用于真菌感染引起的体癣、股癣、手足癣、花斑癣等的治疗。

2. 甘油明胶基质

【处方】甘油　　　　　　9.0 g

　　　　明胶　　　　　　2.7 g

　　　　纯化水　　　　　适量

【制法】取明胶加入适量纯化水,浸泡约 30 min,使膨胀变软,倾去多余的水,置于已称定重量的容器中,再加入甘油,水浴加热,搅拌,使明胶全部溶解,并继续加热蒸去水分使重量减少至 12～13 g (约为明胶与甘油的投料量之和),放冷,待其凝结,切成小块供用。

【注释】(1)明胶需先用水浸泡使之膨胀变软,再加热时才容易溶解。浸泡时间一般为 30～60 min。

(2)溶解速度与明胶、甘油和水三者的比例有关,甘油和水的含量高时明胶容易溶解。明胶溶解后多余的水分需蒸发除去。

(3)制成的基质也可以不经冷却,直接加入药物细粉,搅拌均匀,趁热注入已涂好润滑剂的栓模中,制成栓剂。

→ 同步练习

扫码看答案

一、单项选择题

1.下列属于栓剂水溶性基质的是(   )。

A.可可豆脂   B.甘油明胶

C.半合成脂肪酸甘油酯   D.半合成棕榈油脂

2.下列属于栓剂油脂性基质的是(   )。

A.S-40   B.甘油明胶   C.半合成棕榈油脂   D.聚乙二醇

3.以聚乙二醇为基质的栓剂制备时选用的润滑剂为(   )。

A.液状石蜡   B.乙醇   C.水   D.肥皂水

4.作为栓剂质量检查项目的是(   )。

A.融变时限   B.崩解时限   C.稠度   D.粒度

5.制备油脂性基质的栓剂时,可选用的润滑剂为(   )。

A 液状石蜡   B.凡士林   C.植物油   D.肥皂水

6.栓剂做融变时限检查,油脂性基质栓剂全部溶解的时间应在(   )。

A.30 min 内   B.50 min 内   C.60 min 内   D.70 min 内

7.下列不是栓剂基质要求的是(   )。

A.性质稳定,不影响主药的作用   B.在体温下保持一定的硬度

C.不影响主药的含量   D.局部作用的栓剂,基质释药应缓慢而持久

8.栓剂制备方法是(   )。

A.乳化法   B.熔合法   C.研合法   D.热熔法

9.栓剂做融变时限检查,水溶性基质栓剂全部溶解的时间应在(   )。

A.30 min 内   B.50 min 内   C.60 min 内   D.70 min 内

二、多项选择题

1.栓剂常用的油脂性基质有(   )。

A.可可豆脂   B.椰油脂   C.甘油明胶

D.半合成棕榈油脂   E.以上都是

2.栓剂的基质分为(   )。

A.油脂性基质   B.水溶性基质   C.水包油型基质

D.油包水型基质   E.以上都是

气雾剂、喷雾剂与粉雾剂

扫码看课件

　　小明在夏末秋初时,容易出现鼻塞、打喷嚏、眼痒等症状,甚至在短时间内出现明显的气喘或严重的呼吸困难症状。此时,他会马上拿出随身携带的药品,吸入后症状明显缓解。请同学们想想,哮喘患者急性发作时使用的药物是什么剂型?

　　哮喘患者急性发作时可使用支气管扩张药物的气雾剂,吸入性气雾剂能使药物直接到达给药部位,起效快,稳定性好,能提高生物利用度,是支气管哮喘患者的首选。本项目将带领同学们学习气雾剂、喷雾剂及粉雾剂。

任务一　气　雾　剂

一、气雾剂的概述

1. 气雾剂的定义　气雾剂系指含药溶液、乳状液或混悬液与适宜的抛射剂共同装封于具有特制阀门系统的耐压容器中,使用时借助抛射剂的压力将内容物呈雾状喷出,用于肺部吸入或直接喷至腔道黏膜、皮肤及空间消毒的制剂。

2. 气雾剂的特点　使用简便,可直接喷于作用部位,具有速效和定位作用;可避免胃肠道破坏作用和肝脏首过效应,生物利用度高;药物装在密闭容器中,可避免与空气和水分接触,提高药物稳定性;可用定量阀门准确控制药物剂量,计量准确。但是其需用耐压容器、精密的阀门结构及冷却和灌装等设备,生产成本较高。

3. 气雾剂的分类　按分散系统分为溶液型气雾剂、混悬型气雾剂、乳剂型气雾剂;按用药途径分为吸入气雾剂、非吸入气雾剂及外用气雾剂;按处方组成分为二相气雾剂(溶液型气雾剂)和三相气雾剂(混悬型气雾剂、泡沫型气雾剂);按给药剂量分为定量气雾剂和非定量气雾剂。

知识链接

二、气雾剂的组成

　　气雾剂由抛射剂、药物、附加剂、耐压容器和阀门系统组成。药物与抛射剂均装在耐压容器中,抛射剂汽化并在容器内产生压力,若打开阀门,则药物与抛射剂一起喷出形成雾滴。

1. 抛射剂　这是喷射的动力,有时可兼作药物的溶剂或稀释剂。抛射剂多为液化气体,需装入耐压容器中,由阀门系统控制。其应具备的条件如下:常压下沸点较低,常温下的蒸气压应大于大气压;无毒、无致敏性及刺激性;不得与药物和容器发生反应;无色、无臭、无味;不易燃、不易爆;价廉易得。

抛射剂的种类主要有氟氯烷烃类、氢氟烷烃类、碳氢化合物类和压缩气体等。

(1)氟氯烷烃类。又称氟利昂,是气雾剂常用的抛射剂。其特点为沸点低,常温下蒸气压略高于大气压,性质稳定,不易燃烧,易控制,液化后密度大,无味,基本无臭,毒性较小,不溶于水,可作脂溶性药物的溶剂。常用的氟利昂有三氯一氟甲烷(F11)、二氯二氟甲烷(F12)、二氯四氟乙烷(F114)。由于氟氯烷烃类对大气中臭氧层有破坏作用,世界卫生组织已经禁止使用。国家药品监督管理局规定,2007年7月1日起,外用气雾剂停止使用氟氯烷烃类药用辅料;2010年1月1日起,吸入气雾剂停止使用氟氯烷烃类药用辅料。

(2)氢氟烷烃(HFA)类。其性状、沸点与氟利昂类似,是目前国际上采用的替代氟利昂的抛射剂,主要有四氟乙烷(HFA-134a)和七氟丙烷(HFA-227)。

(3)碳氢化合物类。主要有丙烷、异丙烷、正丁烷等,其蒸气压适宜,毒性不大,但易燃、易爆,不宜单独使用,常与氟氯烷烃类合用。

(4)压缩气体。常用于抛射剂的为 CO_2、N_2 和 CO 等,其化学性质稳定,不与药物发生反应,不易燃。但液化后沸点均高于上述两类抛射剂,常温时蒸气压过高,常用于喷雾剂。

2. 药物与附加剂 根据临床需要将液态、半固态及固态粉末型药物开发成气雾剂,往往需要添加能与抛射剂混溶的潜溶剂、增加稳定性的抗氧剂以及乳化所需的表面活性剂等附加剂。

3. 耐压容器 气雾剂的容器不能与药物和抛射剂起作用,且需耐压、轻便、价廉等。常见的耐压容器有金属容器、玻璃容器和塑料容器。金属容器有铝质、马口铁和不锈钢3种,其中马口铁最常用;其特点是耐压力强,有利于机械化生产,但化学稳定性较玻璃容器差,易被药液和抛射剂腐蚀而导致药液变质,故常在容器内壁涂上聚乙烯或环氧树脂,以增强其耐腐蚀性能。玻璃容器由中性硬质玻璃制成,具有化学稳定性好、耐腐蚀、抗泄漏性好、价廉等优点,但耐压和耐撞击性差,往往须采用外壁搪塑以起保护作用。塑料容器由聚丁烯对苯二甲酸树脂和乙缩醛共聚树脂等制成,质地轻而耐压,抗撞击,耐腐蚀性较好,但通透性较高。

4. 阀门系统 气雾剂的阀门系统要求坚固、耐用且结构稳定;阀门材料对内容物为惰性,且加工应精密。气雾剂的阀门系统包括一般阀门、供吸入用的定量阀门及供外用的泡沫阀门等。这里重点介绍目前使用广泛的供吸入用的定量阀门,其结构及组成如图14-1所示。

(1)封帽。多为铝制品,必要时可涂上环氧树脂等薄膜。其作用是将阀门固定在容器上。

(2)阀杆。常由尼龙或不锈钢制成,又称轴心。其顶端与推动钮相连,主要由内孔、膨胀室和引液槽等组成。内孔位于阀杆旁,是阀门沟通内外的极小细孔。平常被弹体封圈封在定量室之外,使容器内外不沟通;当揿下推动钮,内孔进入定量室与药液相通,药液进入膨胀室,由喷嘴喷出。内孔大小与气雾剂喷射雾滴的粗细有关;膨胀室在阀杆内,位于内孔之上。药液进入膨胀室时,部分抛射剂因降压汽化而骤然膨胀,致使药液雾化、喷出并形成细滴;引液槽为位于阀杆下端的一段细槽或缺口,供容器内药液进入定量室。

(3)橡胶封圈和弹簧。橡胶封圈常由丁基橡胶制成,包括橡胶垫圈、进液弹体封圈和出液弹体封圈3个部件。其作用是封闭容器、控制阀门开关。弹簧是供给喷头上升、下降的弹力。

(4)定量室。由塑料或不锈钢制成。其容量一般为 $0.05\sim0.2$ mL。由上、下封圈控制药液不外逸,开启阀门时与进液弹体封圈配合,定量喷出内容物。

(5)推动钮。由塑料制成,装在阀杆的顶端,用于开启或关闭气雾剂阀门。上有喷嘴,用于控制药液喷出的方向。可根据气雾剂的类型选择适宜类型喷嘴的推动钮。

(6)浸入管。由塑料制成,是将容器内药液输送到阀门系统的通道,向上的动力是容器的内压。气雾剂若不用浸入管,在使用时须将容器倒置,使药液通过引液槽进入定量室。

三、气雾剂的制备

气雾剂的生产各工序,应在D级以上洁净区完成。其制备过程可分为容器、阀门系统的处理与装配,药物的配制、分装,填充抛射剂和质量控制等。其中最主要的步骤是将药物和抛射剂灌装到选定的容器内,一般可采用两种方法灌装。

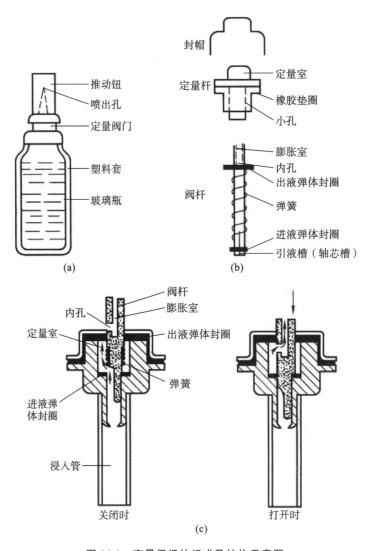

图 14-1　定量阀门的组成及结构示意图

(a)气雾剂外形；(b)定量阀门部件；(c)定量阀门结构

（1）压灌法。先将配好的药液在室温下灌入容器内，再将阀门装上并扎进封帽，然后通过压装机压入定量的抛射剂（最好先将容器内的空气抽去）。

（2）冷灌法。药液借助冷灌装置中的热交换器冷却至−20 ℃左右，抛射剂冷却至沸点以下至少 5 ℃。先将冷却的药液灌入容器中，随后加入已冷却的抛射剂（也可两者同时加入），立即装上阀门并扎紧，操作必须迅速。由于在低温下水分会结冰，所以含乳状液或水分的气雾剂不适于用此法进行灌装。

四、气雾剂的质量控制

气雾剂应置凉暗处贮存，并避免暴晒、受热、敲打、撞击。在定量气雾剂中应标明每瓶总揿次，每揿主药含量；二相气雾剂应为澄清、均匀的溶液，三相吸入气雾剂的药物颗粒粒度应控制在 10 μm 以下，大多数在 5 μm 以下。主要检查项目如下。

1. 每瓶总揿次　定量气雾剂取供试品 4 瓶，按《中国药典》（2020 年版）规定，每瓶总揿次均不得少于其标示总揿次。

2. 雾滴(粒)分布　吸入气雾剂应检查雾滴(粒)大小分布。照吸入气雾剂雾滴(粒)分布测定法检查，除另有规定外，雾滴(粒)药物量应不少于每揿主药含量标示量的 15%。

3. 每揿主药含量　定量气雾剂每揿主药含量应为每揿主药含量标示量的 80%～120%。

4. 喷射速率　非定量气雾剂取供试品 4 瓶检查，喷射速率均应符合各品种项下的规定。

5.喷出总量 非定量气雾剂取供试品 4 瓶检查,每瓶喷出量均不得少于标示装量的 85%。

6.无菌 用于烧伤、创伤或溃疡的气雾剂照无菌检查法检查,应符合规定。

7.微生物限度 除另有规定外,照微生物限度检查法检查,应符合规定。

五、气雾剂的制备举例

盐酸异丙肾上腺素气雾剂。

【处方】盐酸异丙肾上腺素　　2.5 g

维生素 C　　　　　　　1.0 g

乙醇　　　　　　　　296.5 g

二氯二氟甲烷　　　　适量

────────────────────

共制　　　　　　　1000 g

【制法】先将盐酸异丙肾上腺素和维生素 C 溶于乙醇中,过滤,灌入已处理好的容器中,装上阀门,扎紧封帽,用压灌法灌注二氯二氟甲烷即得。

【作用与用途】治疗支气管哮喘。

【注释】

①维生素 C 作为抗氧剂,可以防止盐酸异丙肾上腺素氧化变质、变色。

②乙醇为溶剂;二氯二氟甲烷为氟氯烷烃类抛射剂,又称氟利昂 12。

③本品在耐压容器中的药液为无色或带黄色的澄清液体;揿压阀门,药液即呈雾粒。

任务二　喷　雾　剂

一、喷雾剂的概述

(一)喷雾剂的含义及特点

喷雾剂是指含药溶液、乳状液或混悬液填充于特制的装置中,使用时借助手动泵的压力、高压气体、超声振动或其他方法将内容物呈雾状物释出,用于肺部吸入或直接喷至腔道黏膜、皮肤及空间消毒的制剂。

喷雾剂的特点:①一般以局部应用为主,喷射的雾滴比较粗,但可以满足临床的需要;②由于不是加压包装,喷雾剂制备方便,成本低;③喷雾剂既有雾化给药的特点,又有避免使用抛射剂、安全可靠的优点,因此特别适用于皮肤、黏膜给药,特别是鼻腔和体表的喷雾给药比较多见;④容器压力不稳定,致使喷出雾滴的大小及喷射量不能维持恒定,因此药效强、安全指数小的药物不宜制成喷雾剂。

(二)喷雾剂的分类

按雾化原理可分为喷射喷雾剂和超声喷雾剂;按用药途径可分为吸入喷雾剂、非吸入喷雾剂及外用喷雾剂;按给药定量与否可分为定量喷雾剂和非定量喷雾剂;按照分散系统可分为溶液型喷雾剂、混悬型喷雾剂和乳剂型喷雾剂。

二、喷雾剂的制备

喷雾剂是利用手动喷雾给药。喷雾剂的制备比较简单,配制方法与溶液剂基本相同,然后灌装到适当的容器中,最后装上手动泵即可。

三、喷雾剂的质量检查

根据《中国药典》(2020 年版)四部规定,喷雾剂的检查项目为每瓶总喷次、每喷喷量、每喷主药含量、递送剂量均一性、装量差异和微生物限度;对于烧伤、创伤或溃疡用喷雾剂,要按规定进行无菌检查。

四、喷雾剂的制备举例

利巴韦林喷雾剂。

【处方】

利巴韦林	0.5 g	氯化钠	0.83 g
卡波普	0.3 g	5%苯扎溴铵	0.2 mL
氢氧化钠溶液	适量	纯化水	适量
共制	100 mL		

【制法】取卡波普加适量纯化水,用搅拌机高速搅拌至完全溶解,加利巴韦林、5%苯扎溴铵、氯化钠继续搅拌至完全溶解,滴入氢氧化钠溶液适量,调节 pH 为 5.5～6.5,加纯化水至 100 mL,灌装于喷雾瓶中。

【作用与用途】本品为抗病毒药,用于流行性感冒。

【注释】处方中的利巴韦林为主药,卡波普为增稠剂,氯化钠为等渗调节剂,苯扎溴铵为防腐剂,氢氧化钠为 pH 调节剂,纯化水为溶剂。

任务三 粉 雾 剂

一、粉雾剂的概述

(一)粉雾剂的含义及特点

粉雾剂按用途可分为吸入粉雾剂、非吸入粉雾剂和外用粉雾剂。

吸入粉雾剂指微粉化药物与载体以胶囊、泡囊或多剂量贮库形式,采用特制的干粉吸入装置,由患者主动吸入雾化药物至肺部,发挥全身或局部作用的一种制剂。吸入粉雾剂又称干粉吸入剂,是粉雾剂(inhalation powder)的一种。

非吸入粉雾剂系指药物或与载体以胶囊或泡囊形式,采用特制的干粉给药装置,将雾化药物喷至腔道黏膜的制剂。

外用粉雾剂系指药物或与适宜的附加剂灌装于特制的干粉给药器具中,使用时借助外力将药物喷至皮肤或黏膜的制剂。

粉雾剂的主要特点:①患者主动吸入药粉,易于使用;②无抛射剂,可避免对大气环境的污染;③药物以胶囊或泡囊形式给药,剂量准确;④不含防腐剂及乙醇等溶剂,对病变黏膜无刺激性;⑤药物呈干粉状,稳定性好,干扰因素少,尤其适用于多肽和蛋白类药物的给药。

(二)粉雾剂的组成

粉雾剂由粉末吸入装置和供吸入的干粉组成。

吸入装置按剂量多少可分为单剂量和多剂量;按药物的贮存方式可分为胶囊型、泡囊型和贮库型;按装置的动力来源可分为被动型和主动型。

干粉主要包括主药、载体和附加剂。载体在粉雾剂中可以起到稀释剂的作用。改善粉末流动性可以加入润滑剂、助流剂等附加剂。

二、粉雾剂的制备

工艺流程:药物原料微粉化,与载体等添加剂混合,装入胶囊、泡囊或其他装置中,抽样质检,包装,成品。

三、粉雾剂的质量检查

根据《中国药典》(2020 年版)四部规定,粉雾剂应进行以下检查:递送剂量均一性、微细粒子剂量、多剂量吸入粉雾剂总吸次、微生物限度。

四、粉雾剂的制备举例

色甘酸钠粉雾剂。

【处方】色甘酸钠　　　　　　20 g
　　　　乳糖　　　　　　　　20 g

【制法】将色甘酸钠粉碎成极细的粉末,与处方量乳糖充分混合均匀,分装到硬胶囊中。

【作用与用途】本品为抗变态反应药,用于预防各种类型的哮喘发作。

【注释】本品为胶囊型粉雾剂,用时需装入相应的装置中,供患者吸入使用。色甘酸钠在胃肠道吸收少,而在肺部吸收较好,10～20 min血药浓度即可达到峰值。处方中的乳糖为载体。

扫码看答案

同步练习

一、单项选择题

1.下列关于气雾剂的叙述中错误的是(　　)。

A.气雾剂喷射的药物均为气态　　　　　　B.药物溶于抛射剂中的气雾剂为二相气雾剂

C.气雾剂具有速效和定位作用　　　　　　D.吸入气雾剂的吸收速度快

2.下述不是医药用气雾剂的抛射剂要求的是(　　)。

A.常压下沸点低于50 ℃　　　　　　　　B.常温下蒸气压大于大气压

C.不易燃,无毒,无致敏性和刺激性　　　　D.无色、无臭、无味,性质稳定,价格便宜

3.目前国内最理想的抛射剂是(　　)。

A.氟利昂　　　　B.惰性气体　　　　C.烷烃　　　　D.氢氟烷烃类

4.气雾剂抛射药物的动力是(　　)。

A.推动钮　　　　B.内孔　　　　C.抛射剂　　　　D.定量阀门

5.不属于吸入气雾剂压缩气体类的抛射剂有(　　)。

A.氟利昂　　　　B.烷烃　　　　D.氢氟烷烃类　　　　B.惰性气体

6.吸入气雾剂药物粒度大小应控制在(　　)。

A.1 μm　　　　B.10 μm　　　　C.20 μm　　　　D.30 μm

7.气雾剂的质量控制不包括(　　)。

A.喷射速率　　　　B.喷出总量　　　　C.排空率　　　　D.雾滴分布

二、多项选择题

1.下列含抛射剂的剂型有(　　)。

A.外用气雾剂　　　　　　B.吸入气雾剂　　　　　　C.粉雾剂

D.非吸入气雾剂　　　　　E.以上都是

2.气雾剂的组成包括(　　)。

A.耐压容器　　　B.阀门系统　　　C.抛射剂　　　D.附加剂　　　E.以上都是

3.抛射剂在气雾剂中的作用可能为(　　)。

A.动力作用　　　B.药物溶剂　　　C.压力来源　　　D.增溶作用　　　E.以上都是

模块六

药物制剂的新技术与新剂型

药物制剂的新技术

扫码看课件

导学情景

　　一位患者去药店购买诺氟沙星胶囊,发现 A、B 两个厂家的产品在价格上相差很大,询问店员两者的区别,店员解释说:"A 厂家的药品较贵是因为其运用了固体分散技术等新技术,使药物溶解加快,速效效果更加明显。"

学前导语

　　药物制剂新技术涉及范围广、内容多,本项目仅对目前在制剂中应用较成熟,且能改变药物的物理性质或释放性能的新技术进行讨论。内容主要包括固体分散技术、包合技术、微型包囊技术和纳米结晶技术。

任务一　固体分散技术

一、概述

　　固体分散技术是将难溶性药物高度分散在另一种固体载体材料中,形成固体分散体的新技术。固体分散体外观上呈固块状,但并不是一种剂型,可根据给药要求粉碎成微粒后,加入辅料进一步制成颗粒剂、胶囊剂、片剂、微丸、栓剂、软膏剂及注射剂等。

　　固体分散体中难溶性药物通常以分子、胶态、微晶或无定形状态高度分散在另一种固体载体材料之间,其主要特点是可提高难溶性药物的溶出速率和溶解度,以提高药物的生物利用度。固体分散体可看作中间体,用以制备速释制剂、缓释制剂和肠溶制剂。若载体材料为水溶性,可大大改善药物的溶出与吸收速率,从而提高其生物利用度,使固体分散技术成为一种制备高效、速效制剂的新技术。例如吲哚美辛-PEG6000 固体分散体制成的口服制剂,剂量小于市售的普通片的一半,药效相同,而对大鼠胃的刺激性显著降低。若载体材料为难溶性或肠溶性,固体分散技术可使药物具有缓释或肠溶特性。例如硝苯地平-邻苯二甲酸羟丙基甲基纤维素固体分散体缓释颗粒剂,既提高了原药的生物利用度,又具有缓释作用。

二、常用载体材料

　　固体分散体的溶出速率在很大程度上取决于所选用的载体的特性。载体材料应具备下列条件:无毒、无致癌性、不与药物发生化学反应、不影响主药的化学稳定性、不影响药物的疗效和含量检测、能使药物得到最佳分散状态、价廉易得。目前常用的载体材料可分为水溶性、难溶性和肠溶性 3 大类。

1.水溶性载体材料

(1)聚乙二醇(PEG)类:作为固体分散体的载体材料,较常用的是 PEG4000 与 PEG6000,熔点低

(50～63 ℃),毒性较小,化学性质稳定(但180 ℃以上易分解),能与多种药物配伍。

(2)聚维酮(PVP)类:本品为无定形高分子聚合物,熔点为265 ℃,无毒,易溶于水和多种有机溶剂,对许多药物具有较强的抑晶作用。但成品对湿度的稳定性差,贮藏过程中易吸湿,析出药物结晶。

(3)表面活性剂类:作为固体分散体的载体材料,大多数为含聚氧乙烯基的表面活性剂,其特点是溶于水或溶于有机溶剂,且载药量大,能阻滞药物产生结晶。常用的有泊洛沙姆类和卖泽类。

(4)有机酸类:这类载体分子量较小,易溶于水而不溶于有机溶剂。不适用于对酸敏感的药物。

(5)糖类与醇类:常用的糖类载体材料有右旋糖酐、半乳糖和蔗糖等,多与PEG类载体材料联合应用,其优点为溶解迅速,可克服PEG溶解时因形成富含药物的表面层而阻碍基质进一步被溶解的缺点。常用的醇类载体材料有甘露醇、山梨醇等,适用于剂量小、熔点高的药物。

2. 难溶性载体材料

(1)纤维素类:常用乙基纤维素(EC),其特点是溶于有机溶剂,结构中所含的羟基能与药物形成氢键,有较大的黏性。其作为载体材料载药量大、稳定性好、不易老化。

(2)聚丙烯酸树脂类:广泛用于制备具有缓释性的固体分散体。有时为了调节释放速率,可适当加入水溶性载体材料如PEG或PVP等。

(3)其他:常用的有胆固醇、β-谷甾醇、棕榈酸甘油酯、胆固醇硬脂酸酯、蜂蜡、巴西棕榈蜡、氢化蓖麻油、蓖麻油蜡等脂质材料,均可制成缓释固体分散体。

3. 肠溶性载体材料

(1)纤维素类:常用的有邻苯二甲酸醋酸纤维素(CAP)、羟丙基甲基纤维素邻苯二甲酸酯(HPMCP),均能溶于肠液中,可用于制备在肠道释放和吸收、生物利用度高的在胃中不稳定药物的固体分散体。

(2)聚丙烯酸树脂类:常用Eudragit L100及Eudragit S100,分别相当于国产Ⅱ号及国产Ⅲ号聚丙烯酸树脂。前者在pH 6以上的介质中溶解,后者在pH 7以上的介质中溶解。有时两者联合使用,可制成较理想的缓释或肠溶固体分散体。

三、固体分散体的制备

1. 熔融法　将药物与载体混合均匀,加热至熔融,在剧烈搅拌下使熔融物迅速冷却成固体或将熔融物倾倒在不锈钢板上形成薄层,在板的另一面吹冷空气或用冰水,使之骤冷成固体。本法的关键在于冷却必须迅速,高温骤冷以达到较高的饱和状态,使药物和载体都以微晶混合析出,而不致形成粗晶。

2. 溶剂法　又称共沉淀法,是将药物与载体共同溶于有机溶剂中,蒸去溶剂后,再将药物与载体同时析出,可得到药物在载体中混合而成的共沉淀固体分散物,干燥即得。常用的溶剂有三氯甲烷、95%乙醇、无水乙醇、丙酮等。本法的优点为可以避免高温加热,适用于对热不稳定或易挥发的药物,也适用于能溶于水或多种有机溶剂、熔点高、对热不稳定的载体。缺点是成本高,有机溶剂难以除尽等。

3. 溶剂-熔融法　将药物先溶于适当的溶剂中,然后将药液加到熔融的载体中,搅拌均匀,按熔融法固化即得。但药液在固体分散相中所占的分量一般不得超过10%(质量分数),故适用于液体药物(如鱼肝油、维生素A、维生素D、维生素E等)及剂量小于50 mg的药物。凡适用于熔融法的载体都可用于本法。

 课堂活动

对乙酰氨基酚-PVP共沉淀物的制备

称取不同型号的PVP,分别用3倍载体量的三氯甲烷溶解,于60 ℃水浴中加热溶解,加入对乙酰氨基酚的三氯甲烷溶液,混匀,于40～50 ℃水浴中蒸发成固体,干燥,过筛得80目左右粉末。

问题:(1)PVP属于何种性质载体? 药物在其中如何分散? 如何制备?

(2)将难溶性药物制成固体分散体后对药效有何影响?

案 例 分 析

案例 青蒿素是 20 世纪 70 年代从传统中草药青蒿中提取得到的,主治恶性疟、间日疟,对氯喹有抗药性的疟原虫也具有杀灭作用。该药物难溶于水及其他水性介质,其片剂因难溶性、生物利用度低,且体内代谢快,而影响药效发挥。

分析 通过选择Ⅲ号聚丙烯酸树脂为载体材料,采用溶剂蒸发技术制备,所制备的青蒿素-聚丙烯酸树脂固体分散体能显著提高药物的溶出度,溶出量为原料药的 5 倍以上,同时延长了药物的释放时间,提高了药物的生物利用度。

任务二 包合技术

一、概述

包合技术是指一种分子被全部或部分包合于另一种分子的空穴结构内,形成特殊包合物的技术。包合物由主分子和客分子组成,主分子是包合材料,具有较大的空穴结构,可容纳一定量的小分子,形成分子囊;被包合在主分子内的小分子为客分子,药物通常为客分子。

包合技术在药物制剂领域主要用于增加药物溶解度,提高药物稳定性,使液体药物粉末化,防止挥发性药物成分挥发,调节释药速度及提高药物生物利用度等。包合物可进一步加工成其他剂型,如片剂、胶囊、冲剂、栓剂、注射剂等。目前上市的产品有碘口含片、吡罗昔康片、螺内酯片以及可以减小舌部麻木副作用的磷酸苯丙哌林片等。

目前常用的包合材料是环糊精(CD)及其衍生物。CD 能与多种客分子形成包合物,如有机分子、生物小分子、配合物、聚合物等。CD 是淀粉经酶作用后形成的产物,是由 6~12 个 D-葡萄糖分子以1,4-糖苷键连接形成的环状低聚糖化合物,为水溶性、非还原性的白色结晶性粉末,对酸不稳定。常用的有 α、β、γ 3 种,分别由 6 个、7 个、8 个葡萄糖构成,CD 的立体结构为环状中空圆筒形,能与某些药物分子形成包合物。最常用的是 β-CD,因其在水中的溶解度最小,易从水中析出结晶,安全性高,较符合实际应用要求,故使用最广泛。

二、β-CD 包合物的制备技术

1. 饱和水溶液包合技术 将 β-CD 与水加热制成饱和溶液,然后加入药物。一般水溶性药物可直接加入;难溶性固体药物可用少量丙酮等有机溶剂溶解后再加入。加入药物后,搅拌或超声溶解至完全形成包合物。所得包合物若为固体,可经过滤、水洗,再用少量有机溶剂洗去残留药物,干燥即得。在水中溶解度大的药物,其包合物水溶性较大,可加入适当有机溶剂或将其浓缩而析出固体。对于难溶性固体药物,可将药物先单独溶于适当的溶剂中再逐步滴加到不断搅拌的 β-CD 溶液中,因为滴加药物时,可能会产生难溶性药物的细小沉淀,故需要更长时间和更快速度的搅拌。

2. 研磨法包合技术 将 β-CD 与 2~5 倍量水研匀,加入药物(难溶性药物应先溶于有机溶剂中),充分研磨至成糊状物,低温干燥后,再用适当有机溶剂洗净,干燥即得。此法操作简易,但包合率较饱和水溶液法低。维 A 酸的 β-CD 包合物可采用此法制备。

3. 冷冻干燥包合技术 将 β-CD 制成饱和水溶液,加入药物。在水中不溶的药物可加少量适当溶剂(如乙醇、丙酮等)溶解后加入。搅拌混合 30 min 以上,使药物被包合,然后置于冷冻干燥机中冷冻干燥。此法适用于制备易溶于水的包合物,且包合物中药物在干燥过程中易分解、变色。所得成品疏松,溶解度好,可制成注射用粉末。

4. 喷雾干燥包合技术 将 β-CD 制成饱和水溶液,加入药物。在水中不溶的药物,可加少量适当溶剂(如乙醇、丙酮等)溶解后加入。搅拌混合 30 min 以上,使药物被包合,然后加入喷雾干燥机中进行喷雾干燥。此法适用于难溶性、疏水性药物,如用喷雾干燥法制得的地西泮与 β-CD 包合物,增加了地西泮的溶解度,提高了其生物利用度。

三、包合技术的举例

陈皮油 β-环糊精包合物。

【处方】陈皮油　　　　　　2 mL

　　　　β-环糊精　　　　　16 g

　　　　无水乙醇　　　　　10 mL

　　　　纯化水　　　　　　200 mL

【制法】量取陈皮油(取陈皮粉碎成中粉 120 g,加入 10 倍量水,水蒸气蒸馏,得淡黄色浑浊油状液体,用无水硫酸钠脱水得淡黄色澄清油状液体)2 mL,加无水乙醇 10 mL 溶解,备用。

称取 β-环糊精 16 g,置 500 mL 烧杯中,加纯化水 200 mL,在 60 ℃制备成饱和溶液,恒温搅拌,将陈皮油乙醇溶液缓慢滴入,待出现浑浊并逐渐有白色沉淀析出后,继续搅拌 1 h,并在室温下继续搅拌至溶液降至室温,再用冰浴冷却,抽滤,50 ℃以下干燥,即得。

【注释】①陈皮油制备时必须脱水才能得到澄清溶液。②β-环糊精饱和溶液要在 60 ℃保温,以保证澄清,包合过程也要控制温度在 60 ℃左右,且搅拌时间必须充足,以减少耗损量。

任务三　微型包囊技术

一、概述

微型包囊技术是利用天然或合成的高分子材料(简称囊材)将固体或液体药物(简称囊心物)包裹形成微型胶囊的技术,简称微囊化。当药物被囊材包裹在囊膜内形成药库型微小球状囊体,称为微囊;当药物溶解或分散在高分子材料基质中,形成骨架型微小球状实体,称为微球。微球与微囊的粒度均属微米级。

微型包囊技术是近年应用于药物制剂领域的新技术。药物微囊化后可掩盖药物的不良气味及味道,提高药物的稳定性,防止药物在胃内失活或减少对胃的刺激性,使液态药物固态化,减少复方药物的配伍变化以及使药物具有缓释、控释或靶向作用。目前微囊化技术已应用于解热镇痛药、抗生素、多肽、避孕药、维生素、抗癌药、生物制剂以及诊断用药等多类药物的生产和研究中。制成的微囊可作为散剂、胶囊剂、颗粒剂、冲剂、片剂、丸剂、注射剂、植入剂及软膏剂等各种剂型制备的基础原料。

二、常用的囊材

用于包囊所需的材料称为囊材。囊材一般要求性质稳定、无毒、无刺激性;有适宜的释药速率;可与药物配伍,对药物的药理作用和含量测定无影响;有一定的强度和可塑性,能完全包封囊心物;有适宜的黏度、渗透性、亲水性和溶解性;若为注射用的囊材,应具有生物相容性和生物降解性。常用的囊材可分为三大类。

1.天然高分子材料　最常用的囊材,具有稳定、无毒、成膜性或成球性较好等特点。

(1)明胶:氨基酸与肽交联形成的直链聚合物,通常是平均相对分子量在 15000～25000 的不同组分的混合物。因制备时水解方法不同,明胶分为酸法明胶(A 型)和碱法明胶(B 型),可根据药物对酸碱性的要求选用不同型号。二者成囊性无显著差异,均可生物降解,几乎无抗原性,作囊材的用量为 20～100 g/L。

(2)阿拉伯胶:由糖苷酸及阿拉伯酸的钾、钙、镁盐组成,常与明胶等量配合使用,作囊材的用量为 20～100 g/L,亦可与白蛋白配合作复合囊材。

(3)海藻酸盐:用稀碱从褐藻中提取的多糖类化合物。可溶于不同温度的水中,不溶于乙醇、乙醚及其他有机溶剂;不同相对分子量的产品黏度有差异。可与甲壳素或聚赖氨酸配合用作复合囊材。因海藻酸钙不溶于水,故海藻酸钠中可加入 $CaCl_2$ 固化成囊。

此外还有壳聚糖、蛋白类、淀粉衍生物等天然高分子材料可用作囊材。

2. 半合成高分子囊材 多系纤维素衍生物,如羧甲基纤维素、邻苯二甲酸醋酸纤维素、乙基纤维素、甲基纤维素、羟丙基甲基纤维素等。其特点是毒性小、黏度大、成盐后溶解度增大;用作囊材时可单独使用,也可与明胶配合使用。易水解,故不宜高温处理,需临用时现配。

3. 合成高分子囊材 常用的合成高分子囊材有可生物降解和非可生物降解两类。近年来,可生物降解并可生物吸收的材料得到广泛的应用,如聚酯类、聚氨基酸、聚酰胺、聚乙二醇等,其特点是无毒、成膜性好、化学稳定性高,可用于注射。

三、常用微型包囊技术

目前微型包囊技术按制备原理可分为物理化学法、物理机械法和化学法。其中物理化学法和物理机械法要求药物和附加剂(囊心物)与囊材必须不相混溶。在制备微囊时,应根据囊心物和囊材的性质以及微囊粒度、释药性等要求,选择适宜的方法。

1. 物理化学法 又称相分离法,此法是向囊心物与囊材的混合物(乳状或混悬状)中,加入另一种物质(如无机盐)或采用其他手段,以降低囊材的溶解度,使囊材从溶液中凝集出来而沉淀在囊心物的表面,形成囊膜,后经过硬化,完成微囊化的过程。

2. 物理机械法 指在一定的设备条件下,将固态或液态药物在气相中制成微囊的方法,适用于水溶性或脂溶性的、固态或液态药物。常用的方法有喷雾干燥法、喷雾凝结法、空气悬浮法。

3. 化学法 利用在溶液中单体或高分子通过聚合反应或缩合反应,产生囊膜制成微囊,这种微囊化的方法称为化学法。本法的特点是不加凝聚剂,常先制成 W/O 型乳浊液,再利用化学反应交联固化。

四、微囊制备举例

鱼肝油微囊。

【处方】
鱼肝油	1.5 mL
阿拉伯胶	1.5 g
明胶	1.5 g
37%甲醛溶液	2 mL
10%醋酸溶液	适量
10%氢氧化钠溶液	适量
纯化水	适量

【制法】

(1)明胶液的配制:取明胶 1.5 g 加适量纯化水,在 60 ℃水浴中溶解,过滤,加纯化水至 50 mL,用适量 10%氢氧化钠溶液调节 pH 为 8.0 备用。

(2)鱼肝油乳剂的制备:取阿拉伯胶 1.5 g 置于干燥乳钵中研细,加鱼肝油 1.5 mL,加纯化水 2.5 mL,急速研磨成初乳,转移至量杯中,加纯化水至 50 mL,搅拌均匀。同时在显微镜下检查成乳情况,记录结果,并测定乳剂的 pH。

(3)混合:取乳剂放入烧杯中,加等量 3%明胶液(pH 8.0)搅拌均匀,将混合液置于水浴中,温度保持在 45～50 ℃,取此混合液在显微镜下观察,同时测定混合液的 pH。

(4)调 pH 成囊:上述混合液在不断搅拌下,用 10%醋酸溶液调节 pH 为 3.8～4.1,同时在显微镜下观察,看是否形成微囊,并绘图记录观察结果,同时与未调 pH 时比较有何不同。

(5)固化:微囊液在不断搅拌下,加入 2 倍量纯化水稀释,待温度降至 32～35 ℃时,将微囊液置于冰浴中,不断搅拌,急速降至 5 ℃左右,加 37%甲醛溶液 2 mL,搅拌 20 min,用适量 10%氢氧化钠溶液调节 pH 至 8.0,即得。

任务四 纳米结晶技术

一、概述

纳米结晶技术是通过高强度的机械能将药物粉碎到粒度 20 μm 以下,然后分散在特定基质中使其长期稳定存在的一种技术。纳米结晶不同于纳米粒,其药物并非包载在高分子材料中,也不同于固体分散体,其内部有药物结晶存在。它是通过降低分子粒度而大幅增加比表面积以达到提高溶出速率的目的。纳米结晶技术具有载药量大、提高吸收速率、提高生物利用度、靶向给药、降低药物的毒副作用等优点。

二、纳米结晶的制备方法

主要有自组装技术、破碎技术、超临界流体技术及联用技术等。

1. 自组装技术 也称控制沉淀技术。该技术首先将难溶性药物溶解于有机溶剂中,且该有机溶剂要与药物的不良溶剂(一般为水)相互混合,然后在外力作用下,将药物的有机相快速注入含有表面活性剂或聚合物稳定剂的水相中,通过控制水浴温度、剪切速率以及剪切时间等工艺参数,即可制备纳米结晶。但是到目前为止,该技术尚无任何产品问世。因为该技术存在着明显的缺点:稳定性差,易发生奥斯瓦尔德熟化;有机溶剂残留;药物在贮存过程中易于向稳定的结晶态转变,影响其生物利用度。

2. 破碎技术 分为研磨技术和均质技术。研磨设备至少由研磨室和研磨棒组成,研磨室内装有药物、稳定剂、分散介质和研磨介质,研磨棒的高速运动使药物粒子之间、药物粒子与研磨介质之间以及药物粒子与研磨室内壁之间产生猛烈碰撞,从而将药物分子粉碎至纳米级别。研磨技术是一项非常成熟的技术。均质技术分为微射流技术和高压均质技术。单独采用一种技术很难制备出粒度均匀且稳定性好的纳米结晶,因此,多种技术联合使用,可以增加制剂的安全性与有效性。基本上,多种技术联合应用均以高压均质技术为主,其他技术为辅。

3. 超临界流体技术 近年来新兴的纳米药物制备技术,根据药物在超临界流体中的溶解度,可分为溶剂法和反溶剂法。溶剂法是利用超临界流体对药物的优良溶解性能,首先将药物溶解于一定温度和压力的超临界流体中,然后使超临界流体迅速通过特制的喷嘴减压膨胀,由于溶解度降低,药物达到过饱和态,从而析出形成纳米结晶。反溶剂法是先将药物溶解于有机溶剂中,然后将药液通过喷嘴与超临界流体混匀,药物遇到其不良溶剂沉淀析出,形成纳米结晶。超临界流体技术具有高效节能、绿色环保及其他方法不可替代的优势。

 同步练习

扫码看答案

一、单项选择题

1. 将大蒜素制成微囊是为了(　　)。
A. 提高药物的稳定性　　　　　　　　　　B. 掩盖药物的不良臭味
C. 防止药物在胃内失活或减少对胃的刺激性　D. 控制药物释放速率

2. 在固体分散技术中可用作肠溶性载体材料的是(　　)。
A. 糖类与醇类　　　B. 聚维酮　　　　C. 表面活性剂类　　　D. 聚丙烯酸树脂类

3. 关于复凝集法制备微囊叙述错误的是(　　)。
A. 可选择明胶-阿拉伯胶为囊材　　　　　B. 适用于水溶性药物的微囊化
C. pH 和浓度均是成囊的主要因素　　　　D. 如果囊材中有明胶,制备中加入甲醛为固化剂

4. 目前包合物常用的包合材料是(　　)。
A. 环糊精及其衍生物　B. 胆固醇　　　　C. 纤维素类　　　D. 聚维酮

5.制备微囊时最常用的囊材是( )。

A.半合成高分子囊材 B.合成高分子囊材 C.天然高分子囊材 D.聚酯类

6.复凝集法制备微囊时,常与阿拉伯胶等量配合使用的是( )。

A.聚乙二醇 B.明胶 C.大豆磷脂 D.胆固醇

7.固体分散体载体材料分类中不包括( )。

A.天然高分子材料 B.水溶性材料 C.难溶性材料 D.肠溶性材料

8.在包合物中包合材料充当( )。

A.客分子 B.主分子

C.既是客分子也是主分子 D.小分子

9.形成包合物的稳定性主要取决于主分子和客分子之间的( )。

A.结构状态 B.分子大小 C.范德华力 D.极性大小

二、多项选择题

1.固体分散体中,增加药物溶解速率主要是通过( )。

A.增加药物的分散度 B.降低药物与溶出介质的接触机会

C.提高药物的润湿性 D.保证了药物的高度分散性

2.制备聚乙二醇固体分散体时,常用的有( )。

A.PEG4000 B.PEG600 C.PEG2000 D.PEG400 E.PEG6000

3.药物微囊化的目的是( )。

A.增加药物的溶解度 B.提高药物的稳定性 C.液态药物的固态化

D.遮盖药物的不良臭味及口味 E.减少复方制剂中的配伍禁忌

项目十六

药物制剂的新剂型

扫码看课件

导学情景

　　患者,男,60 岁,在一次体检中发现血压、血糖高于正常值,后就医确诊为中度高血压伴 2 型糖尿病。医师给予药物治疗,药物多达 5 种,均为普通制剂(盐酸二甲双胍片、非洛地平片等),一日三餐均需用药。刚开始患者能按医嘱按时用药,血压、血糖得到控制,几个月后一次复诊中发现血压、血糖均有所升高,医师了解,原来患者因一日三餐均需服药,产生厌烦心理,而未按时服药或忘记服药。于是医师给予更换长效缓释药物(盐酸二甲双胍缓释片、非洛地平缓释片等),服药量及服药次数减少,患者用药的依从性提高,病情重新得到控制。

学前导语

　　药物制剂新剂型有广阔的应用前景,能更好地为人类的健康事业服务,随着社会的进步,应用也将越来越普遍,我们有必要熟悉和了解药物制剂的新剂型。本项目主要介绍药物制剂新剂型的分类、基本概念、特点和制备方法。

任务一　缓释制剂与控释制剂

一、概述

　　缓释制剂是指用药后能在较长时间内持续缓慢释放药物以起到长效作用的制剂。与相应的普通制剂比较,给药频率比普通制剂减少一半或有所减少,能显著提高患者用药的依从性。如布洛芬缓释胶囊、茶碱缓释片等,通过延缓药物的释放速率,降低药物在机体内的吸收速率,从而起到更好的治疗效果。

　　控释制剂是指药物能在预定的时间内缓慢恒速或接近恒速地释放,使血药浓度长时间恒定维持在有效浓度范围内的制剂,包括控制药物的释放速率、部位和时间。与相应的普通制剂比较,给药频率比普通制剂减少一半或有所减少,血药浓度比缓释制剂更加平稳,且能显著提高患者用药的依从性。如维拉帕米渗透泵片、氯化钾渗透泵片等,通过延缓药物的释放速率,降低药物在机体内的吸收速率,从而起到更好的治疗效果。

　　近年来,随着缓(控)释技术的发展和产业化水平的不断提高,缓(控)释制剂得到较快发展,目前已广泛应用于临床。缓(控)释制剂主要有以下特点。

　　(1)对于半衰期短的或需要频繁给药的药物,可以减少给药次数,如口服制剂每 24 h 用药次数可从 3～4 次减少至 1～2 次,从而大大提高患者的用药依从性。特别适用于需要长期服药的患有慢性疾病(如心绞痛、高血压、哮喘等)的患者。

218

（2）血药浓度平稳,避免或减少峰谷现象,有利于减少药物的毒副作用,这对于需长期用药的患者,如患心血管疾病和糖尿病的患者,临床意义尤为显著。

（3）减少用药的总剂量,可以用最小剂量达到最大药效。

常规制剂无论口服还是注射,常需每日数次给药,不仅使用不便,而且血药浓度起伏很大,有峰谷现象。普通制剂每 8 h 服药后的血药浓度变化如图 16-1 所示,血药浓度高时(峰)可产生不良反应甚至中毒;低时(谷)则可能达不到有效血药浓度,以致不能发挥药效。而缓释制剂和控释制剂可以克服峰谷现象,提供平衡持久的有效血药浓度。缓释制剂、控释制剂与普通制剂的血药浓度曲线的比较如图 16-2 所示。

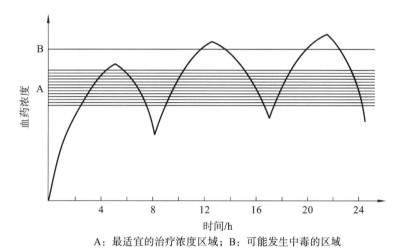

A：最适宜的治疗浓度区域；B：可能发生中毒的区域

图 16-1 普通制剂每 8 h 服药后的血药浓度变化

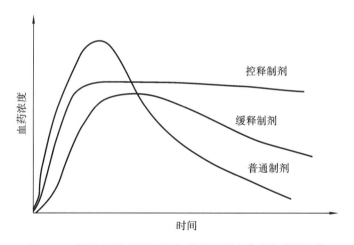

图 16-2 缓释制剂、控释制剂与普通制剂血药浓度曲线比较

在研制缓(控)释制剂时,也要考虑其不足的方面:①临床应用缓(控)释制剂时,遇到需要调整剂量或终止治疗的情况时,往往无法立刻进行调整。②缓(控)释制剂是基于健康人群的平均药物动力学数据设计的,在疾病状态下,药物体内动力学参数发生变化时,不能灵活调节给药方案。③制备缓(控)释制剂的设备和工艺比常规制剂复杂,产品成本较高,价格较贵。

二、缓释制剂、控释制剂的药物选择

缓释制剂、控释制剂是在普通制剂的基础上发展的药物新剂型,但是并不是所有药物均适合制备缓释制剂与控释制剂,通常要考虑药物的临床应用要求、药物的理化性质及药代动力学特性。以下列出缓释制剂、控释制剂对药物选择的要求。

（1）生物半衰期很短的药物($t_{1/2}<1$ h 或 2 h)和生物半衰期很长的药物($t_{1/2}>12$ h 或 24 h)一般不必制成缓释制剂或控释制剂。另外,半衰期很短,但在体内有效期很长的药物,也不必制成缓释制剂或控释制剂。一般半衰期在 $2\sim8$ h 的药物最适宜制成缓释制剂或控释制剂。如硝酸异山梨酯($t_{1/2}$ 为 5 h)等抗心绞痛药、普萘洛尔($t_{1/2}$ 为 3.1~4.5 h)等抗心律失常药。

(2)一次使用剂量很大的药物(1 g 以上),不能制成缓释制剂或控释制剂。

(3)药效特别强的药物,不适合制成缓释制剂或控释制剂。

(4)溶解度小、吸收无规律以及吸收差、吸收过程太复杂的药物不适合制成缓释制剂或控释制剂。

(5)只在特定部位吸收的药物,如维生素 B_2 不适合制成缓释制剂。一般在整个消化道都可被吸收的药物适合制成缓释制剂或控释制剂。

三、缓释制剂、控释制剂的主要类型

知识链接

1. 骨架型缓(控)释制剂　骨架型制剂是指药物和一种或多种惰性固体骨架材料通过压制或融合技术制成片状、颗粒或其他形式的制剂。大多数骨架材料不溶于水,仅有部分可以缓慢地吸水膨胀。骨架型制剂主要用于控制制剂的释药速率,一般起控释、缓释作用。骨架型缓(控)释制剂主要研究的是骨架片。骨架片是药物与 1 种或多种骨架材料以及其他辅料,通过制片工艺而成型的片状固体制剂。根据骨架材料的性质分成不溶性骨架片、溶蚀性骨架片和亲水凝胶骨架片。

(1)不溶性骨架片:以不溶于水或水溶性极小的高分子聚合物、无毒塑料为骨架材料制成的药片。常用的不溶性骨架材料有乙基纤维素、聚乙烯、聚丙烯、聚硅氧烷和聚氧乙烯等。口服后,胃肠液渗入骨架片溶解药物,药物通过骨架片中的极细孔径缓慢向外扩散而释放。

(2)溶蚀性骨架片:以惰性蜡质、脂肪酸及其酯类等物质为骨架材料,与药物一起混合压制成片剂,借助蜡质或酯类的逐渐溶蚀来释放药物。常用的蜡质骨架材料有蜂蜡、氢化植物油、硬脂酸、单硬脂酸甘油酯、巴西棕榈蜡等。常用的骨架致孔剂有聚维酮、微晶纤维素、聚乙二醇和水溶性表面活性剂等。

(3)亲水凝胶骨架片:以亲水性高分子材料作为骨架材料,加入适量的缓释剂,与药物混合、制粒、压片制成。口服后,在胃肠道内,片剂表面润湿形成凝胶层,表面药物向消化液中溶出,继而凝胶层增厚,使药物释放延缓,接着片剂骨架逐渐溶蚀并释放出药物,表现出释药速率先快后慢的现象。

2. 包衣型缓(控)释制剂　包衣型缓(控)释制剂是指用一种或多种包衣材料对药物颗粒、小丸和片剂的表面进行包衣,使其具有一层延缓或控制药物释放的膜状衣料,药物以恒定的或接近恒定的速率通过膜状衣料释放出来,达到缓释或控释的目的。灵活应用包衣方法,可使药物既速效又长效,保持平稳血药浓度的效果。如将准备压片的颗粒分成若干份,分别包上不同厚度或不同释药性能的衣料,然后制成片剂。服药后片剂崩解,未包衣料的颗粒中的药物迅速释放、达到有效血药浓度,包有不同厚度或不同释药性能的衣料的颗粒则可按药物在体内代谢消除的需求而释放供给药物,以维持药物浓度在某一理想水平。包衣型缓(控)释制剂的制备工艺和设备与普通片剂包衣法基本类似,包衣可在包衣锅或流化床中进行。常用的包衣材料的分类如下。

(1)蜡质包衣材料:常用的有鲸蜡、硬脂酸、氢化植物油和巴西棕榈蜡等。主要是用于各种含药颗粒或小丸,包以不同厚度的蜡质材料,可获得不同的释药速率,然后压成片剂。

(2)微孔膜包衣材料:常用的材料有乙基纤维素、醋酸纤维素、聚乙烯等,多为不溶性聚合物。在这些膜材料溶液中加入可溶性物质(如微粉化糖粉),或其他可溶性高分子材料(如聚乙二醇)作为膜的致孔剂,用以调节释药速率。

(3)肠溶性薄膜包衣材料:为不溶于胃液而溶于肠液的薄膜包衣,可制成肠溶性薄膜包衣缓释制剂。常用的有邻苯二甲酸醋酸纤维素(CAP)、聚丙烯酸树脂等。

(4)胃溶性薄膜包衣材料:常用的有羟丙基纤维素、羟丙基甲基纤维素和甲基丙烯酸二甲氨基乙酯-中性甲基丙烯酸酯共聚物。

3. 渗透泵制剂　渗透泵制剂是利用渗透压原理制成的一类制剂。口服渗透泵片以其独特的释药方式和稳定的释药速率引起人们的普遍关注。渗透泵片是由药物、半透膜材料、渗透压活性物质和推动剂等组成的。常用的半透膜材料有醋酸纤维素、乙基纤维素等。渗透压活性物质起调节药室内渗

透压的作用,常用乳糖、果糖、葡萄糖、甘露糖的不同混合物。推动剂又称为助渗剂,能吸水膨胀,产生推动力,将药物层的药物推出释药小孔。渗透泵片片芯包含药物和推动剂,外包一层控释半透膜,然后用激光在片芯包衣膜上开一个释药小孔。口服后胃肠道的水分通过半透膜进入片芯,形成药物的饱和溶液或混悬液,加之高渗透辅料溶解,使膜内外存在较大的渗透压差,将药液以恒定的速率压出释药孔。其流出量与渗透进入膜内的水量相等,直到片芯药物溶尽。

四、缓(控)释制剂制备举例

1. 硫酸庆大霉素缓释片(胃内滞留片)

【处方】
硫酸庆大霉素	4000 万 U
羟丙基甲基纤维素(HPMC)	40 g
丙烯酸树脂	40 g
硬脂醇	120 g
硬脂酸镁	4 g
75%乙醇	适量

制成 1000 片

【制法】①取辅料 HPMC、丙烯酸树脂及硬脂醇分别粉碎并过 80 目筛,备用。②将原料药硫酸庆大霉素与上述 3 种辅料充分混合均匀;置搅拌机内过 40～60 目筛 3 次,加入适量的 75%乙醇,制成软材,18 目筛制粒。③在 50 ℃温度下鼓风干燥,以 18 目筛整粒,加入硬脂酸镁,混匀,用 10 mm 浅圆形冲模压片,每片含庆大霉素 4 万 U。

【作用与用途】该制剂为胃内滞留型缓释片,在胃内滞留 5～6 h,且以一定速率缓慢释放药物,维持有效浓度,药效持久。可用于治疗幽门螺杆菌感染的慢性胃炎及消化性溃疡。

【注释】①硫酸庆大霉素为主药。②HPMC 为亲水凝胶骨架材料,遇胃液可形成一屏障膜并滞留于胃内,控制片剂内药物的溶解、扩散。③丙烯酸树脂可减缓药物在胃中的释放速率。④硬脂醇为疏水性且密度小的物质,可提高片剂在胃内漂浮滞留的能力。⑤硬脂酸镁为润滑剂。

2. 硝酸甘油缓释片

【处方】
硝酸甘油	2.6 g(10%乙醇溶液 29.5 mL)		
硬脂酸	60 g	十六醇	66 g
聚维酮(PVP)	31 g	微晶纤维素	58.8 g
微粉硅胶	5.4 g	乳糖	49.8 g
滑石粉	24.9 g	硬脂酸镁	1.5 g

制成 1000 片

【制法】①将 PVP 溶于硝酸甘油乙醇溶液中,加微粉硅胶混匀,加硬脂酸与十六醇,水浴加热到 60 ℃,使熔融。将微晶纤维素、乳糖、滑石粉的均匀混合物加入上述熔融的系统中,搅拌 1 h。②将上述黏稠的混合物摊于盘中,室温放置 20 min,待成团时,用 16 目筛制粒。30 ℃干燥,整粒,加入硬脂酸镁,压片。

【作用与用途】主要用于冠心病、心绞痛的治疗及预防。

【注释】①硝酸甘油为主药。②乙醇为溶剂。③硬脂酸、十六醇、PVP 为骨架材料。④微晶纤维素为干燥黏合剂,兼有助流作用。⑤乳糖为填充剂,微粉硅胶、滑石粉、硬脂酸镁为润滑剂。

任务二 经皮吸收制剂

一、概述

经皮吸收制剂又称经皮给药系统(简称 TDDS、TTS),是指经皮肤敷贴方式给药而起治疗或预防疾病作用的一类制剂,既可起局部作用也可起全身作用,又称贴剂或贴片。自1974年美国上市第一个TDDS产品——东莨菪碱贴剂和1981年抗心绞痛药硝酸甘油的经皮吸收制剂用于临床以来,出现了很多具有全身治疗作用的经皮吸收制剂,包括雌二醇、芬太尼、烟碱、可乐定、睾酮、硝酸异山梨酯、左炔诺孕酮等。

经皮吸收制剂为慢性疾病的治疗及预防创造了简单、方便和有效的给药方式。与常用普通剂型如口服片剂、胶囊剂或注射剂等比较,TDDS具有以下优点。

(1)避免口服给药可能发生的肝脏首过效应及胃肠道灭活,提高了治疗效果,减少了胃肠给药的不良反应。

(2)维持恒定的最佳血药浓度或生理效应,减小了血药浓度峰谷波动现象,增强了治疗效果。

(3)延长作用时间,减少用药次数,改善患者用药依从性。

(4)给药方便,患者可以自主用药,减少了个体间差异和个体内差异,也可随时停止用药。

TDDS也有其局限性,如起效较慢,且多数药物不能达到有效治疗浓度;TDDS的剂量较小,一般认为每日用量超过5 mg的药物就不能制成理想的TDDS;对皮肤有刺激性和过敏性的药物不宜设计成TDDS。另外,TDDS的生产工艺和条件也较复杂。

二、经皮给药吸收的机制

过去很少有人相信经皮给药能达到治疗目的,普遍认为角质层是很难透过的防护层。20世纪60年代科研人员研究了皮肤生理因素和药物性质对药物的透皮吸收的影响,这些研究破除了皮肤作为机体防御屏障不能成为给药途径的传统观点。

知识链接

1.皮肤的构成 皮肤是人体最大的器官,由表皮、真皮组成,借皮下组织与深部组织相连。皮肤中的毛囊、皮脂腺和汗腺称为皮肤附属器或表皮附属器。皮肤内还有丰富的血管和神经。皮肤的结构如图16-3所示,人体皮肤的厚度一般为0.5~4 mm(不包括皮下脂肪组织)。

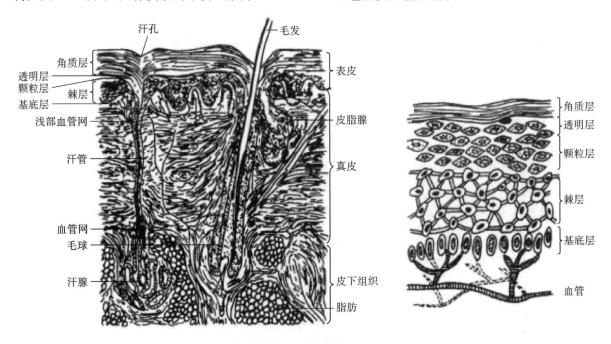

图16-3 皮肤的结构

2.透皮吸收途径 药物的透皮吸收过程主要包括释放、穿透及吸收进入血液循环3个阶段。释放指药物从基质释放出来扩散到皮肤上;穿透指药物透过表皮起局部作用;吸收指药物透过表皮后,到达真皮和皮下脂肪,通过血管或淋巴管进入体循环而产生全身作用。药物透皮吸收有两种途径。

(1)通过表皮吸收:药物透过表皮进入真皮被毛细血管吸收进入体循环,这是透皮吸收的主要途径。

（2）透过毛囊、皮脂腺和汗腺等皮肤附属器吸收：此种吸收的速度较快，对于一些水溶性大分子、离子型药物和多功能团极性化合物，它们很难通过角质层，可以通过附属器的扩散途径来吸收，但是其吸收面积仅占整个皮肤的 $0.1\% \sim 1.0\%$，所以不是透皮吸收的主要途径。

三、经皮吸收制剂的基本组成和常用的吸收促进剂

1. 经皮吸收制剂的基本组成 TDDS 的基本组成可分为 5 层：背衬层、药物贮库层、控释膜、黏附层和保护层。

（1）背衬层。一般是一层柔软的复合铝箔膜，厚度约为 $9~\mu m$，可防止药物流失和潮解。

（2）药物贮库层。该层既能提供释放的药物，又能供给释药的能量。其组成有药物、高分子基质材料、透皮促进剂等。

（3）控释膜。该膜多为由 EVA 和致孔剂组成的微孔膜。

（4）黏附层。由无刺激性和过敏性的黏合剂组成，如天然树胶、树脂和合成树脂等。

（5）保护层。为附加的塑料薄膜，用时撕去。

2. 常用的吸收促进剂 经皮吸收制剂中要加入经皮吸收促进剂，否则药物难以通过皮肤被吸收。经皮吸收促进剂是指能够降低药物通过皮肤的阻力，加速药物穿透皮肤的物质。常用的有以下几类。

（1）表面活性剂。可渗入皮肤并与皮肤成分相互作用，改变皮肤的透过性。应用较多的有十二烷基硫酸钠（SDS），但在连续应用后，会产生对皮肤的刺激性，使皮肤出现红肿、干燥或粗糙化。

（2）氮酮类化合物。氮酮（月桂氮酮也称 Azone）对亲水性药物的渗透促进作用强于对亲脂性药物，但起效慢，滞后时间可为 $2 \sim 10~h$，但作用时间可长达数日。氮酮与其他促进剂合用效果更好，与丙二醇、油酸等均可配伍使用。其化学性质稳定，无刺激性，无毒性，有很强的透过促进作用，是一种较理想的吸收促进剂。

（3）醇类化合物。包括乙醇、丁醇、丙二醇、甘油及聚乙二醇等，单独使用效果不佳，常与其他吸收促进剂合用，可增加药物的溶解度，起到协同作用。

（4）二甲基亚砜（DMSO）。应用较早的一种吸收促进剂，有较强的渗透促进作用，能促进甾体激素、灰黄霉素、水杨酸和一些镇痛药的透皮吸收。

（5）其他吸收促进剂。油酸、尿素、挥发油（如薄荷油、松节油等）及氨基酸等。

四、经皮吸收制剂的制备方法

经皮吸收制剂根据其类型与组成不同有不同的制备方法，主要有 3 种：涂膜复合工艺、充填热合工艺、骨架黏合工艺。

1. 涂膜复合工艺 将药物分散在高分子材料的溶液如压敏胶溶液中，涂布于背衬层上，加热烘干，使溶解高分子材料的有机溶剂蒸发，然后进行第二层或多层的涂布，最后覆盖保护层。也可先制成含药物的高分子材料膜，再将各层膜叠合或黏合。

2. 充填热合工艺 在定型机械中，于背衬层与控释膜之间定量充填药物贮库材料，热合封闭，覆盖涂有黏附层的保护层。

3. 骨架黏合工艺 在骨架材料溶液中加入药物，浇铸冷却成型；切割成小圆片，粘贴于背衬层上，加保护层即成。

五、经皮给药制剂的质量评价

1. 含量均匀度 《中国药典》（2020 年版）二部规定，透皮贴剂应进行含量均匀度检查，凡进行含量均匀度检查的制剂，一般不再检查重量差异。具体方法见《中国药典》（2020 年版）四部通则 0941 含量均匀度检查法。

2. 释放度 透皮贴剂的释放度是指药物从该制剂在规定的溶剂中释放的速度和程度。释放度常用于控制生产的重现性和 TDDS 的质量。透皮贴剂的释放度测定方法及其装置可参考《中国药典》（2020 年版）。

3. 黏附力 贴剂为敷贴于皮肤表面的制剂，其与皮肤黏附力的大小直接影响制剂的安全性和有

效性,因此应进行控制。通常贴剂的压敏胶与皮肤作用的黏附力可用 3 个指标来衡量,即初黏力、持黏力及剥离强度。

(1)初黏力:表示压敏胶与皮肤轻轻地快速接触时表现出对皮肤的黏结能力,即通常所谓的手感黏性。

(2)持黏力:表示压敏胶的内聚力大小,即压敏胶抵抗久性剪切外力所引起蠕变破坏的能力。

(3)剥离强度:表示压敏胶黏接力的大小。

以上 3 种指标的测定方法参见《中国药典》(2020 年版)四部通则 0952 黏附力测定法。

知识链接

任务三 靶向制剂

一、概述

1. 靶向制剂的定义和特点 靶向制剂亦称靶向给药系统(TDS),是指药物利用载体通过局部给药或经全身血液循环,选择性地浓集定位于靶器官、靶组织、靶细胞或细胞内结构的给药系统。

病变部位被形象地称为靶部位,包括靶器官、靶组织、靶细胞或细胞内的某靶点。靶向制剂不仅要求药物到达病变部位,而且要求具有一定浓度的药物在这些靶部位滞留一定的时间,以便发挥药效,而载体应无遗留的毒副作用。靶向制剂可提高药品的安全性、有效性、可靠性和患者的用药依从性,如将抗癌药物制成靶向制剂,使药物在靶部位浓集,可降低对其他组织和器官的毒性和副作用。

2. 靶向制剂的分类 按给药途径分类,可分为注射用靶向制剂和非注射用靶向制剂。按药物分布的程度分类,一级 TDS 是将药物输送到达特定的靶组织或靶器官(如肝脏),二级 TDS 是将药物输送到达特定组织器官的特定部位(如肝脏癌变部位),三级 TDS 是将药物输送到达病变部位的细胞(如肝癌细胞),四级 TDS 是将药物输送到达病变部位的细胞内的特定细胞器中(如细胞核)。按靶向给药的原理不同分类,可分为被动靶向制剂、主动靶向制剂和物理化学靶向制剂。

(1)被动靶向制剂。被动靶向制剂即自然靶向制剂,是指药物利用载体被动地被机体摄取到靶部位。以脂质、类脂质、蛋白质、生物材料等作为载体材料。被动靶向制剂的载药微粒经静脉注射后,由于粒径大小不同,可选择性地聚集于肝、脾、肺或淋巴等部位。微粒在体内的分布取决于微粒粒径的大小,一般小于 10 nm 的纳米粒可缓慢积聚于骨髓;小于 7 μm 的微粒可被肝、脾中的巨噬细胞摄取;大于 7 μm 的微粒通常被肺的最小毛细血管以机械过滤的方式截留,被单核细胞摄取进入肺组织或肺气泡。除粒径外,微粒的表面性质对其分布也起着重要作用。

(2)主动靶向制剂。主动靶向制剂是用修饰的药物载体作为"导弹",将药物定向地运送到靶区浓集发挥药效。如载药微粒表面经修饰后,可不被巨噬细胞识别,或连接有特定的配体可与靶细胞的受体结合,或连接单克隆抗体成为免疫微粒,从而避免巨噬细胞的摄取,防止微粒在肝内浓集,改变微粒在体内的自然分布而到达特定的靶部位;亦可将药物修饰成前体药物,使活性部位呈现药理惰性状态,在特定靶区被激活发挥作用。

(3)物理化学靶向制剂。物理化学靶向制剂是采用某些物理化学方法使靶向制剂在特定的部位发挥药效,包括磁性靶向制剂、栓塞靶向制剂、热敏靶向制剂、pH 敏感靶向制剂等。

二、被动靶向制剂常用载体

被动靶向制剂系统利用药物载体(即可将药物导向特定部位的生物惰性物质),使药物被生理过程自然吞噬而实现靶向作用。被动靶向制剂常见的载体有脂质体、乳剂、微球和纳米粒等。

知识链接

1. 脂质体 脂质体指将药物用类脂双分子层包封而成的微小泡囊。

脂质体具有被动靶向性,通过静脉给药进入机体后,作为外界异物被吞噬细胞吞噬摄取,70%~80%浓集于肝、脾和骨髓等单核-巨噬细胞较丰富的组织与器官中,是治疗肝炎、肝寄生虫、肝肿瘤等疾病和防止肿瘤扩散转移的理想药物载体。利用脂质体作为载体的药物治疗上述疾病可显著提高药物治疗指数、降低毒性。如两性霉素 B 对多数哺乳动物的毒性较大,制成脂质体后,可使其毒性大大降低而不影响抗真菌活性。

脂质体由磷脂、胆固醇等为膜材包合而成。这两种成分不仅是形成脂质体双分子层的基础物质,其本身也具有极为重要的生理功能。用磷脂与胆固醇作脂质体的膜材时,必须先将类脂质溶于有机溶剂中配成溶液,然后蒸发除去有机溶剂,在器壁上形成均匀的类脂质薄膜。此薄膜由磷脂与胆固醇混合分子相互间隔定向排列的双分子层组成。脂质体可因其结构不同分为单室脂质体和多室脂质体。根据需要可制备大小不同和具有不同表面性质的脂质体,因而可适用于多种给药途径,如静脉、肌内和皮下注射,口服或经眼部、肺部、鼻腔和皮肤给药等。

2. 乳剂 乳剂的性质特点在于其对淋巴系统的亲和性。通常将互不相溶的两种液相在乳剂存在的条件下制成。乳剂是粒径在 $1\sim100~\mu m$ 范围的非均相分散系统,在热力学和动力学上均属不稳定系统,除了具有掩盖不良气味,使药物缓释、控释或淋巴系统定向等优点外,还可提高药物经皮吸收的效率。油状或亲脂性药物制成 O/W 型乳剂静脉注射后,药物可在肝、脾等巨噬细胞丰富的组织器官中浓集;水溶性药物制成 W/O 型乳剂经口服、肌内或皮下注射后,易聚集于淋巴器官、浓集于淋巴系统,是目前将抗癌药物运送至淋巴器官最有效的剂型;W/O/W 型或 O/W/O 型复乳口服或注射后也具有对淋巴系统的亲和性,复乳还可以避免药物在胃肠道中失活,增加药物稳定性。

3. 微球 微球是指药物溶解或分散在辅料中形成的微小球状实体,通常粒径在 $1\sim500~\mu m$。

药物制成微球后主要特点是缓释长效和靶向作用。靶向微球的材料多数是生物降解材料,如蛋白质类(明胶、白蛋白等)、糖类(琼脂糖、淀粉、葡聚糖、壳聚糖等)、合成聚酯类(聚乳酸、丙交酯-乙交酯共聚物等)。微球的制备方法有乳化交联固化法、喷雾干燥法和溶剂挥发法。

4. 纳米粒 包括纳米囊和纳米球,它们均是高分子物质组成的固态胶体粒子,可以分散在水中形成近似胶体溶液。注射纳米囊或纳米球不易阻塞血管,可以靶向进入肝、脾和骨髓。纳米囊或纳米球可经细胞内或细胞间,穿过内皮壁到达靶部位。例如注射用的胰岛素纳米囊,平均粒径约 101 nm,靶向进入肝脏。纳米囊和纳米球具有缓释、靶向、保护药物、提高疗效和降低毒副作用等特点。

三、主动靶向制剂

主动靶向制剂包括修饰的药物载体和前体药物两大类。修饰的药物载体有修饰脂质体、修饰微乳、免疫纳米球等;前体药物包括抗癌药前体药物、脑部位和结肠部位的前体药物等。

1. 修饰的药物载体 药物载体经修饰后可以减少或避免巨噬细胞的吞噬作用,有利于载体分布于缺少巨噬细胞的组织(靶向于肝、脾以外的组织)。利用抗体修饰后,可制成靶向于细胞表面抗原的免疫靶向制剂。

2. 前体药物 前体药物是活性药物衍生而成的药理惰性物质,能在体内经化学反应或酶反应,使活性的母体药物再生而发挥其治疗作用。目前研究的前体药物主要有抗癌药前体药物、脑靶向前体药物、结肠靶向前体药物、肾靶向前体药物、病毒靶向前体药物等。

四、物理化学靶向制剂

物理化学靶向制剂是采用某些物理化学方法将药物传输到特定部位发挥药效的制剂。

1. 磁性靶向制剂 采用体外磁场的效应引导药物在体内定向移动和定位集中的制剂。主要有磁性微球和磁性纳米囊,通常作为抗肿瘤药物的靶向载体。此类制剂的应用可将巨噬细胞的干扰降到最低限度。

2. 栓塞靶向制剂 通过插入动脉的导管将栓塞物输送到靶组织或靶器官的医疗技术称为动脉栓塞技术。栓塞的目的主要是阻断靶区的供血和营养,使靶区的肿瘤细胞缺血坏死;如果栓塞制剂含有抗肿瘤药物,则具有栓塞和靶向化疗的双重作用,还具有延长药物在作用部位作用时间的效果。这类靶向制剂主要有动脉栓塞微球和复乳。

3. 热敏靶向制剂　利用相变温度的不同,可以制成热敏脂质体。当达到预期的相变温度时,脂质体的类脂质双分子层从胶态转变为液晶态,脂质体膜的通透性增加,被包裹的药物释放速率增大。在制备工艺中,通常按一定比例加入不同长链脂肪酸结构的磷脂酰胆碱。

4. pH 敏感靶向制剂　利用肿瘤间质液的 pH 显著低于周围正常组织的特点,制备在低 pH 范围内可释放药物的 pH 敏感脂质体。通常采用对 pH 敏感的类脂质构成脂质体膜,在 pH 较低时,膜材性质发生改变而融合,加速药物的释放。

→ **同步练习**

扫码看答案

一、单项选择题

1. 最适于制备缓释制剂、控释制剂的药物半衰期为(　　)。
A. <1 h　　　　　　B. 2~8 h　　　　　　C. 24~32 h　　　　　　D. 32~48 h

2. 下列不适合制成缓(控)释制剂的药物是(　　)。
A. 抗生素　　　　　　B. 抗心律失常药　　　　　　C. 降压药　　　　　　D. 抗心绞痛药

3. 若药物主要在胃和小肠吸收,口服给药的缓(控)释制剂宜设计成(　　)。
A. 每 6 h 给药 1 次　　B. 每 12 h 给药 1 次　　C. 每 18 h 给药 1 次　　D. 每 24 h 给药 1 次

4. 透皮吸收制剂中加入氮酮的目的是(　　)。
A. 产生微孔　　　　　　　　　　　　B. 调节 pH
C. 作为渗透促进剂,促进主药吸收　　　D. 作为抗氧剂,增加主药的稳定性

5. 不具有靶向性的制剂是(　　)。
A. 静脉乳剂　　　　　B. 纳米粒注射液　　　　C. 混悬型注射液　　　D. 脂质体注射液

6. 下列属于被动靶向制剂的是(　　)。
A. 磁性靶向制剂　　　B. 肺靶向前体药物　　　C. 脂质体靶向制剂　　　D. 抗癌药前体药物

7. 下列属于物理化学靶向制剂的是(　　)。
A. 热敏靶向制剂　　　B. 栓塞靶向制剂　　　　C. 抗癌药前体药物　　　D. 肾靶向前体药物

8. 胃内滞留片属于(　　)。
A. 控释制剂　　　　　B. 靶向制剂　　　　　　C. 缓释制剂　　　　　　D. 经皮吸收制剂

9. 下列属于控释制剂的是(　　)。
A. 微孔膜包衣片　　　B. 生物黏附片　　　　　C. 不溶性骨架片　　　　D. 亲水凝胶骨架片

二、多项选择题

1. 与常用普通剂型如口服片剂、胶囊剂等比较,TDDS 具有的特点有(　　)。
A. 作用时间延长　　　　　　B. 维持恒定的血药浓度　　　　　　C. 减少用药次数
D. 起效非常迅速　　　　　　E. 避免首过效应

2. 按靶向给药原理,靶向制剂可分为(　　)。
A. 被动靶向制剂　　　　　　B. 主动靶向制剂　　　　　　C. 物理化学靶向制剂
D. 定向靶向制剂　　　　　　E. pH 靶向制剂

药物制剂的稳定性
与配伍变化

药物制剂的稳定性

扫码看课件

任务一　概　　述

一、研究药物制剂稳定性的意义

　　药物制剂稳定性系指药物制剂在生产、运输、贮藏、周转直至临床应用前的一系列过程中发生的质量变化的速度和程度。药物制剂稳定性是考察药物制剂质量的重要指标之一,是确定药物制剂使用期限的主要依据。

　　为了合理地进行处方设计、提高制剂质量、保证药品的药效与安全性、提高经济效益,必须重视和研究药物制剂的稳定性。药物制剂的稳定性研究,对保证产品质量具有重要意义。一个制剂产品,从原料合成、剂型设计到制剂生产,稳定性研究是其中的基本内容。我国已经规定,新药申请必须呈报有关稳定性的资料。

课堂活动

　　胰岛素不能口服,只能通过注射途径给药,为什么?青霉素为什么不能做成水溶液型注射液?

二、药物制剂稳定性研究的范围

药物制剂稳定性一般包括化学、物理和生物学3个方面。化学稳定性是指药物由于水解、氧化等化学降解反应,使药物含量(或效价)、色泽产生变化。物理稳定性是指制剂的物理性能发生变化,如混悬剂中药物颗粒结块、结晶生长,乳剂的分层、破裂,胶体制剂的老化,片剂的崩解度、溶出速率的改变等。生物学稳定性一般指药物制剂受微生物的污染而变质、腐败。

三、稳定性重点考察项目

根据《中国药典》(2020 年版),原料药和制剂的稳定性考察项目见表 17-1。

表 17-1　原料药及制剂稳定性重点考察项目表

剂型	稳定性重点考察项目
原料药	性状、熔点、含量、有关物质、吸湿性以及根据品种性质选定的考察项目
片剂	性状、含量、有关物质、崩解时限或溶出度或释放度
胶囊剂	性状、含量、有关物质、崩解时限或溶出度或释放度、水分,软胶囊要检查内容物有无沉淀
注射剂	性状、含量、pH、可见异物、不溶性微粒、有关物质,应考察无菌
栓剂	性状、含量、融变时限、有关物质
软膏剂	性状、均匀性、含量、粒度、有关物质
乳膏剂	性状、均匀性、含量、粒度、有关物质、分层现象
糊剂	性状、均匀性、含量、粒度、有关物质
凝胶剂	性状、均匀性、含量、有关物质、粒度,乳胶剂应检查分层现象
眼用制剂	溶液:性状、可见异物、含量、pH、有关物质 混悬液:还应考察粒度、再分散性 洗眼剂:还应考察无菌 眼丸剂:应考察粒度与无菌
丸剂	性状、含量、有关物质、溶散时限
糖浆剂	性状、含量、澄清度、相对密度、有关物质、pH
口服溶液剂	性状、含量、澄清度、有关物质
口服乳剂	性状、含量、分层现象、有关物质
口服混悬剂	性状、含量、沉降体积比、有关物质、再分散性
散剂	性状、含量、粒度、有关物质、外观均匀度
气雾剂(非定量)	不同放置方位(正、倒、水平)有关物质、揿射速率、揿出总量、泄漏率
气雾剂(定量)	不同放置方位(正、倒、水平)有关物质、递送剂量均一性、泄漏率
喷雾剂	不同放置方位(正、水平)有关物质、每喷主药含量、递送剂量均一性(混悬型和乳液型定量鼻用喷雾剂)
吸入气雾剂	不同放置方位(正、倒、水平)有关物质、微细粒子剂量、递送剂量均一性、泄漏率
吸入喷雾剂	不同放置方位(正、水平)有关物质、微细粒子剂量、递送剂量均一性、pH,应考察无菌
吸入粉雾剂	有关物质、微细粒子剂量、递送剂量均一性、水分
吸入液体制剂	有关物质、微细粒子剂量、递送速率及递送总量、pH、含量,应考察无菌
颗粒剂	性状、含量、粒度、有关物质、溶化性或溶出度或释放度
贴剂(透皮贴剂)	性状、含量、有关物质、释放度、黏附力
冲洗剂、洗剂、灌肠剂	性状、含量、有关物质、分层现象(乳状型)、分散性(混悬型),冲洗剂还应考察无菌
搽剂、涂剂、涂膜剂	性状、含量、有关物质、分层现象(乳状型)、分散性(混悬型),涂膜剂还应考察成膜性
耳用制剂	性状、含量、有关物质,耳用散剂、喷雾剂与半固体制剂分别按相关剂型要求检查
鼻用制剂	性状、pH、含量、有关物质,鼻用散剂、喷雾剂与半固体制剂分别按相关剂型要求检查

注:有关物质(含降解产物及其他变化所生成的产物)应说明其生成产物的数目及量的变化,如有可能应说明有关物质中何者为原料中的中间体,何者为降解产物。稳定性试验重点考察降解产物。

任务二 影响药物制剂稳定性的因素及稳定化方法

一、处方因素及稳定化方法

制备任何一种制剂时,首先要进行处方设计,因处方的组成对制剂稳定性的影响很大。pH、广义的酸碱催化、溶剂、离子强度、表面活性剂等因素均可影响易水解的药物的稳定性。溶液 pH 与药物的氧化反应也有密切关系。某些赋形剂或附加剂,也可能对主药的稳定性有影响,都应加以考虑。

1. pH 的影响及稳定化方法 药液的 pH 不仅影响药物的水解反应,也影响药物的氧化反应。酯类和酰胺类药物易受 H^+ 和 OH^- 催化加速水解,这种催化作用又称专属酸碱催化或特殊酸碱催化,其水解速率主要取决于 pH 的大小。盐酸普鲁卡因属于酯类药物,容易水解,在 pH 3.5 左右时最稳定,其水解速率随 pH 增大而提高。药物的氧化反应也受溶液 pH 的影响,通常 pH 较低时溶液较稳定,pH 增大有利于氧化反应的进行。如维生素 B_1 于 120 ℃热压灭菌 30 min,在 pH 3.5 时几乎无变化,在 pH 5.3 时分解 20%,在 pH 6.3 时分解 50%。

通过试验或查阅资料可得到使药物保持一定稳定性的 pH 范围,在此基础上进行 pH 调节。调节 pH 应综合考虑稳定性、溶解度、药效 3 个方面的因素,如大多数的生物碱于偏酸性的溶液中较稳定。因此,制备注射剂时一般将 pH 调至偏酸以提高稳定性,但制备滴眼剂时则调至偏中性以减少刺激性。

pH 调节剂一般用盐酸或氢氧化钠,也常用与药物本身相同的酸或碱,如硫酸卡那霉素用硫酸、氨茶碱用乙二胺等。如需维持药液的 pH,则可用磷酸、醋酸、枸橼酸及其盐类组成的缓冲系统来调节。一些药物最稳定的 pH 见表 17-2。

表 17-2 一些药物最稳定的 pH

药物	pH	药物	pH
三磷酸腺苷	9.0	羟苯乙酯	4.0~5.0
甲氧青霉素	6.5~7.0	克林霉素	4.0
维生素 C	6.0~6.5	吗啡	4.0
苯氧乙基青霉素	6.0	盐酸丁卡因	3.8
毛果芸香碱	5.1	盐酸可卡因	3.5~4.0
对乙酰氨基酚	5.0~7.0	头孢噻吩钠	3.0~8.0
地西泮	5.0	阿司匹林	2.5
羟苯甲酯	4.0	氢氯噻嗪	2.5
羟苯丙酯	4.0~5.0	维生素 B_1	2.0

2. 溶剂的影响及稳定化方法 根据药物和溶剂的性质,溶剂可能由于溶剂化、解离、改变反应活化能等而对药物制剂的稳定性产生影响,但一般情况较复杂,对具体的药物应通过试验来选择溶剂。对于易水解的药物,可用乙醇、丙二醇、甘油等非水溶剂提高其稳定性。

3. 表面活性剂的影响及稳定化方法 溶液中加入表面活性剂可能影响药物稳定性。一些容易水解的药物,加入表面活性剂可使稳定性增加,如苯佐卡因易受碱催化水解,在 5% 的十二烷基硫酸钠溶液中,30 ℃时的 $t_{1/2}$ 增加到 1150 min,不加十二烷基硫酸钠时则为 64 min。这是由于表面活性剂在溶液中形成胶束,苯佐卡因增溶在胶束周围形成一层"屏障",阻碍 OH^- 进入胶束,从而减少其对酯键的攻击,增加苯佐卡因的稳定性。但要注意,表面活性剂有时反而会使某些药物分解速率加快,如聚山梨酯 80 可使维生素 D 的稳定性下降。故需通过试验,正确选用表面活性剂。

4. 离子强度的影响及稳定化方法 药物制剂处方中,离子强度的影响主要来源于缓冲液、等渗调节剂、抗氧剂、电解质等,这些物质的加入改变了溶液中的离子强度,对溶液中的药物降解速度产生影响,处方设计时要尽量少地引入其他离子。

5. 辅料的影响及稳定化方法　某些半固体制剂,如软膏剂中药物的稳定性与制剂处方的基质有关。如氢化可的松乳膏,用 PEG 作基质能促进该药物的分解,但有效期只有 6 个月。栓剂基质 PEG 可使阿司匹林分解,产生水杨酸和乙酰聚乙二醇。维生素 U 片若采用糖粉和淀粉为赋形剂,则产品变色,若应用磷酸氢钙,再辅以其他措施,产品质量则有所提高。阿司匹林片的稳定性受润滑剂的影响,如硬脂酸钙、硬脂酸镁可能与阿司匹林反应生成相应的乙酰水杨酸钙及乙酰水杨酸镁,分解速率加快,因此制备阿司匹林片时不应使用硬脂酸镁这类润滑剂,而应选用影响较小的滑石粉或硬脂酸。

二、外界因素及稳定化方法

外界因素包括温度、光、空气(氧)、金属离子、湿度和水分、包装材料等,这些因素对于确定产品的生产工艺条件和包装的设计都是十分重要的。其中温度对各种降解途径(如水解、氧化等)均有较大影响,而光、空气(氧)、金属离子对易氧化的药物影响较大,湿度和水分主要影响固体药物的稳定性,包装材料是各种产品都必须考虑的问题。

1. 温度的影响及稳定化方法　一般来说,温度升高,反应速率加快。药物制剂在制备过程中,往往需要加热操作,此时应考虑温度对药物稳定性的影响,确定合理的工艺条件。有些产品在保证完全灭菌的前提下,可降低灭菌温度,缩短灭菌时间。

对热特别敏感的药物,如某些抗生素、生物制品,要根据药物性质设计合适的剂型(如固体剂型),生产中采取特殊的工艺,如冷冻干燥、无菌操作等,同时产品要低温贮存,以保证产品质量。

2. 光的影响及稳定化方法　在药物制剂生产与产品的贮存过程中,还必须考虑光的影响。光能激发氧化反应,加速药物的分解,这些易被光降解的物质称光敏物质。如速效降压药硝普钠对光极不稳定,临床上用 5% 葡萄糖溶液配制成 0.05% 硝普钠溶液静脉滴注,其在阳光下照射 10 min 就分解13.5%,颜色也开始变化,同时 pH 下降。

对光敏感的药物制剂,在制备过程中要避光操作,并且选择避光的包装和贮存措施,如采用棕色玻璃瓶或容器内衬垫黑纸等。

3. 空气(氧)的影响及稳定化方法　空气中的氧是药物制剂发生氧化降解的重要因素。氧可溶解在水中以及存在于药物容器空间和固体颗粒的间隙中,所以药物制剂几乎都有可能与氧接触。只要有少量的氧,药物制剂就可以发生氧化反应。

除去氧气是防止易氧化的药物被氧化的根本措施。生产上一般采取以下措施减小氧气的影响:①在溶液中和容器中通入 CO_2 或 N_2 等惰性气体置换其中的氧气;②采用真空包装;③加入具有强还原性的抗氧剂。

4. 金属离子的影响及稳定化方法　药物制剂中微量的金属离子主要来自原辅料、溶剂、容器以及操作过程中使用的工具等。微量的金属离子对氧化反应有显著的催化作用,如 0.0002 mol/L 的铜能使维生素 C 的氧化速率增大 1 万倍。铜、铁、钴、镍、锌、铅等离子都有促进氧化的作用,它们主要是缩短氧化作用的诱导期,提高游离基生成的速率。

要避免金属离子的影响,应注意以下几点:①选用纯度较高的原辅料;②操作过程中不要使用金属器具;③加入金属螯合剂,抑制金属杂质对氧化反应的催化,如依地酸盐或枸橼酸、酒石酸、磷酸、二巯乙基氨甘氨酸等,有时联合应用亚硫酸盐类抗氧剂,效果更佳。

5. 湿度和水分的影响及稳定化方法　空气中的湿度与物料中的含水量对固体药物制剂的稳定性影响非常大,微量的水即能加速阿司匹林、青霉素钠盐、氨苄西林钠、对氨基水杨酸钠、硫酸亚铁等的分解。药物是否容易吸湿,与其临界相对湿度(CRH)有关,氨苄西林钠的临界相对湿度仅为 47%,极易吸湿。经试验测定如果其在相对湿度(RH)75% 的条件下放置 24 min,可吸收水分约 20%,同时粉末溶解。这些药物的含水量必须特别注意,一般在 1% 左右比较稳定,含水量越高药物分解越快。

6. 包装材料的影响及稳定化方法　药物贮存于室温环境中,主要受热、光、水分及空气(氧)的影响。包装设计的目的就是排除这些因素的干扰,同时也要考虑包装材料与药物制剂的相互作用,通常

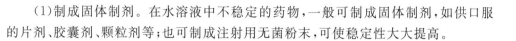

使用的包装容器材料有玻璃、塑料、橡胶及金属。

三、药物制剂稳定化的其他方法

1. 改进药物制剂或生产工艺

（1）制成固体制剂。在水溶液中不稳定的药物，一般可制成固体制剂，如供口服
知识链接
的片剂、胶囊剂、颗粒剂等；也可制成注射用无菌粉末，可使稳定性大大提高。

（2）制成微囊或包合物。利用药物制剂新技术，某些药物可制成微囊或包合物，可提高药物的稳定性。如维生素 A 制成微囊后稳定性有很大提高，也可将维生素 C、硫酸亚铁制成微囊，防止氧化。有些药物可制成环糊精包合物来提高稳定性，如维生素 D_3 制成包合物后稳定性提高。

（3）采用粉末直接压片或包衣工艺。一些对湿热不稳定的药物，可以采用粉末直接压片或干法制粒，如阿司匹林，可以干法制粒后再压片；有些药物也可进行包衣，如氯丙嗪、异丙嗪、对氨基水杨酸钠等，制成包衣片后可提高稳定性。

2. 制成难溶性盐 将容易水解的药物制成难溶性盐或酯，可提高其稳定性。水溶性越低，稳定性越好。例如青霉素钾盐，可制成溶解度小的普鲁卡因青霉素（水中的溶解度为 1：250），稳定性显著提高。

3. 加入干燥剂 常用的干燥剂有二氧化硅、五氧化二磷等，注意加入的干燥剂是否会对主药的稳定性产生影响。

4. 防止微生物污染 可以采用灭菌、添加防腐剂等方式控制药物制剂中的微生物，同时要注意厂房的洁净级别及空气洁净技术的应用等，此外在产品运输、贮存时要注意温度、湿度、密闭等条件控制。

5. 改善包装 玻璃的理化性能稳定，不易与药物相互作用，气体不能透过，为目前应用最多的一类容器。但有些玻璃会释放碱性物质或脱落不溶性玻璃碎屑等，棕色玻璃能阻挡波长小于 470 nm 的光透过，故对光敏感的药物可用棕色玻璃瓶包装。

塑料是聚氯乙烯、聚苯乙烯、聚乙烯等高分子聚合物的总称，为了便于成型或防止老化等，常常在塑料中加入增塑剂、防老剂等附加剂，药用包装塑料应选用无毒塑料制品。但塑料容器有透气性、透湿性、吸附性，在产品试制过程中要进行装样试验，对各种不同的包装材料认真进行选择。

6. 充入惰性气体 生产上一般在溶液中和容器空间通入惰性气体如 N_2 或 CO_2 置换其中的氧，延缓氧化反应的发生。例如，在配制易氧化药物的水溶液时，通常采用新鲜煮沸冷却的纯化水配制，或在纯化水中通入 N_2 置换溶解在水中的氧。

▷ **同步练习**

扫码看答案

一、单项选择题

1. 药物的有效期是指药物含量降低（　　）。

A. 10% 所需时间　　B. 50% 所需时间　　C. 63.2% 所需时间　　D. 5% 所需时间

2. 药物化学降解的主要途径是（　　）。

A. 聚合　　B. 脱羧　　C. 异构化　　D. 水解与氧化

3. 下列属于影响药物制剂稳定性的非处方因素是（　　）。

A. 药物的化学结构　　B. 辅料　　C. 药物的结晶形态　　D. 湿度

4. 下列药物制剂的不稳定性属于化学变化的是（　　）。

A. 散剂吸湿　　B. 乳剂破裂　　C. 产生气体　　D. 发霉、腐败

5. 加速试验时，供试品要求放置 6 个月的条件是（　　）。

A. 50 ℃、相对湿度 60%　　　　　　　　B. 50 ℃、相对湿度 75%

C. 40 ℃、相对湿度 75%　　　　　　　　D. 40 ℃、相对湿度 60%

二、多项选择题

1.药物制剂的基本要求有(　　　)。

A.安全性　　　　B.有效性　　　　C.方便性　　　　D.稳定性　　　　E.经济性

2.影响药物制剂稳定性的处方因素有(　　　)。

A.溶剂　　　　B.温度　　　　C.pH　　　　D.光　　　　E.附加剂

3.药物发生变质的原因包括(　　　)。

A.分子聚合　　　B.药物变旋　　　C.晶型转变　　　D.药物水解　　　E.酶类药物的变性

4.贮藏条件会影响药物制剂稳定性,主要包括(　　　)。

A.温度　　　　B.湿度　　　　C.光线　　　　D.贮存容器　　　　E.氧气

5.药物制剂稳定化方法有(　　　)。

A.改变溶剂　　　B.控制温度　　　C.调节 pH　　　D.避光　　　E.控制微量金属离子

6.稳定性试验的考察方法有(　　　)。

A.高温试验　　　B.加速试验　　　C.比较试验　　　D.长期试验　　　E.强光照射试验

项目十八

药物制剂的配伍变化

扫码看课件

导学情景

　　舒血宁注射液广泛应用于心脑血管疾病的临床治疗之中,该药常与其他药物联合使用,但是当它与盐酸纳洛酮注射液共同溶解于5%葡萄糖注射液中,紫外光谱会发生变化,提示舒血宁注射液与盐酸纳洛酮注射液在5%葡萄糖注射液溶媒下会发生反应,存在配伍禁忌。

学前导语

　　很多药物之间存在不同程度的配伍禁忌,有可能损害健康,应引起医护人员的重视。本项目将介绍药物制剂配伍变化的相关知识,以保证临床用药的安全、有效。

任务一　概　　述

一、药物制剂配伍的含义

　　药物制剂配伍是指两种或两种以上药物同处于同一剂型中的相容性,其结果是可以配伍,也可能由于出现物理变化或化学反应而不可以配伍,即存在配伍禁忌。药物配伍的目的是提高疗效,减少不良反应,延缓机体耐受性或病原体耐药性的发生,以及预防或治疗并发症等。

　　不同药物配合在一起使用,由于它们的理化性质和药理性质相互影响,可能产生各种各样的变化,有的发生物质形态改变的物理变化,有的会有产生新物质的化学变化,有的引起药物作用性质、强度或持续时间改变的疗效学变化等,这些变化统称配伍变化。如果配伍变化有利于生产、使用和符合临床治疗需要,则称为合理性配伍,如甲氧苄啶使磺胺药增效;如果产生的配伍变化不符合制剂要求,或使药物作用减弱、消失,甚至引起毒副作用,则称为配伍禁忌,如泼尼松与氢氯噻嗪合用,由于两者均有强烈的排钾作用,服用后患者可能会出现严重的低钾血症。

二、研究药物制剂配伍变化的目的

　　研究药物制剂配伍变化的目的在于根据药物和制剂成分的理化性质和药理作用,探讨配伍变化产生的原因和正确处理或防止的方法,设计合理的处方、工艺,对可能发生的配伍变化有预见性。进行制剂的合理配伍,避免不良的药物配伍,保证用药的安全、有效。

任务二 药物制剂配伍变化类型

一、物理的配伍变化

物理的配伍变化是指药物配伍时发生了物理性质的改变。常见的有以下 3 种。

1. 润湿、液化和结块 有些药物配伍时出现润湿、液化现象,给生产和贮存带来困难,影响产品质量。造成润湿与液化的物理的配伍变化的原因主要有以下几点。

(1)吸湿:固体药物配伍时,若配伍的药物中有吸湿性强的药物,即可发生润湿和液化,从而影响产品质量。

(2)形成低共熔混合物:一些醇类、酚类、酮类、酯类的药物,如薄荷脑、樟脑、麝香草酚、苯酚、水合氯醛等在一定温度下按一定比例混合时,可产生润湿或液化现象。

(3)散剂与颗粒剂由于药物吸湿后又逐渐干燥可引起结块,从而导致制剂变质或药物分解失效。

2. 溶解度改变 不同性质溶剂的制剂配伍使用,常因药物在混合溶液中的溶解度变小而析出沉淀,如含树脂的醇溶性制剂在水溶性制剂中析出树脂;含蛋白质、黏液质多的水溶液若加入大量的醇则产生沉淀。

3. 分散状态或粒径变化 乳剂、混悬剂中分散相的颗粒可因与其他药物配伍,或因久贮而使粒径变大,或分散相聚结而分层或析出,导致临床使用不便,甚至影响疗效。

二、化学的配伍变化

化学的配伍变化是指药物之间发生化学反应,使药物产生了不同程度的质的变化。常见的有以下 4 种。

1. 变色 药物间发生氧化、还原、聚合、分解等反应时,产生带色化合物或发生颜色上的变化,在光线照射、高温及高湿度下反应更快。如含酚羟基化合物与铁盐作用使混合物颜色发生变化;维生素 C 注射液与氨茶碱注射液配伍,可加速维生素 C 的分解变色。

2. 产生气体 药物发生化学反应的结果。碳酸盐及碳酸氢盐与酸类药物,铵盐及乌洛托品与碱类药物混合时可能产生气体,如溴化铵等铵类与强碱性药物配伍可释放出氨气,乌洛托品与酸性药物配伍能分解产生甲醛等。

3. 浑浊和沉淀 液体药物配伍时,若配伍不当,可能出现浑浊和沉淀。如水杨酸钠或苯巴比妥钠的水溶液遇酸性或碱性药物后,会析出水杨酸或巴比妥酸;小檗碱和黄芩苷在溶液中可产生难溶性沉淀;硝酸银遇氧化物的水溶液可产生沉淀等。

4. 发生爆炸 大多数强氧化剂与强还原剂配伍时可引起爆炸,如氯化钾与硫、高锰酸钾与甘油、强氧化剂与蔗糖等混合研磨时易发生爆炸。

三、疗效学的配伍变化

疗效学的配伍变化即药物的相互作用,是指药物合用或先后应用的其他药物、内源性化学物质、附加剂或食物等使药效发生变化的现象。引起药物相互作用的因素很多,主要有以下 3 个方面。

(一)体内药物间物理、化学反应

半胱氨酸、二巯丙醇等能与某些重金属离子形成配合物而起解毒作用;亚甲蓝利用氧化还原反应起解毒作用等。这些药物同样可能与其他含金属离子药物,如氢氧化铝等抗酸剂、枸橼酸铋钾等胃黏膜保护剂、补钙补铁制剂等发生反应而影响药物的疗效。煅牡蛎、煅龙骨等碱性较强的中药及以其为主要成分的中成药,与阿司匹林、胃蛋白酶合剂等酸性药物合用可发生中和反应,使药物的疗效降低,甚至失去治疗作用。

(二)药物动力学方面的相互作用

药物动力学方面的相互作用是指影响药物吸收、分布、代谢和排泄等体内过程的相互作用,与药效学方面的配伍变化的区别在于药物动力学方面的相互作用对血中游离药物浓度与药效反应的关系曲线无影响。

在胃肠道中药物之间产生的物理、化学反应如吸附、形成配合物及复合物会影响其吸收。如降血脂药物考来烯胺为阴离子交换树脂,可与甲状腺素、保泰松、洋地黄毒苷、华法林等产生吸附作用;四环素族抗生素与 Ca^{2+}、Al^{3+}、Mg^{2+}、Fe^{3+} 等可形成沉淀,故这些药物同时使用应间隔 5 h 以上。改变胃肠道 pH、胃排空速度、肠蠕动、肠道菌群或胃肠黏膜损害均会影响药物的吸收。

影响药物分布的相互作用有药物与血浆蛋白、组织蛋白结合等,血浆蛋白的结合置换作用对结合率高的药物影响较大。如保泰松与华法林合并使用可引起出血;甲氨蝶呤能被阿司匹林或磺胺类药物从结合部位置换出来,使血液中游离甲氨蝶呤浓度升高,显著增加对骨髓的抑制作用。

影响药物代谢的相互作用有酶促作用和酶抑制作用,如巴比妥类药物能诱发肝药酶对抗凝剂的代谢,从而降低口服抗凝剂(如双香豆素类)的作用;双香豆素抑制肝脏内羟基化反应酶对甲苯磺丁脲的作用,使羟化反应不能顺利进行,导致甲苯磺丁脲在体内停留时间延长。

影响药物排泄的相互作用会影响药物或其活性代谢产物在体内的滞留时间,即影响药效持续时间,多剂量给药时会影响稳态平均血药浓度。如丙磺舒与青霉素在肾小管近端竞争分泌,使青霉素消除减慢。增高尿液 pH,可增加肾小管对弱碱性药物的再吸收,使药物消除半衰期延长;而对于弱酸性药物则正好相反。

(三)药效学方面的相互作用

药效学方面的相互作用包括作用于受体使药效增强的协同作用(包括相加作用和增强作用)和使药效减弱的拮抗作用;药物也可作用于酶,如汞、砷、锑等的中毒用二巯丙醇解毒等。

药物相互作用还受生理条件、食物等的影响。另外,还有抗生素间的相互作用,静脉全营养过程中的代谢性相互作用等。

应当指出,不应把有意进行的配伍变化都看作配伍禁忌,有些配伍变化是制剂配制的需要。如泡腾片就是利用碳酸盐与酸反应产生 CO_2,从而使片剂迅速崩解的。临床上利用药物之间拮抗作用来解救药物中毒,如有机磷轻度中毒时采用阿托品;利用拮抗作用消除另一药物副作用,如用麻黄碱治疗哮喘时用巴比妥类药物对抗其中枢神经兴奋作用等。所以在分析药物配伍变化是否会影响制剂质量及治疗效果时,需要对具体问题进行具体分析。

课堂活动

当 10% 磺胺嘧啶注射液、硫酸链霉素注射液与 10% 葡萄糖注射液配伍时,颜色发生了改变,并有结晶析出,该处方发生了哪些配伍变化?

任务三　注射剂的配伍变化

一、概述

由于临床治疗上广泛采用注射剂,而且常常是多种药物配伍在一起使用,情况较为复杂。多种注射剂配伍使用时,不仅要保持各种药物的有效、稳定,而且要防止因配伍发生的配伍禁忌。输液是特殊的注射剂,其特点是直接滴注输入血管,使用量大,因此在质量方面如 pH、渗透压、可见异物等均有严格的规定。常用的输液有 5% 葡萄糖注射液、等渗氯化钠注射液、复方氯化钠注射液及各种含乳酸钠的制剂等,这些单糖、盐、高分子化合物的溶液一般都比较稳定,常与注射剂配伍。而有些输液由于其自身的性质特殊,不适合与其他药物注射剂配伍,如血浆、甘露醇、静脉注射用脂肪乳剂。

二、注射剂配伍变化的主要原因

1. 溶剂组成的改变 注射剂在制备过程中有时为了有利于药物溶解、稳定而采用非水溶性溶剂,如乙醇、丙二醇、甘油等,当这些非水溶性溶剂的注射剂加入输液(水溶液)中时,由于溶剂组成的改变而使药物析出。如氯霉素注射液(含乙醇、甘油等)加入 5% 葡萄糖注射液中时往往会析出氯霉素,但输液中氯霉素的浓度低于 0.25% 时,则不致析出沉淀。

2. pH 的改变 在不适当的 pH 下,有些药物会产生沉淀或加速分解。如 10 mL 5% 硫喷妥钠加入 500 mL 5% 葡萄糖注射液中则产生沉淀,这是由 pH 下降所致;乳糖酸红霉素在等渗氯化钠注射液(pH 约 6.45)中 24 h 分解 3%,在糖盐水(pH 约 5.5)中 24 h 则分解 32.5%。一般而言,药物与输液的 pH 相差越大,发生配伍变化的可能性也就越大。

3. 缓冲容量 药液混合后的 pH 是受注射液中所含成分的缓冲能力决定的(有些加入缓冲剂)。缓冲剂抑制 pH 变化能力的大小称为缓冲容量,有些输液中含有的阴离子如乳酸根等有一定的缓冲容量。酸性溶液中易沉淀的药物,在含有缓冲能力的弱酸性溶液中常会出现沉淀。如 10 mL 5% 硫喷妥钠加入 500 mL 生理盐水或林格液中不产生变化,但加入 5% 葡萄糖或含乳酸盐的葡萄糖溶液中则会析出沉淀,这是由具有一定低 pH 并有一定缓冲容量的溶液使混合后的 pH 下降至药物沉淀的 pH 范围内所致。

4. 离子作用 有些离子能加速某些药物的水解反应。如乳酸根离子能加速氨苄西林、青霉素的水解,其作用比枸橼酸根强,氯苄西林在含乳酸的复方氯化钠注射液中 4 h 即可损失 20%。另外,青霉素及某些半合成青霉素如氨苄西林等能与蔗糖、葡萄糖及右旋糖酐作用而使效价下降,但室温下 pH 高于 8.0 时,其在 10% 葡萄糖、5% 葡萄糖或 6% 右旋糖酐溶液中的效价下降趋势能被足够量的碳酸氢钠抑制,使失效变慢。

5. 电解质的盐析作用 如两性霉素 B 在水中不溶,临用前只能加在 5% 葡萄糖注射液中静滴,如加在含大量电解质的输液中则会被电解质盐析出,以致胶体粒子凝聚而产生沉淀;右旋糖酐注射液与生理盐水配伍,因盐析而产生右旋糖酐沉淀。

6. 直接反应 某些药物可直接与输液中的成分发生反应。如四环素与含钙的输液在中性或碱性条件下形成复合物而产生沉淀,但此复合物在酸性条件下有一定的溶解度,一般情况下与复方氯化钠配伍不出现沉淀。四环素还能与 Fe^{2+} 形成红色、与 Al^{3+} 形成黄色、与 Mg^{2+} 形成绿色的复合物。

7. 聚合反应 某些药物在溶液中可能形成聚合物。如 10% 氨苄西林的浓贮备液虽贮存于冷暗处,但放置期间若 pH 稍有下降便出现变色、溶液变黏稠甚至产生沉淀,这是由形成聚合物所致。聚合物形成过程与时间及温度有关,聚合物可能会引起患者过敏。

8. 药物与机体中某些成分的结合 某些药物如青霉素能与蛋白质结合,这种结合可能会增强变态反应,所以将这种药物加入蛋白质类输液中使用是不妥当的。

9. 杂质、附加剂等 有些制剂在配伍时发生的异常变化,并不是由治疗成分本身而是由原辅料中的杂质引起的。例如氯化钠原料中含有微量的钙盐,与 25% 枸橼酸钠注射液配伍可产生枸橼酸钙的悬浮微粒。中草药注射液中未除尽的高分子杂质在长久贮存中,与输液配伍时可出现浑浊沉淀。注射剂中常常加有缓冲剂、助溶剂、抗氧剂等附加剂,它们之间或它们与药物之间也可发生反应而出现配伍变化。

10. 配合量 配合量的多少影响药物浓度,一些药物在一定浓度下才出现沉淀。如间羟胺注射液与氢化可的松琥珀酸钠注射液,在等渗氯化钠或 5% 葡萄糖注射液中各为 100 mg/L 时,观察不到变化,但氢化可的松琥珀酸钠浓度为 300 mg/L、间羟胺浓度为 200 mg/L 时则会出现沉淀。

11. 混合的顺序 有些药物混合时产生沉淀的现象可用改变混合顺序的方法克服。如 1 g 氨茶碱与 300 mg 烟酸配合,先将氨茶碱用输液稀释至 100 mL,再慢慢加入烟酸则可得到澄明的溶液,如先将两种药液混合后再稀释则会析出沉淀。

任务四 配伍变化的处理原则与方法

一、处理原则

配伍变化的处理原则:在审查处方发现疑问时,首先应该与处方医师联系,了解用药意图,明确使用对象及给药途径是配发的基本条件,例如患者年龄、性别、病情及其严重程度、用药途径等,对有并发症的患者审方时应注意药物禁忌证。再结合药物的物理、化学和药理等性质,分析可能产生的不利因素和作用,对成分、剂量、处方量、用法各方面加以全面的审查,使药物在具体条件下,较好地发挥疗效,保证用药安全。

二、处理方法

1.改变调配次序 改变调配次序常可克服一些可能会产生的配伍禁忌。如0.5%苯甲醇与0.5%三氯叔丁醇在水中配伍时,由于三氯叔丁醇在水中溶解很慢,可先与苯甲醇混合溶解,再加入注射用水。

2.调整溶液 pH pH 能影响很多微溶性药物的溶解性、稳定性,特别是对于注射剂,精确地控制pH 十分重要。如碱性抗生素、碱性维生素、碱性局部麻醉剂等,当 pH 降低到一定程度时,能析出溶解度较小的游离碱。

3.改变用药途径、调整药量、临床观察及监测 如将药物分开服用或注射,可克服直接的物理或化学反应和大多数影响药物吸收的配伍;调整药量主要指相加作用的配伍;临床观察及监测(血生化监测、血药浓度监测等)主要指可能增加毒副作用的配伍。

4.改变有效成分或改变剂型 在征得医师的同意下可改换药物,但改换的药物疗效应力求与原成分类似,用法也尽量与原方一致。如将0.5%硫酸锌与2%硼砂配伍制成滴眼剂,能析出碱式硼酸锌或氢氧化锌,可改用硼酸代替硼砂。

5.拒绝调剂 主要指无法用药剂方法解决的配伍,应禁止配伍使用,请医师修改后再行调剂。

在药物合用中应特别注意审查下列几类药物:剂量小而作用强的药物(如降糖药、抗心律失常药、抗高血压药等);毒性和血药浓度密切相关的药物(如氨基苷糖类、强心苷类、细胞毒类);作用降低有危险性的药物(这类药物的作用降低可引起发病或治疗失败,如抗心律失常药、抗生素、抗癫痫药);产生严重毒副作用的药物。

案例分析

案例 硫酸庆大霉素注射液、氨茶碱注射液与5%葡萄糖注射液混合后溶液出现浑浊。

分析 硫酸庆大霉素溶液为酸性,氨茶碱溶液为碱性(pH 约为 9),混合后因复分解反应使庆大霉素与氨茶碱游离析出,此时可用其他抗生素代替硫酸庆大霉素,或两药分别于不同容器内间隔注射。

 同步练习

扫码看答案

一、单项选择题

1.下列配伍变化属于配伍禁忌的是( )。

A.药物作用持续时间变化　　　　　　B.异烟肼与麻黄碱合用

C.磺胺类药物与甲氧苄啶合用　　　　D.配伍需要的变化

2.下列关于注射剂混合后产生配伍变化的原因中,叙述错误的是(　　)。

A.溶剂改变　　　　　B.pH 改变　　　　　C.盐析作用　　　　　D.观察方法

3.下列关于克服注射剂间配伍变化的方法中,叙述错误的是(　　)。

A.注射剂混合后有结晶析出,应分别注射　　　B.注射剂混合后有沉淀出现,应分别注射

C.注射剂混合后发生变色者,应分别注射　　　D.注射剂混合后无可见性配伍变化,可合并注射

4.不是药物制剂配伍使用的目的是(　　)。

A.使药物作用减弱　　　B.提高疗效　　　　　C.降低毒副作用　　　　D.延缓耐药性的发生

5.12.5％的氯霉素注射液 2 mL 与 50％的葡萄糖注射液 20 mL 混合后析出结晶的原因是(　　)。

A.pH 改变　　　　　B.混合顺序不当　　　　C.溶剂改变　　　　　D.盐离子效应

6.下列关于注射液的配伍变化点的 pH 说法错误的是(　　)。

A.可用 pH 的变化作为预测配伍变化的参考

B.如果 pH 移动范围大,说明该药液不易产生配伍变化

C.如果 pH 移动范围小,说明该药液不易产生配伍变化

D.如果两种注射液混合后的 pH 都不在两者的变化区内,一般不会发生变化

二、多项选择题

1.注射剂配伍变化的主要原因有(　　)。

A.溶剂组成的改变　　　　　B.pH 的改变　　　　　C.甘露醇

D.盐析作用　　　　　　　　E.缓冲容量

2.下列输液中,不宜与其他注射液配伍的是(　　)。

A.脂肪乳输液剂　　　　　　B.氯化钠注射液　　　　C.5％葡萄糖注射液

D.血液　　　　　　　　　　E.以上都是

3.与盐酸四环素同服可影响后者吸收的是(　　)。

A.维生素 C　　　B.硫酸亚铁　　　C.利血平　　　　D.碳酸氢钠　　　E.碳酸镁

4.制备含盐的芳香水剂时,易析出挥发油,可采取的方法有(　　)。

A.稀释芳香水剂　　　　　　B.加适当的表面活性剂　　　C.加助溶剂

D.调节 pH　　　　　　　　E.配伍禁忌,不宜使用

5.配伍变化包括(　　)。

A.润湿与液化　　　　　　　B.变色　　　　　　　　C.结块

D.药物作用增强　　　　　　E.沉淀

参考文献

［1］ 国家药典委员会.中华人民共和国药典(2020年版)［M］.北京:中国医药科技出版社,2020.

［2］ 熊野娟.固体制剂技术［M］.北京:化学工业出版社,2009.

［3］ 周小雅.制剂工艺与技术［M］.2版.北京:中国医药科技出版社,2009.

［4］ 崔福德.药剂学［M］.6版.北京:人民卫生出版社,2007.

［5］ 张健泓.药物制剂技术［M］.3版.北京:人民卫生出版社,2018.

［6］ 张琦岩,孙耀华.药剂学［M］.北京:人民卫生出版社,2013.

［7］ 邓才彬,王泽.药物制剂设备［M］.北京:人民卫生出版社,2009.

［8］ 张健泓.药物制剂技术实训教程［M］.北京:化学工业出版社,2011.

［9］ 李钧,李志宁.制药质量体系及GMP的实施［M］.北京:化学工业出版社,2012.

［10］ 田燕,于莲.药剂学［M］.北京:清华大学出版社,2011.

［11］ 罗明生,高天惠.药剂辅料大全［M］.2版.成都:四川科学技术出版社,2006.